哈尔滨工业大学一流本科教育提升计划资助

逐梦
航天

李传江　冉光滔　郭延宁 ◎ 著

哈爾濱工業大學出版社
HARBIN INSTITUTE OF TECHNOLOGY PRESS

图书在版编目(CIP)数据

逐梦航天/李传江,冉光滔,郭延宁著.—哈尔滨:
哈尔滨工业大学出版社,2024.12.—ISBN 978-7-5767-
1717-4

Ⅰ.V57-49
中国国家版本馆 CIP 数据核字第 2024FJ4753 号

逐梦航天

ZHUMENG HANGTIAN

策划编辑　李艳文　范业婷
责任编辑　王晓丹　付中英　孙　迪　宋晓翠
出版发行　哈尔滨工业大学出版社
社　　址　哈尔滨市南岗区复华四道街 10 号　邮编 150006
传　　真　0451-86414749
网　　址　http://hitpress.hit.edu.cn
印　　刷　哈尔滨市石桥印务有限公司
开　　本　787 毫米×960 毫米　1/16　印张 19.25　字数 366 千字
版　　次　2024 年 12 月第 1 版　2024 年 12 月第 1 次印刷
书　　号　ISBN 978-7-5767-1717-4
定　　价　78.00 元

前言

PREFACE

古往今来，人类对太空的向往和对宇宙的好奇，推动着人类孜孜不倦地探索太空奥秘、发展航天事业。1957年，苏联成功地发射了世界上第一颗人造地球卫星，拉开了人类航天事业的序幕。迄今，人类已将万余颗人造卫星、宇宙飞船、月球及深空探测器等航天器送入太空。时至今日，放眼全球，航天事业发展日新月异，航天活动方兴未艾，航天探索深刻改变了人类对宇宙的认知，有力推动了人类社会的不断进步。

中国航天事业始于1956年，经过几代航天人半个多世纪的接续奋斗，取得了举世瞩目的辉煌成就。一方面，"两弹一星"成功研制、"天宫"空间站建造完成并进入应用与发展阶段、"嫦娥工程"数战数捷、首次火星探测工程"天问一号"顺利实施，让全世界见证了中国的航天梦；"长征五号"新一代大推力运载火箭复飞成功，成为我国从航天大国迈向航天强国、进入大运载时代的重要标志，为后续的"嫦娥工程"、空间站、深空探测等计划的实施奠定了坚实基础。另一方面，中国航天还创造了巨大的非物质财富，这就是深厚博大、生生不息、独具特色的航天精神，正是这笔宝贵的精神财富薪火相传，推动了我国航天事业的蓬勃发展。

展望未来，火星及小行星采样返回、木星系及行星际穿越、重型运载火箭及新一代载人运载火箭研制等中长期规划任务正在进行关键技术攻关；月球基地建设、太阳系边际探测、载人登陆火星等长期宏伟蓝图已经绘就。这些重大工程的陆续实施,对进一步增强中华民族的自信心、自豪感和凝聚力,激励中国人民的开拓、奉献和创新精神必将产生深远影响。

党的十八大以来,习近平总书记指出:"探索浩瀚宇宙,发展航天事业,建设航天强国,是我们不懈追求的航天梦。""航天梦是强国梦的重要组成部分。随着中国航天事业快速发展,中国人探索太空的脚步会迈得更大、更远。""要强化使命担当,坚定航天报国志向,坚定航天强国信念,弘扬'两弹一星'精神、航天精神,创造更多中国奇迹。"想要深入贯彻落实这一系列重要指示精神,面向全社会尤其是广大青少年开展航天科普教育显得尤为必要和迫切,这将为我国早日全面建成世界航天强国、科技强国提供坚强的智力保证和人才支撑。

本书涵盖了航天基础知识、世界航天与中国航天的发展历程、中国航天精神及其传承与发展,以及哈尔滨工业大学在中国航天事业发展过程中做出的突出贡献等内容,叙述深入浅出,通俗易懂,图文并茂,是一本集知识性、科普性、系统性、时效性于一体的航天科普读物。此外,书中穿插的名人逸事、名言警句及团队故事,使本书兼具生动性、哲理性、启发性、趣味性等特点。本书适于广大青少年及航天科技爱好者阅读,助力读者了解航天、热爱航天、崇尚科学,激励读者心怀梦想、奋勇拼搏、砥砺前行。

本书是在作者多年从事相关领域的教学和科研以及数百次开展航天科普报告的基础上,经过系统整理和精心编排而成。本书在撰写过程中,查阅并参考了大量相关文献和公众号资源,在此谨向这些文献的作者和信息的提供者致以诚挚的谢意。

由于作者水平有限,书中难免存在不足之处,诚望广大读者批评指正。

作　者
2024 年 7 月

目录

CONTENTS

第1章 基础知识

地球是人类的摇篮，但人类不可能永远被束缚在摇篮里，而会不断探索新的生存世界和空间。

——康斯坦丁·齐奥尔科夫斯基

1.1 航空与航天

　　航空和航天的概念既相互独立,又紧密联系,在应用领域是不可分割的整体。

　　一方面,二者相互独立。航空一般指飞行器在地球大气层以内的飞行(航行)活动,通常在 110 km 高度以内。航空飞行依赖于空气介质,依靠空气提供动力来克服地球引力,其核心是空气动力学。航空环境相对复杂,不确定性高,需要考虑气流变化、云层遮挡、鸟类躲避等因素。航空器是一类能在大气层内进行可控飞行的飞行器,可分为轻于空气的航空器和重于空气的航空器。前者靠空气静浮力升空,如氢气球、飞艇等;后者靠空气动力克服自身重力升空,如飞机、直升机等。航天一般指飞行器在地球大气层以外的航行活动,通常在110 km高度之外。航天器,又称空间飞行器,是能够按照天体力学规律在太空运行,执行探索、开发、利用太空和天体等特定任务的各类飞行器的统称,可分为载人航天器和非载人航天器。航天器需要以大于第一宇宙速度的速度发射升空,来克服地球引力到达预定轨道。航天领域一般无须考虑大气影响,但是由于不同高度对应的地球引力不同,因此必须合理设计航天器的运行轨道。同时,航天领域目前大多为无人参与任务(近地轨道空间站任务除外)。

　　另一方面,二者又紧密联系。一般情况下,航天任务的实现需要借助于航空技术。例如卫星为了运行在地球轨道上,需要借助运载火箭将其从地面发射升空,在火箭发射过程中,首先需要在大气对流层和平流层运行,利用火箭发动机喷出的高速气体,产生反作用力,推动火箭克服地球引力上升,这一过程用到的基本都是航空技术;随后,火箭经过多级分离,将卫星送入预定轨道,卫星开始在轨运行后,航天技术开始介入。对于航天飞机,起飞和降落阶段必须依靠空气动力,属于航空飞行阶段;而在轨运行后由于大气极其稀薄,只能靠推力器完成轨道机动等任务,此时属于航天飞行范畴。同样,航空运行也需要借助于航天技术。无论是民用客机、军用战斗机还是导弹,其在大气层中运行都需要借助高空卫星的辅助定位、信息传递、状态监测等技术手段完成任务。因此,航空与航天的发展是相辅相成的,只有二者协同发展才能实现建设航天强国的目标。

> **小贴士**　　地球大气层和外太空的分界通常用卡门线来划定。卡门线是一条位于海拔约 100 km 处的虚拟分界线,得名于美国工程师西奥多·冯·卡门,他首次计算得出,在这个高度附近因大气太过稀薄难以产生足够的飞行动力而很难完成航空活动,这也是卡门线定义在海拔 100 km 处的主要原因。

1.2　开普勒定律

1.2.1　开普勒定律的由来

　　开普勒三大定律是由德国天文学家开普勒(图 1.1)先后于 1609 年和 1619 年提出的。在此之前,行星运动普遍沿用哥白尼的匀速圆周理论,即所有天体绕太阳做匀速圆周运动,太阳位于该圆的圆心或略有偏差。开普勒早期同样运用匀速圆周运动加偏心圆理论来研究火星轨道运动,但他发现理论计算结果与丹麦天文学家第谷·布拉赫(图 1.2)用时 20 年的观测数据偏差很大。他用尽一切办法计算火星运行轨道,但始终无法与观测数据相匹配。经过 4 年多的尝试与计算,开普勒认识到传统的匀速圆周理论与火星真实的运行规律是不相符的。于是,他大胆摒弃统治世界两千年之久的匀速圆周运动理论,积极探索其他几何曲线模型。终于,他发现用椭圆曲线描述火星绕太阳运行的轨道恰好可以与观测数据相匹配,开普勒将椭圆曲线规律推广到其他行星轨道上,也与观测数据相吻合。于是,1609 年开普勒在《新天文学》上发表了关于行星绕中心天体运动的两条定律,即开普勒第一定律和开普勒第二定律。在此基础上,他于 1618 年推算出开普勒第三定律,揭示了行星运动的周期特征,并于 1619 年将其发表在《世界的和谐》一书中。开普勒三大定律揭示了天体的运行规律,为天体物理学的发展奠定了坚实的理论基础,为牛顿数十年后发现万有引力定律铺平了道路。开普勒也因此成为世人公认的"天空立法者",成为天文学史甚至整个科学史上的伟人。

图 1.1　开普勒　　　　　图 1.2　第谷·布拉赫

1.2.2　开普勒定律的内容

开普勒定律主要包括 3 个内容,分别描述了行星绕中心天体运行的轨道形状、轨道速度以及轨道周期与轨道半长轴之间的关系。

开普勒第一定律(又称椭圆定律):每一个行星都沿各自的椭圆轨道环绕太阳运动,太阳则处在椭圆的一个焦点上,如图 1.3(a)所示。

行星在运行过程中,与太阳之间的距离是变化的,行星运行轨道上离太阳最近的一点称为近日点,离太阳最远的一点称为远日点。

开普勒第二定律(又称面积定律):对于任意行星来说,其与太阳连线在相等时间区间内扫过的面积相同。

行星的轨道速度是时变的,离太阳距离近时,速度较大;离太阳距离远时,速度较小。如图 1.3(b)所示,假设行星经过 AB 与 CD 的时间相同,虽然在 CD 之间运动速度慢,但是与太阳连线距离长,因此,行星经过 AB 与 CD 时扫过的面积是相同的,即 $S_1 = S_2$。

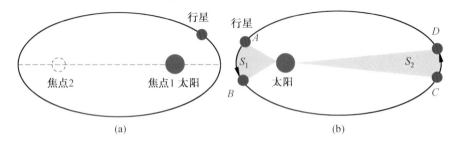

图 1.3　开普勒第一定律与第二定律示意图

开普勒第三定律(又称周期定律):行星绕太阳运行轨道的半长轴的三次

方与公转周期的平方成正比。

行星公转周期取决于行星与太阳的距离,与质量无关。

需要说明的是,第二定律只有在行星质量比太阳质量小很多的情况下才精确。开普勒三大定律具有普适性,不仅适用于行星运动,也适用于宇宙中所有物体绕其中心天体的运动,比如卫星绕地球的运动。

1.3　宇宙速度

航天器在绕地球飞行过程中,因为受地球引力的作用,才有了轨道的概念。在地球轨道上运行的航天器,其所受的地球引力与其离心力等大反向,不用任何外力就可以保持轨道运动,并具有一定的轨道速度。但是如何将航天器发射到相应轨道? 需要多大的速度才能克服地球的引力飞出大气层? 如何才能完全摆脱地球引力的影响飞向其他行星甚至飞出太阳系、银河系? 这些问题对应着若干代表性的速度,一般称之为宇宙速度[①]。航天器根据其任务不同,至少需要达到若干速度中的一个(图 1.4)。

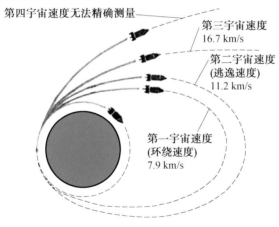

第四宇宙速度无法精确测量

第三宇宙速度
16.7 km/s

第二宇宙速度
(逃逸速度)
11.2 km/s

第一宇宙速度
(环绕速度)
7.9 km/s

图 1.4　宇宙速度简图

要做圆周运动,必须始终有一个力作用在航天器上。其大小等于该航天器运行线速度的平方乘以其质量再除以公转半径,即 $F = mv^2/R$,其中 v^2/R 是物体做圆周运动的向心加速度。在这里,正好可以利用地球的引力,在合适的轨道半径和速度下,地球对物体的引力,恰好等于物体做圆周运动的向心力。

---

① 关于宇宙速度,可以参考百度百科中“宇宙速度”词条中的内容。

　　第一宇宙速度:7.9 km/s。第一宇宙速度是航天器发射进入地球轨道必须具有的速度,只有达到第一宇宙速度航天器才能飞向太空,不再回到地球。否则就会像导弹一样,沿着抛物线轨迹最终落回地面。同样,第一宇宙速度也是航天器绕地飞行的最大轨道速度,因为第一宇宙速度是按照以地球半径作为轨道高度计算出来的轨道速度,而航天器实际运行轨道半径必然大于地球半径,所以根据万有引力定律,半径越大轨道速度越小。即所有绕地飞行的航天器轨道速度都小于 7.9 km/s。简单来说,火箭发射时速度必须超过 7.9 km/s 才能将航天器送入地球轨道,而一旦入轨做圆周运动,速度就会降低到 7.9 km/s 以下。事实上,7.9 km/s 是个很高的速度。比较一下,风驰电掣的高铁每秒只能跑近百米;声音在空气中的传播速度仅为 340 m/s(20 ℃ 条件下)。正是因为第一宇宙速度非常之大,所以在现代火箭发明之前,人类无法实现送人造卫星上天这一壮举。

　　第二宇宙速度:11.2 km/s。如果物体运行的速度超过 7.9 km/s,这时物体的运动轨道将不是圆形而成了椭圆。速度越大,椭圆就压得越扁。当速度达到 11.2 km/s 的时候,这个椭圆就合不拢了。此时物体将会逃离地球的束缚,飞向行星际空间。人们若想飞到月球或者别的行星上去,就要达到这样的速度。第二宇宙速度是地球上发射物体摆脱地球引力束缚,飞离地球所需的最小初始速度。在此速度下,其离心力已经大于地球的万有引力,航天器将不再绕地球做圆周运动,逐渐飞离地球,因此第二宇宙速度也称"逃逸速度"。虽然理论上只要在火箭发射时速度超过 11.2 km/s 就可以将航天器送到火星等地外行星,但实际上由于大气的存在,火箭除了受到地球引力的作用外还受大气阻力影响,且现有发动机水平下难以使得火箭以这样高的速度起飞,往往需要先到达近地轨道,再加速脱离地球。需要说明的是,脱离地球的最小速度平方与航天器轨道高度成反比,距离地心越远,则所需速度越小。因此,在近地轨道的航天器逃离地球所需最小速度小于 11.2 km/s,更利于"逃逸"。

　　第三宇宙速度:16.7 km/s。第三宇宙速度是指在地球上发射物体摆脱太阳引力束缚,飞出太阳系所需的最小初始速度。如果按照万有引力定律计算,地面物体飞出太阳系的最小速度应为 42.1 km/s,但是该速度是相对于惯性系的绝对速度,而地球是绕太阳公转的,因此地球在惯性系中已经有了一定的速度,该速度大约为 29.8 km/s。所以地面物体只需在脱离地球引力场后再相对地面有 12.3 km/s 的速度即可。根据能量守恒定律,可以计算得到从地面飞离太阳系的最小初始速度。

　　第四宇宙速度:第四宇宙速度是指在地球上发射物体摆脱银河系引力束缚,飞出银河系所需的最小初始速度。由于目前无法精确知道银河系的质量与大小,因此无法计算银河系对物体的引力大小,也就无法精确计算出该宇宙速度。

1.4　运载火箭及其分类

火箭既可以在大气层内飞行,也可以在大气层外飞行。火箭包括探空火箭、火箭武器和运载火箭。探空火箭利用自身携带的测量仪器对地球大气空间的物理化学环境进行探测;火箭武器一般指导弹,通过装载战斗部进行军事打击;运载火箭是将航天器运送至太空的重要载体,既可以运送人造卫星和宇宙飞船,也可以运送航天飞机。运载火箭技术对人类航天事业的发展至关重要,是实现载人登月、火星探测、行星际飞行等深空探测任务的重要保障,其运载能力的大小更是直接决定了航天器探测广袤宇宙的范围。

运载火箭根据发动机燃料类型、运载能力、结构级数等特性的不同可划分为不同的类型。

(1)按火箭发动机燃料划分,主要有化学能火箭、电火箭、核火箭和光子火箭等。

化学能火箭应用最为广泛,包括固体火箭、液体火箭及固液混合火箭。太空中的空气极为稀薄,因此运载火箭上不能使用空气喷气发动机,火箭发动机除了要自带燃烧剂之外还要配有氧化剂,燃烧剂和氧化剂统称为火箭推进剂。

固体火箭采用固体燃料作为发动机推进剂,其发动机是一个整体。液体火箭使用液体氧化剂和燃烧剂作为推进剂,常用的氧化剂包括液氧、四氧化二氮等,燃烧剂有液氢、偏二甲肼、煤油、甲烷等,其中氧化剂和燃烧剂存储在不同储箱中,根据需要配成一定比例进入燃烧室进行燃烧产生推力。

固体火箭相比于液体火箭,结构简单,推进剂易储存,因此发射准备时间短,符合军用的即时响应需求,例如执行火箭弹和导弹发射。其不足之处在于比冲(指单位质量推进剂产生的冲量,是衡量火箭推进效率的重要指标,比冲越高,表明发动机越高效)较小,燃烧持续时间较短,燃料利用效率低,重复多次点火会大幅降低其推进性能;另外,固体火箭发动机易产生较大的推力加速度,不利于对火箭姿态进行细微调节控制。相比之下,液体火箭发动机比冲较大,推力可调节范围大,反复启动不影响其推进性能,推力精确可调,持续性好。但液体燃料容易变质(最多可以储存 3 个月),因此无法提前装配,直接导致发射准备时间较长,难以应对紧急任务。一般而言,液体火箭多用于航天领域,例如航天器发射和深空探测。主流的液体火箭通常使用的双组元推进

剂包括:四氧化二氮/偏二甲肼、液氧/煤油、液氢/液氧、液氧/甲烷等。

固液混合火箭发动机分为液固混合式和固液混合式两种。其中液固混合式发动机采用液体燃烧剂和固体氧化剂,固液混合式则与之相反。这种发动机的比冲介于固体和液体火箭之间,结构简单紧凑,推力可调,但推进剂混合比例不易控制,推力较小,燃烧均匀性较差,采用固液混合发动机的火箭较少,如苏联的 GRID-9 探空火箭。

(2)按运载能力划分,可分为小型、中型、大型和重型运载火箭。

运载能力的界定标准通常采用近地轨道(low earth orbit,LEO)运载能力,但是不同国家对运载火箭规模的定义也不尽相同。在中国,小型、中型、大型及重型运载火箭的 LEO 运载能力分别是小于 2 t、2 ~ 20 t、20 ~ 50 t 及大于50 t。月球登陆和火星登陆任务对运载火箭的运载能力要求较高,需要依赖大型和重型运载火箭。例如,美国 1969 年载人登月使用的是"土星五号"重型运载火箭[图 1.5(a)],可将 127 t 的有效载荷送上近地轨道;2018 年初,美国"猎鹰"重型运载火箭[图 1.5(b)]首飞成功,其 LEO 运载能力达 60 t 以上,将一辆红色特斯拉跑车送入地火转移轨道;中国的"长征五号"大型运载火箭[图 1.5(c)]将用于月球探测和火星探测,其 LEO 运载能力为 25 t,也是中国目前运载能力最大的火箭。中国未来的重型运载火箭被正式命名为"长征九号",与美国"土星五号"火箭的运载能力相当,将达到"长征五号"LEO运载能力的 5 倍以上,预计将于 2030 年前实现首飞。

(a)"土星五号"重型　　　(b)"猎鹰"重型运　　　(c)"长征五号"大型
　运载火箭　　　　　　　载火箭　　　　　　　运载火箭

图 1.5　大型和重型运载火箭

(3)按级数划分,可分为一级、二级、三级和四级火箭。

运载火箭级数越高,虽然运载能力会相应提升,但其结构会变得更加复杂,稳定性会降低。因此目前基本没有超过四级的运载火箭。而在现有发动机水平下,一级运载火箭很难直接克服地球引力达到第一宇宙速度进入地球轨道,因此现有运载火箭级数大多为二至四级,如中国的"长征三号"运载火箭是三级液体运载火箭,印度研发的 ASLV 火箭是四级固体运载火箭。

(4)按级间组合方式划分,可分为串联式、并联式和串并联混合式运载火箭。

串联式运载火箭沿轴向首尾配置,多为细长结构,气动阻力小,级间连接容易,分离故障少,发射设备简单,但其细长比(最大直径与总长度之比)小,弯曲刚度差,运输、储存和起竖不方便;并联式运载火箭一般为"捆绑式"结构,分为子级和基本级。各子级围绕基本级对称安装。发射时各级同时启动或依次启动。由于各级之间在结构上相互独立,因此研制和调试方便,且细长比较大,竖立时稳定性高,但其气动阻力大,各级间连接复杂,分离干扰较大;串并联混合式运载火箭综合运用串联式和并联式结构,可有效提高运载火箭整体性能,目前大多数运载火箭都配有助推器,助推器捆绑在一级运载火箭下部,然后一级运载火箭上部与二级运载火箭串行连接,如中国的"长征二号 F"运载火箭和美国的"德尔塔 4 号"运载火箭(图 1.6)。

(a)"长征二号F"运载火箭

(b)"德尔塔4号"运载火箭

图 1.6　串并联混合式运载火箭

综上,运载火箭分类总结如图 1.7 所示。

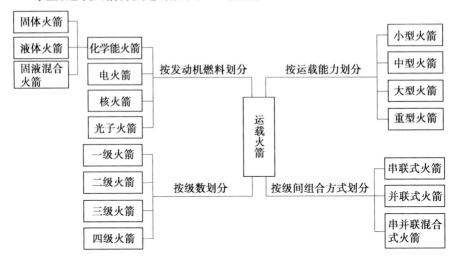

图 1.7　运载火箭分类总结

1.5　多级火箭原理

一般情况下,火箭想要飞得高且远,其末速度必须足够大。火箭的末速度与很多因素有关。1903 年俄国科学家康斯坦丁·齐奥尔科夫斯基在他的论文《用火箭推进器探索宇宙》中提出的著名的火箭理想速度公式为

$$V = I_{sp} \times g_0 \times \ln \frac{M_0}{M_k}$$

式中　V——推进剂燃尽后火箭的末速度;

　　　I_{sp}——火箭推进剂比冲;

　　　g_0——地面的重力加速度;

　　　M_0——火箭起飞时的总质量;

　　　M_k——火箭发动机熄火后的结构质量。

根据上述公式,可通过以下 3 种方法提高火箭的末速度:一是采用高比冲推进剂,但比推力的提高受到科学技术水平的限制,如今常用的高比冲化学能推进剂为液氧和液氢。二是采用高强度的结构材料,尽量减轻火箭的结构质量,这种方法同样受到当前科学技术水平的限制。三是增加火箭推进剂质量,但单纯增加推进剂质量也不行,当推进剂增加时储箱的容积随之增加,结构质量也随之增加。当推进剂质量适量增加时可以明显提高火箭的末速度,但当

推进剂质量大幅增加时,火箭的末速度会停留在某个数值上而难以继续增大。

目前,运载火箭一般采用的都是多级结构。在运载火箭飞往太空的过程中,必须历经多次火箭级间分离以及整流罩分离、载荷分离的过程。其与单级火箭相比具有如下优势:

① 提供推力较大,运载能力强。

② 设计灵活,每级火箭发动机是相互独立的,可根据不同大气环境在各级火箭采用不同发动机,还可以根据发射任务的不同增加或减少火箭级数。各级火箭发动机点火时间设计灵活,可根据发动机特性与任务要求调整。

③ 多级火箭在每级工作结束后就将其抛掉,减轻火箭质量,在有限的燃料下可获得更高的速度及加速度。

以三级运载火箭发射为例。首先开启一级火箭,其推力及体积一般较大,目的是将火箭送到尽可能高的位置,利用大推力克服地球引力作用,使火箭达到并超过第一宇宙速度,快速冲出大气层。一级火箭任务完成,与火箭主体分离(一、二级分离)后被抛掉或被回收利用,如美国太空探索技术公司(SpaceX)的"猎鹰 9 号"一级火箭回收。一、二级火箭是通过爆炸螺栓或带环形爆炸索的连接件连接在一起的,爆炸螺栓是一种内部填装炸药的空心连接装置,需要分离时,可以迅速炸开,使两级火箭解锁。解锁后还可分为热分离和冷分离。热分离指的是二级火箭喷射高温气体将一级火箭推开,因此二级火箭发动机需要在分离装置解锁时就启动;而冷分离是利用一级火箭提供反推力将自己推开,因此二级火箭发动机在两级火箭完全分开后再点火。由于一级火箭需要为整个火箭提供巨大的起飞推力,因此其发动机有时要牺牲一定的比冲以换取推力。之后启动二级火箭。二级火箭主要是使运载火箭加速,继续上升,且运行环境大气稀薄,地球引力也有所降低,因此二级火箭提供的推力远小于一级火箭,其多采用高比冲且适应真空环境的发动机。当火箭上升到一定高度后,整流罩与火箭分离。整流罩一般位于火箭最上端,由两瓣合在一起,用来保护卫星等有效载荷,使其免受高速气体带来的压力冲击以及高速物体与空气摩擦产生的高温冲击。最终,当火箭以一定的速度到达停泊轨道时,卫星与火箭末级分离。对于深空探测以及星际任务,火箭末级到达停泊轨道后还不能与卫星分离,还要继续加速,使卫星达到逃逸速度完成轨道转移。一般情况下,卫星与火箭通过连接解锁装置固连在一起,需要分离时,用分离弹簧弹出卫星,或者利用火箭末级的反推发动机给火箭减速,实现星箭分离。

1.6 航天器及其分类

航天器的分类方式多种多样,可根据研究领域的不同进行分类。本书将按照最常规的方式,将航天器分为无人航天器和载人航天器两大类,并简要介绍各类型航天器的结构特点及任务需求。图1.8为航天器分类示意图。

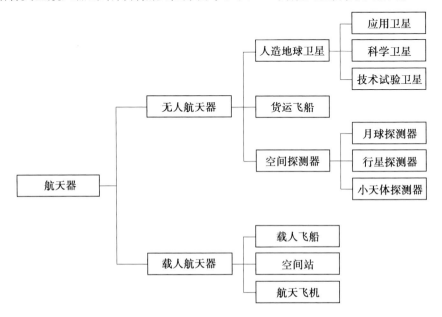

图 1.8 航天器分类示意图

1. 无人航天器

无人航天器中没有航天员的参与,其运行所需指令由地面站上注或者由航天器星载计算机智能生成。相比于载人航天器,无人航天器的发展较为成熟,应用更为广泛,一般不可重复使用,任务完成后坠入大气层烧毁或者滞留在太空成为太空碎片。空间运行的航天器(包括失效卫星)很大比例属于无人航天器范畴。根据用途的不同,无人航天器主要包括人造地球卫星、货运飞船和空间探测器。

(1)人造地球卫星。

人造地球卫星是为实现以地球为目标主体的空间任务,由运载火箭发射升空,送到地球预定轨道并在地球引力作用下环绕地球稳定运行的航天器。其发射数量占航天器发射总数量的90%以上。按照用途的不同,可分为应用卫星、科学卫星及技术试验卫星等。其中应用卫星可通过携带不同载荷实现不同的任务，包括对地侦查、遥测感知、气象监测、通信导航、灾害预警和军事打击等；科学卫星主要用来探测空间物理环境，包括空间磁场探测、地球大气层和电离层探测、太阳辐射探测、太阳风探测等，典型的科学卫星有美国的"探险者号"、苏联的"电子号"以及中国的"实践一号""墨子号""悟空号""慧眼"等（将在本书第 3 章中介绍）；技术试验卫星是用于卫星工程技术和空间应用技术的原理性或工程性试验的人造地球卫星。由于地面无法完全模拟外太空环境，很多试验无法在地面完成，例如重力梯度稳定试验、外太空生物机能试验、微重力环境下石墨烯导热性能试验等。除此之外，为了保证航天员安全，在将航天员送入太空前，需要先利用无人航天器开展相关技术验证，包括交会对接技术、航天器返回技术、航天员出舱技术等。中国在 1990 年 10 月 5 日发射的返回式卫星上进行了太空动物试验，两只雄性小白鼠率先光顾宇宙，览尽九天风光。它们在太空生活了 5 d8 h，由于种种不适应，在返回地面之前死去了。

（2）货运飞船。

货运飞船指专门从地面运送货物到太空的保障型航天器，主要任务是给在轨运行的空间试验卫星或空间站等人造物体定期补给食物、货物、实验仪器设备以及空气等，从而增加其在轨服务寿命。传统的货运飞船，如俄罗斯的"进步号"、日本的"HTV"（"空间站转运飞行器"）、欧洲的"ATV"（"自动转移飞行器"）以及中国的"天舟系列"等都是不可重复使用的，货物运送完成后将坠入大气层烧毁结束使命，而由美国 SpaceX 公司研发的"龙"飞船是世界上第一艘可重复使用的货运飞船，曾多次往返于国际空间站和地面之间。

（3）空间探测器。

空间探测器主要指摆脱地球引力运行在深空环境中的航天器，同时也包括针对月球探测任务设计的月球探测器。对于深空探测，航天器通常需要经历复杂的轨道转移，从绕地飞行轨道经过转移轨道，到达目标天体的环绕轨道，最后根据实际任务需要完成环绕观测或下降着陆巡视。根据探测对象不同，空间探测器主要包括月球探测器、行星探测器、小天体探测器等。比如美国的"洞察号"火星探测器和"帕克号"太阳探测器、欧洲空间局（简称欧空局）（European Space Agency，ESA）的"罗塞塔号"彗星探测器、中国的"嫦娥"系列月球探测器（图 1.9）及"天问"系列行星探测器等都属于空间探测器。

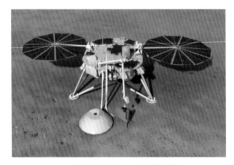

(a) "洞察号"火星探测器

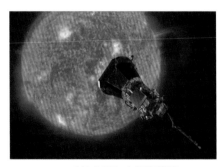

(b) "帕克号"太阳探测器

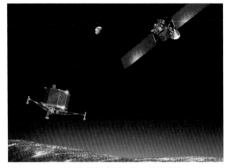

(c) "罗塞塔号"彗星探测器

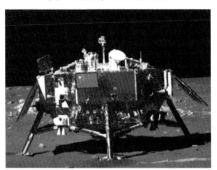

(d) "嫦娥"系列月球探测器

图 1.9　代表性空间探测器

2. 载人航天器

自 1961 年 4 月 12 日世界第一艘载人飞船"东方号"飞上太空以来,美国、苏联/俄罗斯、中国等国家已发射多型号多功能载人航天器,用以开展太空试验和关键技术验证等。载人航天器的发展为人类探索外太空奠定了坚实基础。载人航天器根据用途的不同可划分为载人飞船、空间站和航天飞机等。

(1)载人飞船。

载人飞船是一种能保障航天员在外层空间生活和工作以执行航天任务并返回地面的航天器。其结构一般由载人舱、轨道舱、返回舱和服务舱组成。载人飞船的运行轨道高度通一般距离地面 300 ~ 600 km,主要用于试验各种载人航天技术,如航天器姿态控制、轨道交会对接、空间智能操作等,以及用于空间环境试验、发展航天医学、为空间站运送航天员和行星登陆等。迄今,只有俄罗斯的"联盟号"飞船、美国的"阿波罗号"(Apollo)飞船和"载人龙"飞船以及中国的"神舟号"飞船成功将航天员送入近地轨道或空间站,美国甚至在二十世纪六七十年代就已成功将航天员送上了月球。

(2)空间站。

空间站又称太空站、轨道站,是一种能够在近地轨道长时间运行、可供多名航天员巡访、工作和生活的载人航天器。其与载人飞船的不同之处在于空间站一般寿命较长,体积规模更大,功能更完备,但不具备返回能力,且其所需物资需要货运飞船从地面运送。空间站可分为单模块和多模块结构,其中单模块结构可由运载火箭一次发射完成,外形结构上相当于放大版的载人飞船。但是随着太空任务的复杂化和多样化,空间站体积也越来越大,难以单次发射完成,于是由多个单模块在轨组装而成的多模块空间站应运而生。

(3)航天飞机。

航天飞机是一种可以穿越大气层抵达外太空、多次往返于天地间的火箭动力飞机。它综合了运载火箭、载人飞船、航空飞机的功能,可以像火箭一样垂直发射入轨,也可以像卫星那样在轨飞行,还能像航空飞机一样再入大气层滑翔着陆,大大提升了人类参与太空活动的灵活性。迄今,只有美国和苏联研制过航天飞机,并成功发射和回收,且只有美国成功使用航天飞机完成载人飞行任务。

有关世界各国不同类型航天器的发展及展望详见本书第 2 章和第 3 章。

1.7　航天器发射轨道

航天器发射轨道指的是航天器从地面发射升空直至到达预定轨道期间的运行路径。对于运载火箭,其发射轨道通常有两种形式:一种是直接入轨的发射轨道,另一种是具有中间轨道的发射轨道。

对于直接入轨的发射轨道,需要火箭发动机始终提供推力,直接将卫星送入预定轨道。这种方式对于低轨卫星发射较为适合。火箭发射后一直提供上升的动力,直到其到达目标轨道(入轨点 A),如图 1.10(a)所示。

而对于高轨卫星,在现有发动机水平下火箭难以持续提供较大推力,火箭的动力飞行时间也有一定限制。因此,对于高轨卫星发射任务,常采用具有中间轨道的发射轨道。运载火箭从地面升空后,首先进入中间轨道(如停泊轨道),根据任务的不同,中间轨道可以有多个。在中间轨道运行过程中火箭依靠地球的万有引力做椭圆运动,无须提供推力,也可以视为滑行运动。当火箭滑行至某一位置(该位置可根据目标轨道位置与能量指标要求计算得到)时,经过加速变轨转移到达目标轨道。

以地球同步轨道发射为例,如图 1.10(b)所示,运载火箭发射后,首先需要动力飞行,从点 A 进入第一个中间轨道,也称停泊轨道。在停泊轨道滑行至点 B,火箭加速,进入第二个中间轨道,也称转移轨道。火箭在转移轨道滑

行至点 C，再次加速，最终到达地球同步轨道。由于火箭在中间轨道飞行时无须提供推力，与直接入轨相比，间接入轨会节省一部分能量。同时，对于有限级数的运载火箭来说，随着中间轨道个数的增加，发射到地球同步轨道所需能量也随之增加。因此，对于高轨发射任务，通常采用 1~2 个中间轨道过渡。

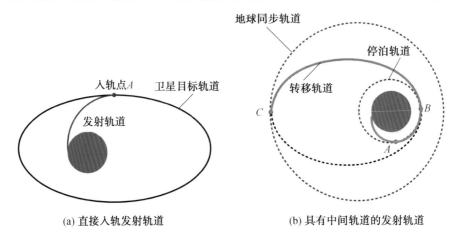

(a) 直接入轨发射轨道   (b) 具有中间轨道的发射轨道

图 1.10　直接入轨与具有中间轨道的发射轨道示意图

对于月球探测、深空探测以及外太空探测任务，航天器轨道运动也更为复杂，因为中心天体发生了变化，航天器需要从地球轨道转移至其他天体轨道。以月球探测为例，如何从地球轨道转移至绕月轨道成为关键。通过合理设计轨道，可以最大程度节省航天器燃料，延长使用寿命。以"嫦娥二号"月球探测器为例，工程师们为其设计了一条"甩链球"式的奔月轨道。当其搭乘"长征三号丙"（又称"长征三号 C"）运载火箭，从地面升空后，经过多次在地球轨道近地点加速变轨，进入近地点高度为 200 km、远地点高度为 $3.8×10^5$ km 的地月转移轨道。"嫦娥二号"奔月飞行约 112 h，在此期间轨道修正 2~3 次。当其到达月球附近特定位置后，进行第一次近月制动，进入近月点高度为 100 km、周期为 12 h 的月球椭圆轨道。再经过两次近月点制动，进入高度为 100 km 的"极月圆轨道"。

1.8　航天器运行轨道

航天器运行轨道多种多样，按照轨道高度划分，可以分为近地轨道（LEO）、中地球轨道（MEO）及高地球轨道。

近地轨道高度为 400 ~ 2 000 km,多数对地侦察卫星、遥感卫星以及空间站等都运行在近地轨道上。中地球轨道高度为 2 000 ~ 36 000 km,通信卫星多运行于中地球轨道。高地球轨道高度大于 36 000 km,以倾斜地球同步轨道 (inclined geo‑synchronous orbit, IGSO)、地球静止轨道 (geostationary earth orbit, GEO) 为代表,由于轨道高,信号覆盖广,大多数气象卫星、导航卫星运行在中、高地球轨道上。

在各种轨道中,有一些比较特殊,如太阳同步轨道 (sun synchronous orbit, SSO)、地球同步转移轨道 (geostationary transfer orbit, GTO)、地球静止轨道等,可以利用这些轨道的特殊性提高卫星的应用水平 (图 1.11)。

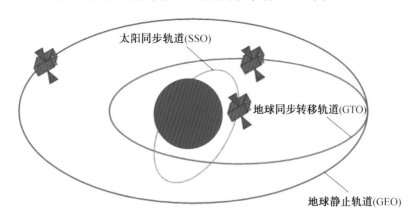

图 1.11　特殊卫星轨道示意图

太阳同步轨道高度为 600 ~ 900 km。由于地球是非均匀的扁球体,卫星轨道的不同位置所受地球引力不同,这就导致卫星轨道平面的方向时刻变化。正是基于此原理,太阳同步轨道面旋转角速度与地球公转角速度相等,即为 0.985 6(°)/d。这样,就可以保证轨道面与太阳之间的相对方位是不变的。如图 1.12 所示,随着地球的公转,太阳同步轨道也自西向东旋转,轨道面与初始太阳光矢量方向夹角保持不变。卫星每次经过地球上同一地区的当地时间是一样的,例如卫星在上午 10 点经过北京上空,则其下一次经过北京上空的时间还是上午 10 点。这对于地球大气观测、资源探测和军事侦察有很大优势,因为每次经过同一地点都有相近的光照条件。同时,太阳同步轨道的轨道倾角一般为 98°左右,卫星帆板光照条件充足,可较好地利用太阳能给卫星充电。

地球同步轨道高度为 35 786 km,轨道周期与地球自转周期相同,即卫星运行一圈的时间约为 23 h 56 min 4 s。地球同步轨道可分为地球静止轨道、倾

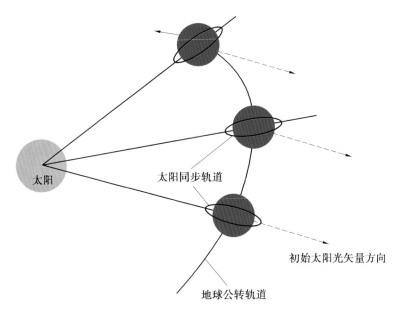

图 1.12　太阳同步轨道示意图

斜同步轨道和极地同步轨道。其中地球静止轨道的轨道倾角为 0°,其上运行的卫星与地球保持相对静止。很多广播卫星、通信卫星都是在地球静止轨道上运行,每颗卫星大约能覆盖 40% 的地球面积。

1.9　航天器返回与回收

　　航天器分为返回式和非返回式两类。顾名思义,需要航天器在完成太空任务后返回地面的航天器称为返回式航天器。航天器从太空轨道返回地球大气层并安全着陆的过程称为航天器返回与回收,其与发射过程同样重要,是任务成败的关键。

　　航天器从运行轨道返回地面的过程较为复杂,需要历经多个阶段才能安全着陆,如图 1.13 所示。

　　(1)姿态调整阶段。

　　为了准确降落在地球指定位置,首先需要合理设计制动点,即航天器开始减速的位置。在航天器到达制动点之前,需要提前调整航天器的姿态,使其姿态满足制动要求。

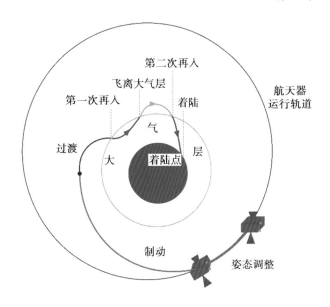

图 1.13　航天器升力再入式返回示意图

（2）制动阶段。

与航天器发射相反，航天器返回时需要在制动点开始进行减速，从而依靠地球引力逐渐降低轨道高度。为了给航天器减速，需要火箭发动机或推力器向其运动方向喷气，根据动量定理，实现减速。制动减速后，航天器脱离原来的运行轨道，降到一个轨道高度更低的椭圆轨道。该阶段重点是制动点的选择以及喷气大小与方向的控制。

（3）过渡阶段。

该阶段航天器处于无控状态，仅依靠地球引力做自由运动。同时，调整航天器姿态，使其进入大气层的角度满足设计要求。

（4）再入阶段。

从航天器进入大气层直至降落伞打开的阶段。该阶段航天器受到复杂的大气动力影响，是返回过程最关键的阶段。航天器返回的再入技术一般可以分为三种方式：弹道再入式、弹道-升力再入式以及滑翔升力再入式。

所谓弹道再入式返回，是指航天器在大气层中飞行时，只产生阻力，不产生升力，或虽有升力但不控制升力的大小和方向，这时的航天器就像子弹、炮弹一样"直捣黄龙"，这种方式最早见于导弹的弹道设计。这种技术相对简单，航天器进入大气层后无控飞行，采用垂直降落方式着陆，整个过程时间较短，航天器过载较大，落点精度较差。我国的返回式卫星，美苏的第一代载人飞船，均采用这种方式返回地球。而对于载人飞船来说，这种方式对返回舱内

的航天员冲击较大,且对舱体隔热材料要求很高,因此目前载人飞船的返回极少采用弹道再入式返回技术。

弹道-升力再入式返回(也称对称半弹道式再入返回)技术通过配置返回器质心,使质心偏离返回器中轴线,这样返回器进入大气层时其舱体与空气流动方向之间具有一定角度(攻角),空气可以为返回器提供升力,该升力一般不大于阻力的一半,着陆方式也采用垂直着陆。弹道-升力再入式技术在弹道再入式技术的基础之上有效利用了空气动力为返回器减速,使得返回过程更为平缓,易于控制。同时,通过升力控制可以为返回器定制航向,从而提高了落点精度,但由于延长了飞行时间,总加热量相应增大。目前,大多数载人航天器返回都采用此技术。低轨道航天器返回时进入大气层的速度略小于第一宇宙速度 7.9 km/s,一般不需要多次再入大气层。而对于月球探测、火星探测等星际探测任务,航天器返回时速度高于第二宇宙速度 11.2 km/s,一般需要多次再入来给航天器减速。这种方式又被称为跳跃式再入返回。以中国 2014 年 10 月 24 日成功发射的"嫦娥五号"试验器为例,试验器第一次再入大气后,通过合理调整返回器攻角,使其在大气层中受大气升力影响飞出大气层,而后在地球引力的作用下以合适的角度再次进入大气层,不断下降并着陆。多次再入大气层技术类似于生活中的"打水漂"现象,可以有效增加减速路径长度,使减速时间更长。为了实现这一过程,再入大气层的角度设计尤为关键。

弹道-升力再入式虽然可以依靠空气提供升力,但其升力不可控,返回器上没有安装相应的结构来主动改变攻角方向。滑翔升力再入式返回技术难度系数最高,通过安装机翼等结构,随时可以改变攻角方向,返回器可以像飞机一样水平滑行降落。

此外,航天器进入大气层后,下降到距离地面 35~80 km 高度时,会经历一段时间的黑障区。快速下降的航天器与稠密的大气摩擦产生大量热量,且航天器底部空气被快速压缩,转化为内能,使得底部温度高达 2 000 ℃,高温使飞船周围的空气电离形成等离子体,屏蔽电磁波,阻断了航天器与外界的通信。在黑障区中,航天员危险系数最高,与外界处于隔离状态,处理稍有不慎,返回舱将被烧毁。2003 年 2 月 1 日,美国的"哥伦比亚号"航天飞机,在再入大气层过程中,由于航天飞机外储箱上的绝热材料碎片在发射时因空气动力脱落并击中其左翼前缘,损坏了再入时的热防护系统,因此解体烧毁,机上 7 名航天员全部遇难。

(5)着陆阶段。

着陆分为水平着陆和垂直着陆。对于弹道式以及弹道-升力再入式航天器返回再入技术,都需要降落伞来实现垂直着陆,一般在距离地面 15 km 左右航天器达到稳定下降速度,此时航天器受力基本平衡,速度为 100～200 m/s。随后,航天器逐级打开降落伞,实现安全着陆。为提高安全性,航天器返回舱一般会安装多个备用降落伞,以防止主降落伞失效。对于水平着陆,当航天器下降到距离地面大约 25 km 高度时,航天器机翼受空气动力作用,调节升力大小,实现滑翔飞行并降落在特定的着陆场跑道上。两种着陆方式如图 1.14 所示。

(a) 航天器返回舱垂直着陆　　　　　　　(b) 航天飞机水平着陆

图 1.14　航天器两种着陆方式

1.10　航天发射场与着陆场

1.10.1　航天发射场

航天发射场主要由发射场区、测试厂房、设备处理间、飞行跟踪测量站、通信总站、指挥控制中心组成,也称卫星发射场。其中,发射场区是其核心区域,通常包括发射区、技术区、试验协作区、技术勤务保障系统等。

1. 选址条件

航天发射场地理位置的选择,需要满足安全性与经济性需求,自然与社会环境良好,具备一定可持续发展空间,符合本国航天发展战略与总体规划,适合国情与国家经济技术发展现状。综合以上原则,航天发射场的选址条件总结如下。

(1) 地理位置条件:发射地球同步轨道航天器适宜选择低纬度地区。极地轨道和太阳同步轨道航天器发射场适宜选择高纬度地区。载人航天发射场适宜选择开阔、平坦,对航天员逃逸救生安全条件好的地区。

（2）安全条件：发射场及周边地区人口密度低，与中、大型城镇有一定安全距离，在航天发射场的火箭最大爆炸当量安全影响半径范围内，没有或有较少村庄、居民和重要设施。场区位置尽量选择火箭飞越陆地航程短、航区及残骸落区人口密度低、无中等以上城市及重要设施，火箭进入外层空间飞行前不穿越外国领土、领空、领海或距外国国境线有一定安全距离，残骸落区不在外国领土或领海范围。

（3）测量控制条件：测量控制设备站点易于布置，技术难度低。

（4）气象环境条件：温度适中，年度温差小；降水量与湿度适中，暴雨强度与频率低；云雾天气少，粉尘少，能见度好；污染小，空气中不含金属粒子、有害物质。

（5）地质条件：地形平坦、开阔；地质构造稳定，无活动断裂带穿过，不属于地震多发区；场区内或周边地区不存在岩溶、滑坡、危岩和崩塌、泥石流、采空区、地面沉降等不良地质；拟选场区地下无中、大型矿藏。

（6）交通运输条件：场区靠近铁路、国道或省道、高速公路，易于运载火箭、航天器的铁路与公路运输以及人员交通；场区附近有大型机场，易于航天器运输和人员交通；沿海发射场附近应有中型以上港口码头，易于大尺寸火箭、航天器通过海上运输。

2. 发射窗口

发射窗口不是空间范围，而是允许航天器发射的时间范围。准确地说，运载火箭本身并没有严格的发射时间限制，但是一旦搭载了卫星等航天器，根据卫星任务的不同，便需要选择合适的发射时机，因此有了发射窗口的概念。发射窗口会影响卫星的入轨点位置。

航天器的发射窗口一般有 4 种类型：年计窗口、月计窗口、日计窗口以及零窗口。年计窗口是以指定的某一年内连续的月数表示，代表具有较多发射时间选择，是一种粗略的时间范围，适用于行星际探测任务，例如发射哈雷彗星探测器；月计窗口是以确定的某个月内连续的日数表示，适用于行星和月球探测任务，例如发射月球探测器；日计窗口是以某日内某个时刻到另一时刻的形式表示，是较为精细的时间范围，适用于卫星、飞船和空间站等航天器的发射；零窗口可以算作日计窗口的特例，是指预定发射时间是一个精确到秒的时间点而不是一个时间范围，要求运载火箭严格按照预定时间点火起飞，起飞时间与预计时间偏差不能超过一秒，否则就错过了当次发射窗口只能等待下一次发射窗口。通常，交会对接任务为了保证发射的航天器在入轨时与目标航天器在同一个轨道面上，往往会有零窗口发射需求。例如，我国 2017 年 4 月 20 日发射的"长征七号"遥二运载火箭，成功将"天舟一号"货运飞船送入太空，完成与"天宫二号"空间实验室的交会对接。根据具体任务需求，实施航天器发射时,可能要同时计算 2 种或 3 种发射窗口以确定具体发射时间。

　　发射窗口的确定,必须综合考虑航天器的运行轨道、工作条件、天体运行条件、地面跟踪、测控通信和气象条件等因素。例如,待发射航天器与在轨目标航天器需要完成在轨交会对接任务,则必须在目标航天器的轨道面包含发射地点的时段进行发射,以保证两个航天器基本共面,减少变轨时推进剂的消耗,为顺利对接创造条件;探测火星的航天器,必须考虑火星自身围绕太阳的运行轨道,当火星和地球对太阳的张角处于一定范围内时进行发射。由于火星与地球绕太阳公转周期不同,火星绕太阳飞行一圈需要 687 d,地球绕太阳飞行一圈需要 365 d,两者大约每 780 d 会合一次,即太阳、地球与火星共线,地球距离火星最近,此时发射火星探测器会比较省燃料,利用霍曼转移轨道,只需两次加速就可以到达火星轨道(图 1.15)。此外对于载人航天飞船,除了满足常规的发射条件外,还必须满足航天员的安全和救生要求以确定发射窗口。

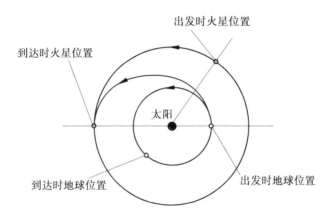

图 1.15　探测器从地球飞到火星的霍曼转移轨道示意图

1.10.2　中国主要航天发射基地

　　中国现已建成酒泉、太原、西昌、文昌、中国东方航天港五大航天发射基地。

1. 酒泉卫星发射中心

　　酒泉卫星发射中心位于甘肃酒泉以北约 200 km 的内蒙古额济纳旗,始建于 1958 年,又称“东风航天城”,是我国创建最早的综合型导弹、卫星发射场,也是目前唯一的载人航天发射场,中国第一枚地地导弹、中国第一颗人造卫星、中国第一颗返回式卫星,都从这里飞向太空(图 1.16)。1970 年,我国第

一颗人造地球卫星从这里起飞,一首《东方红》响彻寰宇。党的十八大以来,成功发射了"天宫二号"、"神舟十一号"、世界首颗量子科学试验卫星"墨子号"、首颗暗物质粒子探测卫星"悟空号"、首颗硬 X 射线调制望远镜卫星"慧眼"等。截至 2023 年,酒泉卫星发射中心共执行 200 余次航天发射任务,成功将 17 艘飞船,20 名航天员送入太空。其中,从 1970 年到 2018 年完成 100 次发射用时近半个世纪,从 2018 年到 2023 年完成第二个 100 次发射仅用了 5 年多时间。

图 1.16　酒泉卫星发射中心

2. 太原卫星发射中心

太原卫星发射中心(图 1.17)位于山西省忻州市岢岚县,始建于 1967 年,是发射太阳同步轨道、极地轨道航天器的理想场所。迄今已成功发射"风云""海洋""资源""探测""高分"等多个系列的国内卫星,同时还成功发射了美国、欧盟、巴西等国家和地区的国际商业卫星,不仅为中国的气象预报预测、海

图 1.17　太原卫星发射中心

洋环境监测作出了突出贡献,而且为国家航天事业的国际合作提供了更多有利条件。

小贴士

在太原卫星发射中心,有一座"功勋塔架",它就是1979 年建成投入使用的第一个航天发射工位,它功勋卓著,于2017 年完成最后一次发射任务,以 100% 发射成功率光荣退役,如今已成为爱国主义教育基地,成为一座不朽的精神丰碑,述说着太原卫星发射中心昔日的辉煌。

3. 西昌卫星发射中心

西昌卫星发射中心(图 1.18)位于四川省凉山彝族自治州,始建于 1970年,是中国目前对外开放的规模最大、设备技术最先进、承揽卫星发射任务最多的新型航天器发射中心,主要承担地球同步轨道卫星的发射任务,适用于通信、广播、气象等系列卫星发射。自 1984 年执行首发任务以来,截至 2024 年 2月初,40 年间,发射任务达到 200 次,成为我国用时最短完成 200 次发射的航天发射中心。该发射中心的地理位置优越,纬度相对较低,全年气候变化较小,年平均气温 16 ℃,每年 10 月至次年 5 月是最佳发射时间。中国探月工程中"嫦娥一号"到"嫦娥四号"月球探测器全部在西昌卫星发射中心成功发射。

图 1.18　西昌卫星发射中心

4. 中国文昌航天发射场

中国文昌航天发射场(图1.19)位于海南省文昌市龙楼镇,2009年9月开工建设,2014年10月建成并投入使用,目前已圆满在此完成"长征七号""长征五号"等新一代运载火箭的首飞任务。文昌航天发射场是中国唯一一个滨海发射基地,也是世界上为数不多的低纬度发射基地之一。该发射场主要承担地球同步轨道卫星、大质量极轨卫星、大吨位空间站和深空探测卫星等航天器的发射任务。作为滨海发射基地,广阔的海洋不仅为卫星发射的安全性提供了保障,也为重型火箭的运输提供了一条不受限的通道。发射场投入使用后,已在空间站建造、月球及行星探测等重大航天工程中发挥了巨大作用。

图1.19 中国文昌航天发射场

5. 中国东方航天港

中国东方航天港(图1.20)位于山东省烟台市东南方向的海阳市,2019年开始建设并执行海上发射任务,是中国目前唯一一个运载火箭海上发射母港,隶属于太原卫星发射中心。目前有一个火箭总装厂房、一艘东方航天港号专用发射船和多艘不同型号驳船,主要用于发射固体燃料火箭。自2019年6月执行首次发射任务以来,5年时间完成11次发射,成功率为100%。未来,中国将实现海上发射常态化。

此外,我国首个商业航天发射基地——海南商业航天发射场的一号发射工位于2023年12月29日在文昌正式竣工,该项目是国内新一代中型火箭"长征八号"的专用工位。项目投入运行后,主要承揽国内外火箭发射业务,将进一步提升中国商用火箭发射能力。二号发射工位于2024年6月6日竣工。同年11月30日,新型运载火箭"长征十二号"在二号发射工位圆满完成

图 1.20 中国东方航天港

首次发射任务。

1. 西昌和文昌两个卫星发射基地是什么关系?

两个基地均由西昌卫星发射中心管理和使用。近年来,经过持续的科技创新、技术革新、组织指挥模式优化,基地的测试发射能力得以全面提升,实现我国近地轨道运载能力从 10 t 到 25 t、地球同步轨道运载能力从 5.5 t 到 14 t 的巨大飞跃。截至 2023 年,作为"北斗母港",西昌卫星发射中心以 100% 的成功率将所有北斗导航卫星送入预定轨道;作为"中国探月母港",中国文昌航天发射场数战数捷全部"零窗口"发射,实现了中华民族飞天揽月梦想;作为"天宫空间站建造母港",文昌航天发射场成功将空间站 3 个舱段和 6 艘天舟货运飞船送入太空;作为"中国行星探测母港",文昌航天发射场成功发射"天问一号"火星探测器;……西昌航天人成为中国航天飞速发展的重要参与者、见证者、贡献者。

2. 商业航天发射场为何选择建在海南岛?

一方面,对于自西向东发射的航天器,发射地点纬度越低,地球自转线速度越快,赋予航天器初始速度就越大,也就越能节省燃料;另一方面,有助于保证芯一级火箭或助推器落在海上,避免传统内陆发射场需在火箭落区疏散人口的麻烦。此外,还有利于实施火箭回收任务,在海上实施,只需在相关海域精准部署回收船即可,相较于在陆上建设多个着陆场实现火箭的航区回收,成本大大降低。

1.10.3　世界十大航天发射基地

世界上具有代表性的十个航天发射基地主要包括:肯尼迪航天中心、西部航天和导弹试验中心、普列谢茨克航天发射基地、拜科努尔航天中心、圣马科发射场、萨迪什·达万航天中心、种子岛宇宙中心、欧洲航天发射中心,以及中国的酒泉和西昌卫星发射中心等。总体情况见表1.1。鉴于篇幅原因,此处不再展开叙述。

表1.1　世界十大航天发射场总结表

名称	管辖国	发射任务类型	代表性发射任务
肯尼迪航天中心	美国	地球同步轨道卫星、行星际探测器	阿波罗飞船、天空实验室、行星际探测器、航天飞机等
西部航天和导弹试验中心		战略导弹、军用卫星、极轨卫星等	全球定位系统、天基红外系统高椭圆轨道有效载荷等

续表1.1

名称	管辖国	发射任务类型	代表性发射任务
普列谢茨克航天发射基地	俄罗斯	大倾角的侦察、电子情报、导弹预警、通信、气象卫星,战略导弹等	东方-2、闪电-M、天顶、宇宙-3M、白杨洲际弹道导弹等
拜科努尔航天中心		卫星、载人飞船、月球探测器、行星探测器等	世界第一颗人造卫星、"联盟号"载人飞船、"礼炮号"空间站、"暴风雪号"航空飞机、第一位航天员加加林飞天等
圣马科发射场	意大利	小型航天飞行器	"侦察兵"运载火箭等
萨迪什·达万航天中心	印度	导弹试验和卫星发射场	极地轨道运载火箭、地球同步轨道运载火箭等
种子岛宇宙中心	日本	试验卫星和应用卫星等	"月亮女神",N-1、N-2、H-1液体火箭,H-2大型运载火箭等
欧洲航天发射中心	法国	科学卫星和应用卫星等	"阿里安"系列运载火箭等
酒泉卫星发射中心	中国	科学实验卫星、载人航天等	"东方红一号"、"神舟"飞船、"天宫"实验室、"墨子号"量子卫星等
西昌卫星发射中心		通信、气象等地球同步轨道卫星	"东方红二号"、"嫦娥"系列月球探测器、北斗导航卫星等

1.10.4　中国航天着陆场

(1)四子王旗着陆场。

四子王旗着陆场位于内蒙古中部阿木古郎大草原,是我国最重要的航天

着陆场。同美国肯尼迪航天中心主着陆场、美国爱德华兹空军基地、俄罗斯载人航天主着陆场等世界著名的航天着陆场齐名。这里地域开阔,人烟稀少,空气能见度高,有利于搜救人员对航天员的快速救援,成为我国"神舟"系列飞船着陆的首选地点。我国的"神舟一号"至"神舟十一号"飞船都在四子王旗主着陆场成功着陆。此外,"嫦娥五号"返回器也成功着陆于该着陆场。

(2)东风着陆场。

东风着陆场位于内蒙古阿拉善盟额济纳旗的中南部地区,这里地域辽阔,人烟稀少,冬季干冷,夏季炎热,少雨多风。2016 年 6 月 26 日,"长征七号"运载火箭搭载的多用途飞船缩比返回舱在东风着陆场着陆,这是东风着陆场在载人航天工程中的首次启用。2020 年 5 月 8 日,我国新一代载人飞船试验船返回舱成功着陆于东风着陆场预定区域。此后,从"神舟十二号"载人飞行任务开始,主着陆场便由四子王旗着陆场调整到东风着陆场。

1.11 航天测控系统

航天测控系统旨在对航天器发射、在轨运行以及返回过程的位置、姿态、工作状态进行跟踪测量、监视和控制,从而保证航天器按照预先规划的路径和动作完成目标任务,并保证航天员的安全。航天测控系统对于航天发射来说十分重要,它建立了地面指挥人员与太空中航天器信息交互的通道,使得我们对在轨运行航天器"看得见、摸得着、控得住"。

1.11.1 航天测控系统组成

航天测控系统包括遥测系统、遥控系统、通信与数据传输系统、监控显示系统等。遥测系统主要负责对航天器的轨道、姿态等状态进行测量,以及收集卫星下传的数据,并将测量与收集的数据发送给对应用户;遥控系统是地面人员控制航天器的必备系统,地面指挥人员可以根据卫星状态以及任务要求将控制指令上注给卫星,实现远程控制,例如卫星升降轨控制、姿态调节控制、星载设备工作模式控制等;通信与数据传输系统的任务是建立天地链路、完成卫星与地面之间的测量数据、控制指令、图像语音等数据的下传与上注;监控显示系统用来将遥测得到的卫星状态数据进行可视化显示,方便地面工作人员对卫星运行状态的监测与分析。

1.11.2 航天测控网

航天测控网是一个庞大的通信与数据处理网络,为了实现网络运转,需要有专门的设备来组成这个网络。我国目前的航天器测控系统主要包括地基测控网和天基测控网。

1. 地基测控网

我国的地基测控网主要由西安卫星测控中心、北京航天飞行控制中心、地面测控站、测量船、测量飞机等组成。

(1)西安卫星测控中心,建于 20 世纪 60 年代末,是中国卫星测控网的信息管理、指挥和控制机构,负责航天器跟踪测量、数据分析与处理、控制指令上注,以及向地面测控站发送指令。

(2)北京航天飞行控制中心,成立于 1996 年,是为中国载人航天工程和探月工程专门设立的地面测控中心。主要负责航天任务调度规划、飞行监测与控制、数据处理和信息交换。在我国第一次载人航天飞行任务中,北京航天飞行控制中心先后对"神舟五号"载人飞船轨道确定 28 次,启动软件进程 1 400余个,发送遥控指令链 87 条,发送遥控指令 437 条,程控指令 445 条,所有数据注入都准确无误。由于载人航天需要航天器完成任务后返回地面,因此在返回阶段对于返回舱的位置和姿态精确测量与控制极为关键。北京航天飞行控制中心可以准确预测返回落点、计算控制参数,从而精确控制返回舱着陆。

(3)地面测控站,是航天测控网络的节点,分为固定地面站和活动地面站。测控站分布范围较广,可以更好地完成对航天器的测控任务。我国目前拥有喀什站、渭南站、南宁站、厦门站、长春站、闽西站、东风站、佳木斯站、三亚站、西沙站等国内测控站,还有马林迪站、纳米比亚站、卡拉奇站、圣地亚哥站和基律纳站等国外测控站,国外测控站的应用极大地扩展了卫星与地面的通信窗口。地面站的主要任务是直接对航天器的位置和运行状态进行遥测感知,将测量到的信号发送给西安卫星测控中心或北京航天飞行控制中心,两大测控中心经过数据分析后将控制指令传输给测控站,再由测控站上注给卫星。有些测控站具备数据处理能力,可以自行生成控制指令并上注给卫星。深空探测任务对地面测控系统要求更高。通常,将地面多个深空测控站组成深空测控网,可以对 2×10^6 km 之外的航天器进行跟踪测量与控制。目前,美国拥有世界上最先进的深空测控网,其将深空测控站布置在全球经度相隔 120° 的位置,即位于美国加利福尼亚州的戈尔德斯通、西班牙马德里和澳大利亚堪培

31

逐梦航天

拉。无论地球如何转,都能探测到深空中的航天器。ESA 自 1998 年开始,也已建成 3 个深空站,分别位于澳大利亚新诺舍、西班牙塞夫雷罗斯和阿根廷乌拉圭。中国的深空测控网目前由佳木斯深空站、喀什深空站和阿根廷深空站组成(图 1.21)。前两个深空站于 2012 年底正式投入使用,阿根廷深空站于 2017 年顺利落成并投入使用,用于中阿双方对外层空间的和平开发和利用。这 3 个深空站的协同可实现对深空航天器 90% 以上的测控覆盖率,综合水平处于世界前列,为"天问一号"火星探测任务持续保驾护航。

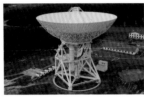  

  (a) 佳木斯深空站   (b) 喀什深空站   (c) 阿根廷内乌肯深空站

图 1.21 中国深空测控站分布

  (4) 测量船,是航天测控网的海上机动测控站。载人航天工程需要较高的测控通信覆盖率,因此有必要充分利用海洋资源。将测量船合理布置在本国领海区域内,可以提升测控系统的灵活性和覆盖面积。同时,海上测量船还可以为开辟海上靶场服务,在海上进行导弹发射试验,并通过测量船实时测量导弹位置。我国从 1967 年到 1979 年成功研制了第一代"远望号"航天测量船(图 1.22),包括"远望一号""远望二号",成为继美国、苏联/俄罗斯和法国之后第四个独立设计并应用海洋航天测控系统的国家。截至目前,我国共拥有7 艘远洋测量船,分别为"远望一号"~"远望七号"。

图 1.22 "远望号"航天测量船

32

（5）测量飞机,是航天测控网中的空中机动测控站,配合陆地测控站与测量船,提高测控网对应急任务的处理能力。由于测量飞机距离航天器较近,尤其对于火箭发射及返回舱返回过程,可以更容易获取测量数据。

2. 天基测控网

对于地基航天测控系统,只有在航天器过境时才能进行数据传输,而低轨卫星过境时间很短,大大限制了测控时间窗口。即使是在全球布设了测控网的美国,对低轨航天器的轨道覆盖率也只有 15%。因此,需要通过在太空中布置一些卫星,专门用来监测其他卫星的运行状态。中继卫星就是用来测量其他卫星或火箭的位置、姿态以及运行状态,并将数据下传给地面指挥人员,或将地面上注的控制信号传递至相应卫星的一种通信卫星。中继卫星也称卫星的卫星,它搭建了卫星与地面站之间通信的桥梁。一般情况下中继卫星分布在地球静止轨道上,相对地面是静止的,一般由多颗卫星组网,可覆盖整个近地空间。

中继卫星的作用很多,可以连续跟踪中低轨航天器,例如空间站、载人飞船等,监测航天器运行状态。由于低轨的遥感卫星只有在经过地面站上空时才能下传观测数据,实时性差,且占用星载设备存储空间。而中继卫星可以接收遥感卫星数据,并可以随时将数据下传至地面站。对于载人航天飞行任务,中继卫星是保证航天员与地面随时联系的重要保障,无论航天器在什么位置都可以通过中继卫星与地面取得联系。除此之外,中继卫星也有很重要的军事意义。对于天基预警系统,预警卫星跟踪敌方导弹、飞机等目标时,观测信息可以通过中继卫星实时传递给地面,为战斗部署增加时间。同时,对于组网运行的多卫星系统,中继卫星可以实现卫星之间的信息传递,例如当两颗卫星被地球遮挡没有通信链路时,必须通过中继卫星进行信息交互,更好地实现多星的任务调度与规划。

航天大国都拥有自己的中继卫星系统,中国从 2008 年到 2022 年,共发射了两代共计 8 颗中继卫星,即"天链一号 01 星"~"天链一号 05 星",以及"天链二号 01 星"~"天链二号 03 星",均分布于地球静止轨道上,实现全球覆盖,航天测控范围从 17% 提高到近 100%。我国成为继美国之后第二个实现中继卫星全球组网的国家。"天链"中继卫星最主要的任务是为飞船、空间站等载人航天器提供数据中继和测控服务,例如天地通话、太空直播授课、航天器交会对接、航天员出舱活动等重要任务的通信都主要由"天链"卫星参与完成,"天链"中继卫星工作示意图如图 1.23 所示。

此外,中继卫星对于月球探测也是必不可少的。中国于 2018 年 5 月 21 日将"鹊桥"中继卫星发射升空,用来为"嫦娥四号"着陆器和"玉兔 2 号"月球车提

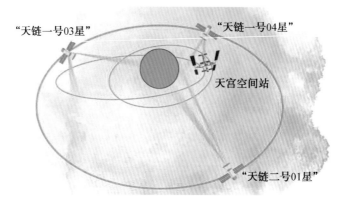

图 1.23 "天链"中继卫星工作示意图

供地月中继通信支持。"鹊桥"中继卫星运行在地月引力平衡点 L_2 的晕轨道（halo orbit）上，距月球 6.5×10^4 km，既可以"看到"月球探测器，也可以"看到"地球，从而能够在地球和月球背面探测器之间搭建"通信桥梁"（图1.24）。

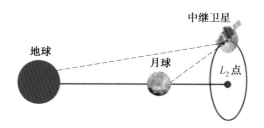

图 1.24 "鹊桥"中继卫星工作示意图

1.12 中国航天员系统

载人航天任务由载人飞船、运载火箭、发射基地、航天测控、返回与回收、航天员六大系统组成。其中航天员系统主要负责前期选拔和训练航天员，完成航天员人才储备，并在训练和载人飞行实际任务中，实时监测航天员身体状况，为航天员提供舱内生活保障。

1.12.1 航天员选拔与训练

太空环境与地面环境截然不同，在载人航天任务中，航天员的生存与工作环境极为艰苦。在飞船上，每增加 1 g 的有效载荷，就必须付出很多推力，代价十分昂贵。故而为节约空间减轻质量,飞船上的空间尽量狭小,看起来很庞大的国际空间站,其容积远小于一套普通住房;而载人飞船内的空间更是只相当于一个普通卫生间大小,且振动噪声频繁。航天员长期处在失重条件下,而在火箭发射及返回舱返回过程中,航天员还将受到超重的影响。因此,为了完成载人航天任务,并保证航天员的安全,必须对航天员进行多方位的严格训练,经过层层筛选,最终选拔出心理素质过人、身体素质过硬、反应灵敏、具有献身精神的航天员完成某一特定任务。我国分别于 1998 年和 2010 年选拔和训练了两批共 21 名航天员。第一批选拔 14 名男航天员,其中杨利伟等 9 名航天员还在服役中,其余均已退役;第二批选拔 7 名航天员,包括 2 名女航天员(刘洋和王亚平),且已全部执行了航天飞行任务。他们都是从空军优秀飞行员中选拔出来的,且飞行时长达 1 000 h 左右。2018 年,我国启动第三批预备航天员的选拔,2020 年 10 月完成选拔工作,共有 18 名预备航天员(含 1 名女性)最终入选,包括 7 名航天驾驶员、7 名航天飞行工程师和 4 名载荷专家,他们在经过系统的训练后将参加空间站运营阶段各次飞行任务。截至 2024 年 6 月,已有 6 名航天员公开执行飞行任务。2022 年 10 月,我国启动第四批预备航天员选拔工作,2024 年 6 月,选拔工作结束,共有 10 名预备航天员最终入选,包括 8 名航天驾驶员和 2 名载荷专家(香港地区、澳门地区各 1 名载荷专家)。

　　航天员的选拔过程十分严格。首先,在身高体重方面,中国航天员标准身高为 1.60～1.72 m,体重为 55～70 kg。这种身高体重更适合在狭小的飞船中长期工作生活,且可以减轻飞船载荷质量,延长飞船寿命。同时,身材矮壮的人脊柱可以承受更大的抗冲击力。其次,航天员必须经历严格的体检,大约历时一个月,通过高科技手段对航天员身体细胞、血液状况等进行详细检查,排除一切疾病风险。同时,航天员还必须进行特殊生理功能检查。参选者需要在离心机上经受 8 倍于体重的超重考验,还要接受在高速无规则旋转的转椅上测试前庭功能(图 1.25),接受在缺氧低压环境下考核耐力。最后,心理素质考核也必不可少。参选者需要在陌生场景中迅速完成复杂操作任务,并通过心理专家的测验。

　　航天员要根据某次任务需求进行配置和选拔,一般来说,航天员分为航天驾驶员、航天飞行工程师和载荷专家。航天驾驶员一般从陆海空三军现役飞行员中选拔,要求具有丰富的飞行经验,主要负责驾驶航天器、维修和使用航天器设备以及监测航天器运行状态。航天驾驶员是载人航天飞行的核心,是任务成功与否的关键,任何载人航天任务都离不开航天驾驶员。由于我国的载人航天事业起步较晚,早期的任务大多是为了验证载人航天关键技术,因

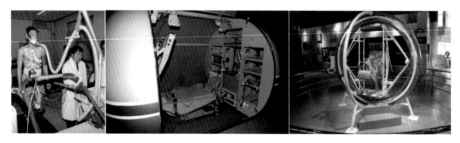

图 1.25　航天员选拔与训练

此,前两批选拔的航天员都是航天驾驶员。随着空间任务的复杂性越来越高,有一些太空实验需要专门的人员去完成,因此航天飞行工程师和载荷专家将逐渐作为航天员进入太空。航天飞行工程师一般在从事航空航天工程及相关领域专业的科研和工程技术人员中选拔,主要负责航天器部件操作维修、提供技术支持、组装航天器以及开展相关技术试验等。载荷专家需要在从事空间科学研究及应用相关领域的科研人员中选拔,在太空进行相关科学实验,例如微重力环境下动植物生长实验、导电缆绳实验、细胞培养实验等。

1.12.2　航天服

航天服是航天员系统中重要的分系统,其保证了航天员在特殊、恶劣、极端的太空环境中得以安全生存,造价一般在千万元以上。航天服的主要作用是防护太阳辐射、维持身体温度、提供身体所需压力等。按照功能的不同,航天服可分为舱内用和舱外用两种。

舱内航天服结构相对简单,因为飞船内部温度、气压、氧气含量等相对稳定,且不存在太阳辐射。飞船在轨飞行时,正常工况下舱内航天员不用穿航天服,只有在飞船发生故障时,例如飞船泄漏,压力突然降低,这时为了保证自身安全,航天员才需要穿上航天服。气压对于人体是很重要的,在太空低压环境中,人体血液会因为沸点降低而"沸腾"。因此,飞船泄漏时必须依靠航天服给人体提供气压,一般航天服中的气压为 0.4 atm(1 atm=101 325 Pa)。

如果航天员想出舱活动,则必须穿戴好舱外航天服。中国的"飞天"航天服是中国自主研制的第一代舱外航天服,重 120 kg,造价 3 000 万元,可支持 4 h 的舱外活动。舱外航天服从内到外分为内衣舒适层、保暖层、通风层和液冷层、气密限制层、隔热层、外罩防护层共 6 层。

1.13　"世界航天日"与"中国航天日"

1961 年 4 月 12 日,苏联航天员尤里·阿列克谢耶维奇·加加林(图 1.26)乘坐"东方一号"飞船(图 1.27)发射升空,在预定地球轨道飞行一圈后成功返回地面,实现了世界上首次载人航天飞行,开启了人类探索太空的新纪元。为了纪念这一航天发展的里程碑事件,2011 年起,联合国大会将每年 4 月 12 日确定为"世界航天日"(又称"载人空间飞行国际日")。

图 1.26　苏联航天员尤里·阿列克谢耶维奇·加加林

图 1.27　"东方一号"飞船

1970 年 4 月 24 日,中国成功发射了第一颗人造地球卫星"东方红一号"(图 1.28),拉开了中国航天事业发展的序幕。之后经过半个多世纪的发展,中国航天事业不断取得辉煌成就。为充分展示航天成就,大力弘扬航天精神,科学普及航天知识,2016 年 3 月,经国务院批复,自 2016 年起,将每年的 4 月 24 日设立为"中国航天日"。设立"中国航天日",旨在铭记历史、传承精神,激发全民尤其是青少年崇尚科学、探索未知、敢于创新的热情,为实现中华民族伟大复兴的中国梦凝聚强大力量。

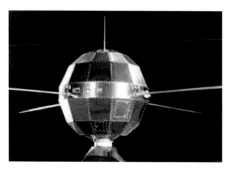

图 1.28 "东方红一号"卫星

2016 年,首个"中国航天日"在北京航空航天大学举办,主题为"中国梦,航天梦";2017 年,第二个"中国航天日"主场活动在西北工业大学举办,主题为"航天创造美好生活";2018 年,第三个"中国航天日"主场活动在哈尔滨工业大学举办,主题为"共筑航天新时代",旨在号召社会各界以习近平新时代中国特色社会主义思想为指导,深入学习贯彻党的十九大精神,坚持创新驱动发展战略、军民融合发展战略,加快推动航天强国建设,奋勇踏上新征程,共筑航天新时代;2019 年,第四个"中国航天日"主场活动在湖南长沙举办,主题为"逐梦航天,合作共赢",旨在号召广大科技工作者、航天工作者努力奔跑,争做新时代的追梦人和奋斗者,加快推动中国航天事业的发展,并与世界各国一道,为和平利用太空,增进人类福祉贡献更多的中国智慧、中国方案和中国力量;2020 年,第五个"中国航天日"在线举办,主题为"弘扬航天精神,拥抱星辰大海";2021 年,第六个"中国航天日"主场活动在江苏南京举办,主题为"扬帆起航,逐梦九天";2022 年,第七个"中国航天日"主场活动在海南文昌举办,主题为"航天点亮梦想",旨在进一步宣扬崇尚科学、探索未知、敢于创新的理想信念,以航天梦托举中国梦,激发汇聚逐梦筑梦的磅礴力量;2023 年,第八个"中国航天日"主场活动在安徽合肥举办,主题是"格物致知,叩问苍穹",旨在勉励广大航天人在党的二十大开局之年,继续秉承"两弹一星"精神、载人航天精神、探月精神和新时代北斗精神,怀着探索未知的决心,加快航天强国建设,积极构建外空领域人类命运共同体,倡导广大公众特别是青少年,行而致知、知而促行,不断探索宇宙奥秘;2024 年,第九个"中国航天日"主场活动在湖北武汉举办,主题是"极目楚天,共襄星汉",旨在纪念中国航天事业成就,发扬中国航天精神。同时也是为向公众展示中国航天的最新成就和未来规划。

"中国航天日"已成为唱响"发展航天事业,建设航天强国"主旋律的重要载体,成为普及航天知识、激励科学探索、培植创新文化的重要平台,成为传承航天精神、凝聚强大力量的重要纽带,成为全世界了解中国航天的重要窗口。

第 2 章 世界航天发展

一个民族有一些关注天空的人，他们才有希望；
一个民族只是关心脚下的事情，注定没有未来。

——黑格尔

2.1 发展起源

探索浩瀚宇宙、寻找万物源头，是人类千百年来的美好梦想。早在远古时代，就有人开始对星空进行观测和记录，对动物的飞行进行观察和研究。航天思想萌芽于古代人们对太空的向往和对宇宙的好奇。

首先要谈及的是以科幻小说和科幻电影为主要形式的科幻作品。太空科幻作品可以唤起人们对航天的兴趣，让人们从中得到启发和鼓舞，甚至启发人们作出重大发明和创造。将天文知识融入虚拟生动故事中的太空飞行幻想小说起源于17世纪。德国天文学家开普勒是最早撰写这类小说的作家，在其代表作《梦游》中描述了人类飞渡月球的情景；法国科幻小说先驱西拉诺·德·贝尔热拉克在其代表作《月球旅行》中设想过多种太空飞行推进方法；被誉为"现代科学幻想小说之父"的法国作家儒勒·凡尔纳所著的代表作《从地球到月球》《环游月球》等都产生过广泛而深远的影响。此外，以航天为题材的科幻电影也在不断推陈出新，代表作品包括《阿波罗13号》《地心引力》《星际穿越》《火星救援》《流浪地球》等。其中，电影《阿波罗13号》真实地描述了驾驶"阿波罗13号"的航天员因飞船故障失去大量氧气和电力不得不放弃登月操作而选择把登月舱作为救生艇安全返回地球的故事；《地心引力》讲述了美国航天飞机遭遇太空垃圾被摧毁后航天员有幸得到国际空间站的救助，但是在轨道上的航天飞机残骸绕回来即将摧毁国际空间站的危难之际，航天员成功逃到了中国空间实验室"天宫一号"上，并搭乘"神舟"飞船成功返回地球的惊险故事；《火星救援》讲述了由于一场沙尘暴，航天员马克与他的团队失联，孤身一人在火星面临着飞船损毁，想方设法返回地球的故事；《流浪地球》则讲述了人类在面临太阳系即将毁灭的绝境下开启"流浪地球"计划，试图带着地球一起逃离太阳系，寻找人类新家园的故事。

再看近代自然科学的重大发现。16世纪，波兰天文学家尼古拉·哥白尼［图2.1（a）］创立了日心地动说，改变了人类对宇宙的认识；之后，丹麦天文学家第谷·布拉赫通过大量的天文观测获得行星运动的丰富资料；17世纪初，德国天文学家开普勒对第谷·布拉赫的观测资料进行了大量的分析计算，发现了行星运动的三大定律，出版了代表作《新天文学》《宇宙和谐论》，为经典天文学的发展奠定了基石；意大利"现代观测天文学之父"伽利略［图2.1（b）］通过自制望远镜使人类对于太空的认识产生了质的飞跃，同时还发现了自由落体定律和惯性原理（在伽利略时代，人们争相传颂："哥伦布发现了新大陆,伽利略发现了新宇宙。");1673 年,荷兰物理学家惠更斯[图 2.1(c)]发现了向心力定律;1687 年,英国科学家牛顿[图 2.1(d)]在《自然哲学的数学原理》中提出了万有引力定律和三大运动定律,创立了天体力学,使人类得以从动力学角度研究天体的力学运动。这些以伽利略经典力学和牛顿天体力学等为代表的重大发现为航天先驱者们寻求克服地球引力进入太空奠定了坚实的理论基础。

(a) 尼古拉·哥白尼(1473—1543)　　(b) 伽利略(1564—1642)

(c) 惠更斯(1629—1695)　　(d) 牛顿(1643—1727)

图 2.1　近代自然科学重大发现的提出者

直到 19 世纪末 20 世纪初,才开始涌现出许多富有探索精神的航天先驱者,影响最大的有"俄罗斯宇航之父"齐奥尔科夫斯基、美国液体火箭创始人罗伯特·戈达德、"欧洲火箭之父"赫尔曼·奥伯特,他们为克服地球引力付出了大量努力,为推动人类航天事业的早期发展作出了重要贡献,激励了一代又一代的航天科技工作者。

接下来,世界航天事业的发展在运载火箭、人造卫星、载人航天、深空探测等诸多领域如火如荼地开展,不断取得从无到有、从小到大、从弱到强的突破和进步。

1926 年,罗伯特·戈达德发射了世界首枚液体火箭,虽然上升高度和飞行距离分别仅有 12 m 和 56 m,但它打开了液体火箭技术的大门,开启了火箭及火箭发动机时代的研究序幕。1942 年,德国成功发射 V-2 火箭,飞行高度和距离分别达到了 85 km 和 190 km,把航天先驱者们的梦想变成了现实,揭开了现代火箭技术发展史的重要篇章。苏联于 1948 年、1950 年和 1955 年分别自行研制了 P-1、P-2 和 P-3 火箭,射程依次达到 300 km、500 km 和 1 750 km。1957 年成功发射射程长达 8 000 km 的两级液体洲际导弹 P-7,经过改装的 P-7 于 1957 年 10 月 4 日成功发射了世界上第一颗人造卫星。后来为满足发射多种航天器的需要,苏联又先后研制成功"东方号""联盟号""质子号"等多种型号的火箭。

另一方面,美国陆军在冯·布劳恩的帮助下于 1949 年开始研究"红石"弹道导弹,1954 年制订人造卫星计划,1958 年用"丘比特-C"火箭成功发射本国第一颗人造卫星。后来美国又相继研制成功"先锋号""丘诺号""红石号""土星号"等多种型号的火箭。

可以看出,现代火箭技术在推动着火箭自身不断升级换代的同时,也推动了人造卫星事业的发展,尽管最初的卫星现在看来很简陋,但它们把人类几千年来的梦想变成现实,为人类开创了航天新纪元。继苏联、美国之后,法国、日本、中国等国家也相继拥有了自行研制并发射本国卫星的能力。

千百年来,人类对月球有着无限的向往与好奇,许多国家为实现奔月的梦想而付出了巨大的努力。美国、苏联在 1958—1976 年间共发射过 80 多个无人月球探测器,日本于 1990 年发射了本国第一颗月球探测器,成为第三个向月球发射探测器的国家。进入 21 世纪,"嫦娥一号"的成功发射,让中国成为世界上第四个具有月球探测能力的国家。对于月球以远的行星和行星(际)探测,美国、苏联在 1960—1978 年间共发射 60 多个行星(际)探测器。这些探测器的探测结果大大增进了人类对外太空的了解,推动了人类深空探测事业的蓬勃发展,实现了人类憧憬数千年"走出地球、探索深空"的梦想。

人类对深空开展探测的重要意义之一在于可以借助人类研制的深空探测器助力人类在地外空间探寻宜居的第二家园,以此拓宽人类的生存空间,有效应对地球可能发生的灾难,实现人类星际移民的梦想。在这一重要意义的推动下,诸多航天国家的载人航天工程纷纷开展。1961 年,苏联航天员尤里·加加林乘坐"东方一号"宇宙飞船完成了世界上首次载人航天飞行,实现了人类进入太空的梦想;1969 年,美国航天员尼尔·奥尔登·阿姆斯特朗和巴兹·奥尔德林乘坐"阿波罗 11 号"载人飞船完成了世界上首次月面行走,实现了人类登月的千年梦想。时至今日,美国、俄罗斯、欧盟、中国、日本、印度等众多航天国家和地区都把月球和火星作为开展深空探测的重要目标,并纷纷启动了本国的载人登月和载人登陆火星等宏伟计划。

综上,太空科幻作品的启迪,人类对太空的向往,对宇宙的好奇,为实现奔月的梦想,为探寻天体、宇宙乃至生命的起源,为寻找地外生命、地外文明,为地球开发第二家园、实现星际移民的愿景……,都可作为世界各国进行航天探索的起源。

2.2　运载火箭

运载火箭是世界各国开展一切太空活动的前提和基础。没有运载火箭,航天事业就无法进行,太空探索也无异于空谈。

火箭是依靠火箭发动机喷射工质(工作介质)产生的反作用力向前推进的飞行器。它自身携带全部推进剂,不依赖外界工质产生推力,可以在稠密大气层内,也可以在稠密大气层外飞行,是实现航天飞行的运载工具。

1926 年,美国液体火箭创始人罗伯特·戈达德发射了世界首枚液体火箭(图 2.2),虽然上升高度仅 12 m,飞行距离仅 56 m,但它打开了液体火箭技术的大门,开启了火箭及火箭发动机的研究序幕。之后,世界多国相继出现了研究火箭的组织。

运载火箭是第二次世界大战后在导弹的基础上开始发展的。它是由多级火箭组成的航天运载工具。通常,运载火箭将人造地球卫星、宇宙飞船、空间站、空间探测器等有效载荷送入预定轨道,任务完成后,运载火箭被抛弃。比较有代表性的运载火箭有苏联的"东方号"(Vostok)和"质子号"(Proton)、美国的"大力神"(Titan)和"德尔塔"(Delta)、ESA 的"阿里安"(Ariane)、日本的"H"、中国的"长征",以及美国商业公司的"猎鹰"系列运载火箭等。

1. 美国的"大力神""德尔塔""宇宙神"等系列运载火箭

"大力神"系列运载火箭是美国以其洲际导弹为基础研制的一次性使用大型火箭,又名"泰坦"火箭,于 1958 年 12 月首次发射。2005 年退役之前共发射 368 次。该系列火箭由"大力神-1""大力神-2""大力神-3""大力神-4"等多种型号和子系列组成(图 2.3),主要用于发射各种军用卫星。它的最大近地轨道运载能力为 21.9 t,地球同步转移轨道运载能力为 5.3 t。

"德尔塔"系列运载火箭自 1960 年首次发射以来,先后发展了 20 多种不同的型号,一直是美国发射中型卫星的主力运载火箭,由联合发射联盟

图 2.2　罗伯特·戈达德及其研制的世界首枚液体火箭

图 2.3　"大力神-2"和"大力神-4"运载火箭

(ULA)建造及发射,迄今已发射超过 300 次。现今最受关注的当属"德尔塔 4 号"(Delta-4)重型运载火箭(图 2.4),它可以将最多近 30 t 的有效载荷送入近地轨道,将 11 t 有效载荷送入地球同步轨道,还能将 11 t 有效载荷送上月球,将 8.8 t 有效载荷送入火星轨道。"德尔塔 4 号"火箭于 2004 年 12 月 21 日进行了首飞,遗憾的是,火箭没能到达预定轨道,后来科学家们查看数据时,认定第一级火箭的燃烧时间没有达到预期时长,但是,它在使用了许多新技术的情况下完成了主要的测试目标,可以说是一次成功的飞行。2024 年 4 月 9 日,"德尔塔 4 号"成功执行了其谢幕飞行任务,圆满结束了其 20 年服役生涯,后续将被 ULA 全新开发的"火神–半人马座"火箭取代。

"宇宙神 5 号"(Atlas–5)系列运载火箭是美国进入 21 世纪以来的新一代运载火箭,也是"宇宙神"系列火箭中的最新型号,同样由 ULA 研制。"宇宙神"系列火箭自 1959 年以来已发射超 500 次,成为使用最广泛的运载工具。其中,"宇宙神 5 号"自 2002 年首次成功发射以来的 20 年时间中(截至 2022 年),共计发射 36 次,除 1 次部分失败外,成功率近乎完美。"宇宙神 5 号"主要承担美国空军及政府中型和重型有效载荷发射任务。

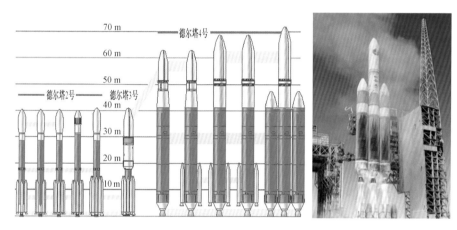

图 2.4 "德尔塔"系列及"德尔塔 4 号"重型运载火箭

小贴士　联合发射联盟(ULA)成立于 2006 年,继承了美国航天发射业务的大部分传统资源。

2. 美国商业公司的"猎鹰"系列运载火箭

"猎鹰"系列运载火箭是由美国太空探索技术公司(SpaceX)研制的可重复使用的运载火箭,以"猎鹰 9 号"(Falcon 9)中型运载火箭(图 2.5)和"猎鹰重型"(Falcon Heavy)运载火箭(图 2.6)为典型代表。

(a)"猎鹰9号"　　　　　(b)一级火箭陆上回收　　　　(c)一级火箭海上回收

图 2.5　"猎鹰 9 号"及其一级火箭回收

图 2.6　装配有 27 台发动机的"猎鹰重型"火箭

SpaceX 自 2002 年成立以来,成功地设计、建造并测试了自己的运载工具,20 年间,已完成数百次发射,并将大量载荷、货物、航天员和太空游客送入近地轨道,取得了一系列辉煌成就。其重要事件如下:

① 2008 年,公司开发测试了首款运载火箭"猎鹰 1 号",并三次发射,但均以失败告终。

② 2008 年 9 月 28 日,"猎鹰 1 号"在其第四次发射中成功将一枚模拟载荷精确送入预定椭圆轨道,使 SpaceX 公司成为全球第一个成功设计并发射液体燃料火箭进入预定轨道的私营公司;这次发射意义重大,就连公司 CEO 艾隆·马斯克也曾在一次演讲中表示,如果第四次发射失败,公司可能不得不永远关闭。

③ 2010 年 6 月 4 日,"猎鹰 9 号"完成首次发射。

④ 2015 年 12 月 21 日,"猎鹰 9 号"实现了首次陆地回收一级火箭的壮

举,也是人类第一枚参与轨道发射后飞回发射场的运载火箭。

⑤ 2016 年 4 月 9 日,"猎鹰 9 号"成功发射"龙"飞船,完成首次海上回收一级火箭的壮举。

⑥ 2017 年 6 月 4 日,将一艘回收过的货运"龙"飞船(2014 年 9 月发射升空并与"国际空间站"对接停留 34 d 后返回地球,降落太平洋)成功送入目标轨道,标志着人类航天史上首次实现货运飞船的可重复发射,意义重大。

> **小贴士**
>
> 1. "猎鹰 9 号"因何得名?
>
> 　　主要是由于"猎鹰 9 号"的芯一级火箭安装了 9 台"梅林"(Merlin)发动机,而不是由"猎鹰 1 号"一直研制到"猎鹰 9 号"。
>
> 2. "猎鹰 9 号"回收复用情况如何?
>
> 　　自 2015 年底首次陆地回收一级火箭以来,截至 2024 年,9 年间完成了 220 多次回收任务并创造了 2 枚 22 手猎鹰火箭(分别是 B1061 和 B1062 箭体)的壮举,这种可重复使用火箭必将成为世界火箭发展的必然趋势。

"猎鹰重型"(Falcon Heavy)运载火箭是 SpaceX 公司在继承大量"猎鹰 9号"运载火箭成熟技术的基础上研制的两级液体重型运载火箭,以液氧/煤油为推进剂,起飞时共有 27 台"梅林"(Merlin)1D 改进型火箭发动机同时点火,是当今世界上现役发动机数量最多的火箭。该火箭全长为 70 m,芯级直径为 3.66 m,近地轨道最大运载能力达 63.8 t,相当于一架波音 737 客机质量;地球同步轨道运载能力为 26.7 t,相当于一辆 T-34 坦克质量;火星轨道运载能力为16.8 t,相当于一辆满载的油罐车质量;它是现役推力仅次于由美国国家主导研制的太空发射系统(space launch system,SLS)的航天重器,其二级火箭发动机可多次起动,具备直接将卫星送入地球静止轨道或执行"一箭多星"任务的能力。

截至 2023 年底,"猎鹰重型"火箭分别于 2018 年 2 月 6 日、2019 年 4 月

11 日、2019 年 6 月 25 日、2022 年 11 月 1 日、2023 年 1 月 15 日、2023 年 5 月 1 日、2023 年 7 月 29 日、2023 年 10 月 13 日、2023 年 12 月 29 日在肯尼迪航天中心连续 9 次成功发射。首飞任务将一辆质量为 1.25 t 的红色特斯拉跑车送入了地火转移轨道[图 2.7(a)],采用的两个助推器均为之前发射的"猎鹰 9 号"火箭成功回收的一子级,并且这两个助推器成功实现了陆上回收,遗憾的是,芯级火箭在海上平台回收时,出现故障坠入海中;第 2 次任务将一颗质量为 6.46 t 的沙特阿拉伯卫星"Arabsat-6A"送入了超地球同步转移轨道,实现了"猎鹰重型"火箭的首次商业发射,同时,除两个助推芯级火箭成功实现陆上回收[图 2.7(b)]外,它的中间芯级火箭也首次实现了海上平台回收(但因海况恶劣未能及时固定在甲板上造成倾斜断裂);第 3 次任务将 24 颗卫星分别送入了 3 个不同的近地轨道,一举完成 SpaceX 最难发射任务,实现了该运载火箭首次为美国空军实施发射服务,首次实现网捕船成功回收整流罩,此次发射使用的两个助推芯级火箭为第 2 次任务回收的芯级火箭,并再次实现陆上回收;第 4 次任务把美国太空军一组军用载荷直接送入地球同步轨道,本次任务的芯一级火箭为消耗型,两个一级助推器成功完成了陆上回收,整流罩也实现了海上平台回收。与第 3 次任务不同的是,本次任务是 SpaceX 公司首次尝试直接将载荷发射到距离地球表面约 36 000 km 的静止轨道上,这需要猎鹰重型的二级火箭在太空中进行约 6 h 的滑行,成为当时 SpaceX 所尝试过的最具挑战性的任务之一。

(a)"猎鹰重型"搭载特斯拉跑车首飞　　(b)"猎鹰重型"双助推器同时陆上回收

图 2.7　"猎鹰重型"首飞及助推器回收

在其第 8 次发射任务中,将美国国家航空航天局(National Aeronautics and Space Adminstration,NASA)的一颗"普绪克"(Psyche)小行星探测器成功发射升空,探测器将在 2026 年经过火星的引力辅助加速后,于 2029 年抵达"普绪克"小行星(图 2.8)。据估算,这颗神奇的小行星虽然最大直径只有 240 km,但其价值超过一千亿亿美元,远超 2023 年全球 GDP 总量 108.3 万亿美元!

图 2.8　"普绪克"小行星探测器

在其最后一次任务中,成功将"X-37B"轨道测试飞行器(OTV-7)送入高地球轨道,开启了"X-37B"自 2010 年首次亮相以来的第 7 次飞行任务。

"猎鹰重型"9 次连续成功飞行显示了该运载火箭强大的任务适应能力和很高的可靠性,并一举打破了多项世界纪录,随着重复使用技术(全箭28 台发动机有 27 台能够重复使用,复用率达 96%)日渐成熟,该运载火箭在大幅降低发射成本、缩短发射周期、提高发射频率等方面潜力巨大,而且必将得到越来越多科研人员的认可和青睐。

"猎鹰重型"运载火箭将影响未来大型乃至重型运载火箭的设计思路,尤其是在大部分航天国家尚未掌握大推力高性能火箭发动机、大直径箭体制造技术的情况下,多台发动机并联的通用芯级构型将是在较短时间内实现较大运载能力的理想选择。当前,世界各国正在研制的新一代主流大型火箭大多具备 20 t 级近地轨道运载能力,但对于未来大规模深空探测和载人航天任务,则需要近地轨道运载能力达 100 t 级的重型运载火箭,而这种运载能力的实现所带来的各种挑战巨大。目前,基于20 t 级大型运载火箭研制基础,通过发动机并联和通用芯级捆绑技术,有望将近地轨道运载能力提升至 50～70 t 级,成为大型运载火箭和重型运载火箭之间的良好过渡。

此外,SpaceX 公司针对未来的载人深空探测任务正在研制"星舰",这部分内容详见本节对载人运载火箭的介绍。

3. 美国其他商业运载火箭

与 SpaceX 公司一同角逐商业运载火箭市场的还有蓝色起源(Blue Origin)公司、火箭实验室(RocketLab)公司等。由蓝色起源公司研制的现役火箭为"新谢泼德"(New Shepard),这是一款可执行亚轨道飞行任务的可回收复用火箭,"新谢泼德"号火箭能被发射到 100 km 以上太空完成太空旅游等任务。"新谢泼德"于 2015 年 4 月完成首次发射,于 2021 年 7 月 20 日首次成功将 4 名太空旅客(包括蓝色起源创始人杰夫·贝索斯)送往太空,并于 11 min 后实现箭船平稳回收。截至 2022 年 9 月,成功完成 6 次载人飞行,32 人次体验太空旅游。该公司尚在研制中的"新格伦"(New Glenn)火箭则是一款重型运载火箭,质量和体积甚至超过了 SpaceX 的"猎鹰重型"火箭。火箭实验室公司的主打产品为"电子"(Electron)小型火箭,全长 18 m,箭体直径为 1.2 m,近地轨道运载能力为 300 kg,可通过伞降方式回收。该公司未来还将推出"中子"(Neutron)中型可重复使用运载火箭,该火箭全长 40 m,箭体直径为 7m,近地轨道运载能力为 13 t,这将是全球首款碳纤维复合材料的运载火箭。

4. 苏联/俄罗斯的"东方号""质子号""安加拉"等系列运载火箭

"东方号"系列运载火箭是世界上第一个运载火箭系列(图 2.9),包括"卫星号""月球号""东方号""上升号""闪电号""联盟号""进步号"等,后四种火箭又构成"联盟号"子系列火箭。它创造了多个世界第一:发射了第一颗人造卫星、第一个月球探测器、第一个金星探测器、第一个火星探测器、第一艘载人飞船、第一艘无人货运飞船等。它也是世界上发射次数最多的运载火箭系列。其中"联盟号"是"东方号"的一个子系列,主要发射"联盟号"载人飞船和"进步号"货运飞船。由于该运载火箭第一次正式发射了"东方号"宇宙飞船,把世界上首位航天员加加林送上地球轨道飞行并安全返回了地面,因此它也被命名为"东方号"运载火箭。

"质子号"运载火箭是苏联第一种专为航天任务设计的大型运载器,共有二级、三级及四级三种型号。自 20 世纪 60 年代中期以来,"质子号"运载火箭一直是苏联/俄罗斯发射大型航天器的主要运载工具,在美苏登月竞赛时期承担了将大多数"月球号"无人探测器送上月球轨道的任务(图 2.10)。然而,由于其使用剧毒的偏二甲肼液体燃料,一旦发射失败可能对发射场周边地区造成严重污染,所以俄罗斯决定用新研制的"安加拉"系列火箭(使用液氧/煤油作为推进剂)来取代它。

"安加拉"系列运载火箭(图 2.11)是苏联解体后俄罗斯独立研发的首个运载火箭系列,这一运载火箭系列包括轻、中、重型三个级别,目前可将 1.5 ~ 25 t 的有效载荷送入近地轨道,将最多约 7 t 有效载荷送入地球同步轨道。

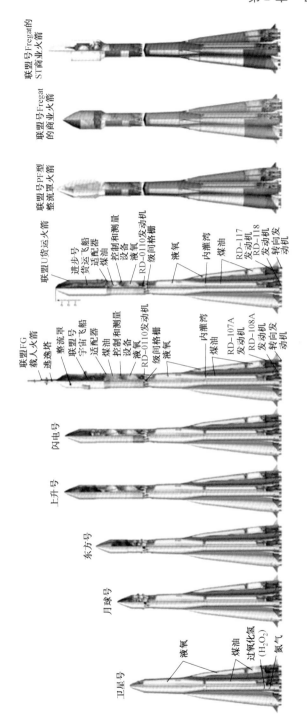

图2.9　"东方号"系列运载火箭

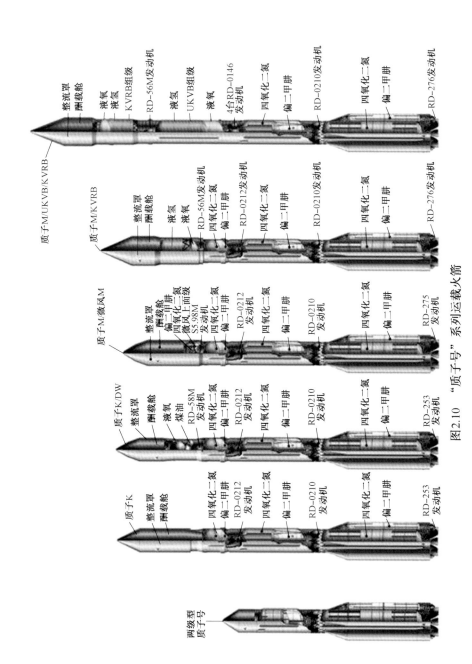

图2.10 "质子号"系列运载火箭

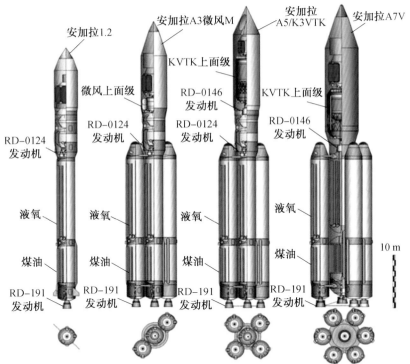

图 2.11　"安加拉"系列运载火箭

"安加拉-A5"属于俄罗斯的重型运载火箭,近地轨道运载能力达 24 t。2014 年 12 月 23 日,俄罗斯在普列谢茨克航天发射基地成功试射了"安加拉-A5"重型运载火箭。

各国对重型火箭的划分标准尚未统一。事实上,"安加拉-A5"的运载能力更接近于中国所界定的大型运载火箭范畴,即近地轨道运载能力为20 t级。实际上它应该和美国的"德尔塔4号"和"宇宙神5号"、欧洲的"Ariane-5"以及中国的"长征五号"类似。而中国是以近地轨道运载能力达到百吨级水平界定重型运载火箭,比如已经正式立项并研制中的"长征九号"。

在可重复使用运载火箭研制方面,俄罗斯正在研制"阿穆尔"(Amur)火箭,这是一款可重复使用的液氧甲烷两级运载火箭,全长55 m,箭体直径为4.1 m,火箭一子级可通过收放支腿和栅格舵进行垂直回收,预计2026年发射。

在超大型/重型运载火箭研制方面,俄罗斯提出将3枚"联盟-5"(Soyuz-5)中型运载火箭并联捆绑构成超大型火箭,实现其未来的载人探月任务。2019年1月,俄罗斯国家航天集团公司将重型火箭命名为"叶尼塞",其主要任务是将俄罗斯下一代"雄鹰"号载人飞船送入月球轨道。遗憾的是,俄新社2021年9月15日报道,由于经费与技术难题,俄罗斯已停止"叶尼塞"重型火箭的技术设计工作,此举将对俄罗斯未来的载人登月等任务产生重大影响。

5.ESA的"阿里安"系列运载火箭

"阿里安"系列运载火箭是1973年7月由ESA着手实施、研制的火箭计划。至今已研制成功5种型号:"Ariane-1""Ariane-2""Ariane-3""Ariane-4"和"Ariane-5"。"Ariane-5"是系列运载火箭中的最新型号,它是20世纪90年代由欧洲率先研制成功的世界上第一个"少级数、大直径"的大型运载火箭(图2.12)。"Ariane-5"采用二级半构型,芯级直径为5.4 m,固体助推器直径为3 m,历经8年研制,于1996年6月4日首次发射,但不幸发射失败,在世界上产生了重大影响;1998年10月28日第三次发射任务成功后,正式投入商用;最近也是最后一次发射于2023年7月6日把两颗通信卫星成功送入预定轨道。在其27年服役生涯中完成117次发射,其中112次成功,发射成功率为95.7%,是一款成熟可靠的火箭,在世界火箭发展史上留下了浓墨重彩的一笔。著名的价值高达100亿美元的詹姆斯·韦伯太空望远镜就是由"Ariane-5"发射升空的。

该系列的第六种型号"Ariane-6"运载火箭也在研制中,它是一种低成本运载火箭,地球同步轨道运载能力为4.5~11.5 t,近地轨道运载能力为10.3~21.6 t。2024年7月10日,"Ariane-6"从法属圭亚那欧洲航天发射中心首飞。火箭芯一级和助推器表现正常,但芯二级在第二次点火过程中出现异常,导致部分载荷未能成功部署,这次发射也被视为部分成功。

此外,为降低发射成本及应对国际商业发射竞争,"Ariane Next"作为可重复使用运载火箭也被纳入研制计划中。

图 2.12　"Ariane-5"大型运载火箭

6. 日本的"H"系列运载火箭

日本于 20 世纪 80 年代初开始研制"H"系列运载火箭,迄今已研制了"H-1""H-2""H-2A(H-ⅡA)""H-2B(H-ⅡB)"等多种型号(图 2.13),用于发射"H-2"轨道转移飞行器(HTV)。"H-1"运载火箭只用来发射本国卫星,于 1988 年投入使用,1992 年退役;"H-2"火箭是日本自主研制的首枚大型两级捆绑式液体运载火箭,地球同步轨道运载能力为 1～2 t,于 1994 年首飞,1999 年停用;"H-2A"运载火箭是在"H-2"的基础上发展的改进型两级火箭,最大近地轨道和地球同步轨道运载能力分别为 10 t 和 6 t,用于发射地球同步轨道通信卫星、侦察卫星、月球探测器及星际探测器等,同时承揽国际商业发射服务;"H-2B"运载火箭是"H-2A"的升级版本,火箭全长 56 m,芯级最大直径为 5.2 m,起飞质量为 531 t,由日本三菱重工业股份有限公司制造,它们均为使用液氢液氧推进剂的两级火箭,但所搭载的液体发动机和固体火箭助推器数量均为"H-2A"的两倍(芯一级火箭搭载 2 台 LE-7A 液体发动机,同时装备 4 个固体火箭助推器),可用于发射有效载荷质量为 16.5 t 的"HTV"到国际空间站,也可以将 8 t 的有效载荷送入地球同步转移轨道。"H-2B"运载火箭于 2009 年 9 月 11 日首次发射升空之后,在其服役期间先后将无人货运飞船"鹳-1"(HTV-1)至"鹳-9"(HTV-9)成功送入飞往国际空间站的预定轨道,截至 2020 年退役共成功完成了 9 次发射任务。

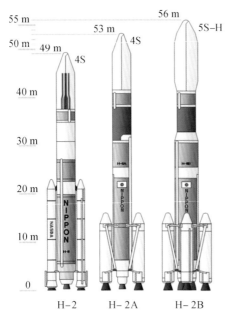

图 2.13 日本"H"系列及"H-2B"运载火箭

作为"H-2"系列火箭的继承者,"H-3"运载火箭是日本开发的新一代主力液体燃料火箭,箭体长 63 m,芯一级、芯二级直径均为 5.2 m,固体火箭助推器直径为 2.5 m,起飞质量为 574 t,近地轨道和地球同步转移轨道的运载能力分别为 16.5 t 和 7.9 t。2023 年 3 月 7 日,"H-3"火箭 1 号机从种子岛宇宙中心发射升空,但由于其二级发动机点火失败,整箭速度未能达到第一宇宙速度,火箭被飞行终止系统摧毁,坠落海中,箭上搭载的开发成本数亿美元的日本先进对地观测光学卫星"ALOS-3"也随同火箭一同自毁;在经历首飞失利后,"H-3"火箭终于迎来重大突破,2024 年 2 月 17 日,"H-3"火箭 2 号机在种子岛宇宙中心发射升空,随后,该火箭与搭载的超小型卫星成功分离,发射取得圆满成功。2024 年 7 月 1 日,"H-3"火箭再次成功发射,将对地观测光学卫星"ALOS-4"送入太阳同步轨道,标志着"H-3"将正式成为现役太空运载火箭家族中的一员。

按计划,"H-2A"火箭于 2024 年底退役(该计划已推迟),在其服役的 20 多年时间里(2001 年首飞),承担了日本从近地轨道到深空探测的主要发射任务,48 次发射取得了 47 次成功。退役后,取而代之的是运载能力更强、发射成本更低的"H-3"火箭。预计在接下来的几年里,"H-3"火箭还将部署多个"HTV-X"货运飞船,为国际空间站持续提供货运补给。

7.印度的极轨卫星运载火箭与地球同步卫星运载火箭

极轨卫星运载火箭(polar satellite launch vehicle,PSLV)是印度空间研究机构(ISRO)研制的可抛弃式中型运载火箭,可以把印度的遥感通信卫星送到极地轨道,也可以把小卫星送入地球同步转移轨道[图2.14(a)]。PSLV为四级火箭,一、三级是固体,二、四级是液体,还捆绑了六枚固体火箭助推器,箭高44 m,近地轨道运载能力为3.25 t,地球同步转移轨道运载能力为1.42 t。该火箭于1993年9月20日进行了首飞,但以失败告终;1994年10月15日首次成功发射;截至2024年初,PSLV系列运载火箭共执行60余次发射任务。

地球同步卫星运载火箭(geosynchronous satellite launch vehicle,GSLV)是ISRO研制的将卫星送至地球同步轨道的火箭[图2.14(b)]。GSLV为PSLV的改良版,目前有三个型号:MK1、MK2和MK3。MK1的上面级使用了从苏联购买的RD-56M氢氧发动机,MK2的上面级使用了自主研发的氢氧发动机,MK3的上面级则使用了一台20 t推力的CE-20氢氧发动机,比中国的"长征五号"上面级使用的YF-75D发动机推力还大一倍,把"月船3号"成功送到月球的就是第三代GSLV MK3。

(a) PSLV   (b) GSLV

图2.14 印度的PSLV运载火箭

8.中国的长征系列运载火箭

内容详见本书3.2节。

9. 载人运载火箭

载人运载火箭一直是国家航天技术水平和实力的集中体现。目前具备独立研制载人运载火箭的国家仅有美国、俄罗斯和中国,执行过载人飞行的运载火箭主要有美国的"土星五号""猎鹰9号",苏联/俄罗斯的"东方一号""上升号""联盟号",还有中国的"长征二号F"。随着航天技术的不断发展,三个国家又提出了新一代载人运载火箭发展计划。美国正在研制的"太空发射系统"(SLS)也计划在未来承担载人飞行任务。中国用于载人登月的新一代载人火箭将于2030年前完成研制。俄罗斯提出了"安加拉-5V""联盟-5"等载人运载火箭发展构想,但尚未见详细设计方案和研制进展。

(1)"联盟号"运载火箭。

"联盟号"运载火箭是在已经退役的"东方号"运载火箭基础上改进而来的,是俄罗斯目前唯一的载人运载火箭(图2.15)。1961年4月12日,"东方号"火箭把第一位航天员——加加林送入太空,开创了人类载人航天的新纪元。1963年研制成功的"上升号"运载火箭发射了"上升号"载人飞船,1967年改称为"联盟号"运载火箭,并开始发射"联盟号"载人飞船。该火箭是两级半并联构型运载火箭,是目前世界上发射次数最多(迄今已累计发射1 800余次)的运载火箭,火箭全长49.52 m,近地轨道运载能力约7.2 t。

图2.15 "联盟号"运载火箭发射图

(2)"N-1"运载火箭。

"N-1"运载火箭是美苏太空争霸时期苏联针对载人登月计划专门研制的重型火箭,它是五级串联构型运载火箭,火箭全长105 m,近地轨道运载能力约100 t。"N-1"运载火箭采用了迄今为止最大的17 m直径箭体结构,而且30台发动机同时工作,采用了十分复杂的动力冗余重构(图2.16)。然而,由于"N-1"火箭研制技术跨度大、试验论证不充分、过程较短,直接导致1969—

1972 年间连续 4 次研制飞行试验均以失败告终,项目被迫于 1974 年终止。

图 2.16　"N-1"运载火箭

（3）"能源号"运载火箭。

20 世纪 70 年代初,美国启动了航天飞机计划。作为回应,苏联于 1976 年 2 月正式启动了"暴风雪-能源"项目。苏联将其第一个可重复使用运载器——航天飞机取名为"暴风雪号",将其送上太空的,是专门为其研发的重型运载火箭"能源号"(Energia)。"能源号"运载火箭总长 58.7 m,近地轨道运载能力约 105 t。

1987 年 5 月 15 日,第一枚"能源号"运载火箭,携带某军事载荷从拜科努尔航天中心成功发射;1988 年 11 月 15 日,"能源号"超级助推器携带无人驾驶的"暴风雪号"航天飞机从拜科努尔航天中心成功发射,"暴风雪号"在轨道上飞行两圈历经 206 min 后,成功降落。遗憾的是,"能源号"完成这两次完美的飞行之后,伴随着苏联的解体,失去了经济支持,该计划被迫中止。为"能源号"重型运载火箭立下汗马功劳的 RD-0120 液氢液氧低温推进剂发动机,在高性能液氢液氧火箭发动机设计史上留下了浓墨重彩的一笔,而如今,只能静静地陈列在航天博物馆,诉说着昔日的辉煌(图 2.17)。

（4）"宇宙神-D"运载火箭。

"宇宙神-D"运载火箭[图 2.18(a)]是美苏太空争霸时期美国在"宇宙神 D"导弹基础上改装而成的一级半并联构型运载火箭。1959 年成功完成美国第一艘水星飞船亚轨道试验,1962 年发射美国第一艘载人飞船,共飞行 18

(a)"能源号"系列火箭　　(b)"暴风雪号"航天飞机发射　　(c)RD-0120发动机

图 2.17　"能源号"火箭与"暴风雪号"航天飞机

次,6 次失败。全箭直径为 3.05 m,全长 29.07 m,起飞质量约 118 t,起飞推力约 164 t,近地轨道运载能力约 1.36 t。

（5）"大力神-2LV-4"运载火箭。

"大力神-2LV-4"运载火箭［图 2.18(b)］作为当时美国运载能力最大的火箭,专门用于发射"双子星"载人飞船,1964 年成功发射美国第一艘"双子星"飞船,12 次飞行全部成功,飞行成功率为 100%。该运载火箭是两级串联构型运载火箭,全箭总长 33.2 m,起飞质量约 148 t,起飞推力约 196 t,近地轨道运载能力约 3.6 t。

(a)"宇宙神-D"　　　　　　　　　(b)"大力神-2LV-4"

图 2.18　"宇宙神-D"和"大力神-2LV-4"运载火箭发射图

（6）"土星五号"运载火箭。

"土星"系列运载火箭是 NASA 专为登月任务而研制的火箭,包括"土星–I""土星–IB"和"土星五号"三种。其中"土星–I"为研究试验型火箭,用于"阿波罗"计划早期地球轨道飞行试验和发射探测卫星;"土星–IB"为改进过渡型,用于不载人或载人"阿波罗"飞船地球轨道飞行试验;"土星五号"专为实现"阿波罗"飞船载人登月而研制,可以将 3 名航天员送入月球轨道。1969 年 7 月 21 日,"阿波罗 11 号"登月飞船成功在月球表面软着陆,航天员阿姆斯特朗和奥尔德林踏上月球,人类载人航天和空间探索取得了重大突破。"土星五号"运载火箭在 1967—1973 年间共发射 13 次,全部成功,飞行成功率达 100%（图 2.19）。该运载火箭是三级串联构型运载火箭,第一级高为42 m,直径为 10 m,有 5 个发动机;第二级直径也是 10 m,也有 5 个发动机;第三级直径为 6 m。火箭全长110.6 m,奔月轨道运载能力约46 t,近地轨道运载能力约 120 t。

图 2.19　"土星五号"火箭成功执行的 13 次发射任务

"土星五号"由马歇尔太空飞行中心总指挥冯·布劳恩和他的德国火箭设计团队设计完成。半个多世纪前冯·布劳恩团队的壮举现在依然令世人震惊（图 2.20）。据报道,"土星五号"当年花费了 64 亿美元才研发成功,单次发射费用大约 2 亿美元（折合当前 15 亿美元）,耗资惊人。也正因如此,"阿波罗"载人登月计划完成后,"土星五号"逐渐退出历史舞台,并于 1973 年 5 月将空间站"天空实验室"成功送入地球轨道后结束了它最后的使命。

(a)"土星五号"重型火箭发射前　　　　　(b)"土星五号"与冯·布劳恩

图 2.20　"土星五号"重型火箭发射前及"土星五号"与冯·布劳恩

(7)太空发射系统(SLS)。

NASA 为了实现重返月球的目标,于 2011 年启动了新一代登月火箭"太空发射系统"(图 2.21)的研制,并采取 SLS BLOCK 1、SLS BLOCK 1B、SLS BLOCK 2 三种构型渐进式发展模式。SLS BLOCK 1 主要为月球初始探索任务和近地轨道以远的科学试验载荷发射任务提供支撑;SLS BLOCK 1B 在 SLS BLOCK 1 的基础上进一步提升运载能力;SLS BLOCK 2 主要用于执行深空探测任务及近地轨道以远的载人任务。这几种构型的火箭均为一次性超重型火箭,而非可重复使用运载火箭。

图 2.21　太空发射系统(SLS)

SLS BLOCK 1 是两级半并联构型运载火箭,全长 97.8 m,芯一级直径为 8.4 m,发射质量为 2 605 t,起飞推力为 3 992 t,两枚助推固体燃料火箭提供 75% 推力,四台航天飞机时代的 RS-25 发动机提供另外的 25% 推力,可以将

95 t 载荷送入近地轨道,将 27 t 载荷送入月球轨道。未来的 SLS Block 1B 和 SLS Block 2 火箭,能够将 38 ~ 47 t 载荷直接送上月球。该火箭已于 2022 年 11 月 16 日完成首飞,成功将"阿尔忒弥斯 1 号"无人飞船送入地月转移轨道并完成了无人绕月飞行测试任务,开启了新世纪重返月球计划新纪元。

(8) BFR 大猎鹰火箭星舰。

BFR 大猎鹰火箭(Big Falcon Rocket)是美国 SpaceX 公司全力研制的下一代超级星际运输系统。2018 年 11 月,SpaceX 公司将 BFR 更名为"星舰"(Starship),之后,SpaceX 正式开始"星舰"原型机的研制与试飞,并进行了快速迭代。从 2019 年 4 月 3 日首次试飞第一代原型机"星虫"(Starhopper),到 2024 年 10 月 13 日执行"星舰"第五次轨道试飞,总计发射 16 次,包括 6 次低空飞行、5 次亚轨道飞行、5 次跨大气层轨道飞行。目前,"星舰"采用船箭一体化设计,由超重助推器和星舰飞船两部分组成,且均可重复使用。其中,超重助推器高 71 m,直径为 9 m,装配 33 台猛禽发动机;星舰飞船高 50 m,直径为 9 m,装配 6 台猛禽发动机。"星舰"近地轨道运载能力达 150 t,超越了"土星五号"和"SLS BLOCK 1"火箭,是目前人类研发过的最强火箭发射系统。"星舰"已经执行的五次轨道试飞情况概述如下。

① 2023 年 4 月 20 日,"星舰"首次执行轨道测试飞行任务,发射不久后,由于多台发动机陆续出现故障导致箭体发生异常旋转失控,最终受控引爆解体。

② 2023 年 11 月 18 日,"星舰"再次执行轨道试飞任务,级间热分离后超重助推器返航时发生爆炸,星舰飞船也在排放多余的液氧时起火失联,均未能完成既定任务。

③ 2024 年 3 月 14 日,"星舰"执行第三次轨道试飞任务,这次试飞中星舰飞船成功入轨,并在轨道上完成了"在轨燃料输送""载荷舱门开合"等试验,遗憾的是,飞船离轨点火失败,两段回收均以失败告终。

④ 2024 年 6 月 6 日,"星舰"执行第四次轨道试飞任务,超重助推器与星舰飞船在历经波折后最终均成功降落海面,基本完成了所有的既定任务和目标。

⑤ 2024 年 10 月 13 日,"星舰"执行第五次轨道试飞任务,本次"星舰"顺利发射升空,并在约 7 min 后,捕获装置首次成功抓住了从天而降的百吨级重的超重助推器,这一壮举也被形象地称为"筷子夹火箭"(图 2.22);随后,星舰飞船从太空返回,精准降落到了印度洋预定海域中,圆满完成了所有的既定任务和目标。

图 2.22　"星舰"超重助推器回收

小贴士

1. 何为级间"热分离"与"冷分离"?

"热分离"是指当助推火箭马上完成助推任务,但还尚未与星舰飞船断开连接情况下,飞船发动机就点火启动,从而启动连接两者的分离装置,完成分离;而"冷分离"是指当星舰飞船与助推火箭之间启动分离装置分开一定的距离后,星舰飞船的发动机才开始点火。前者简单粗暴,是早期导弹和火箭采用的分离方式。后者是目前火箭分离的主流方式,但"冷分离"机构复杂,且易损失部分火箭运载能力。考虑星舰飞船与助推火箭的巨大质量,执行"热分离"操作比较适宜。

2. 为什么用机械臂替代着陆腿方式回收超重助推器?

SpaceX 通过着陆腿方式实现其"猎鹰"系列火箭陆上或海上平台回收的技术已非常成熟,在其"星舰"的第五次试飞中为何另辟蹊径呢?

着陆腿方式在着陆时箭体难免受到冲击、损伤,影响使用寿命且需开展大量翻新工作方能复用。而机械臂捕获方式不仅可以避免冲击,还可以因为不再需要着陆腿而减轻助推器质量。同时,助推器通过机械臂回收后能够直接在发射塔架(同时也是回收塔架)上补加推进剂,从而实现快速连续发射,进一步提高发射效率,降低发射成本。

(9)"长征二号 F"运载火箭。

"长征二号 F"运载火箭是中国目前唯一的现役载人运载火箭,详见3.2节。

以上部分载人运载火箭的技术参数见表2.1。

表 2.1　目前全球退役、服役和在研的低轨运载能力 50 t 以上的火箭(部分)参数

所属国家	俄罗斯		美国		
制造商	俄罗斯联合火箭航天公司		波音、北美航空、道格拉斯	联合发射联盟	SpaceX
火箭名称	"N-1"	"能源号"	"土星五号"	"SLS"	"星舰"
高度/m	105	58.7	110.6	121	120
芯级直径/m	17	8	10.1	8.4	9
运载能力/t 低轨	100	105	127	130	150
运载能力/t 地球同步轨道	—	—	—	—	—
运载能力/t 地月转移轨道	23.5	22	45	—	100
发射费用	30 亿卢布(1971 年)	2.4 亿美元	4.31 亿美元(1967 年)	10~15 亿美元(预估)	—
状态	退役	退役	退役	在研	在研

续表2.1

所属国家	俄罗斯		美国		
发射历史	4次发射全部失败	成功1次,部分失败1次	13次发射12次成功	(该计划已推迟)	5次轨道试飞

备注:① 表中所列参数仅供参考,尤其是一些在研计划,各种参数在不断调整,以将来实际发射运行参数为主。② 发射统计截止到2024年10月。

2.3 航天器

航天器是指在稠密大气层之外环绕地球或者在行(恒)星际空间,基本上按照天体力学的规律运行的各种飞行器的统称,它是人类探索、开发、利用太空资源的"神器"。总体而言,航天器主要包括人造卫星、宇宙飞船和空间探测器。航天器的出现使人类的活动范围从地球大气层扩大到广阔无垠的宇宙空间,促进了人类认识自然和改造自然能力的飞跃,对社会生活的方方面面产生了重要且深远的影响。本节按人造卫星、宇宙飞船、航天飞机、空天飞机、空间站、月球探测器、火星探测器、其他深空探测器的顺序展开,以此了解主要航天国家在不同种类航天器上的发展状况,包括它的过去、现在和未来。

2.3.1 人造卫星

在上述提及的几种主要类型航天器中,人造卫星的发展最为快速,数量和种类最为繁多,用途也最为广泛。截至目前,人造卫星的发射数量占人类发射航天器总量的90%以上。当今世界很多国家都在积极发展适合本国国情的人造卫星,目前世界上多个国家的卫星技术都比较成熟,迄今为止,中、美两国是世界上在轨运行卫星数量最多的两个国家。

据美国忧思科学家联盟(The Union of Concerned Scientists,UCS)最新的"在轨卫星统计数据库"统计,截至2023年初,全球在轨正常运行卫星数达到7 560余颗。美国是现阶段在轨运行卫星数量最多的国家,在轨运行卫星有5 200余颗,其数量是当之无愧的全球第一;中国在人造卫星领域的探索虽起步较晚,直到1970年才成功发射第一颗人造卫星"东方红一号",但只经过短短的半个世纪,发射人造卫星的总数量就已达到630余颗,使中国成为在轨运行卫星数量仅次于美国的国家。

2.3.2　宇宙飞船

　　宇宙飞船是一种可以把航天员、货物运送到太空并能安全返回的航天器，可分为一次性使用与可重复使用两种类型，一般是通过运载火箭把飞船送入近地轨道运行，然后再入大气层。飞船上除有一般人造卫星基本系统设备外，还有生命保障系统、重返地球的再入系统、回收着陆系统等。

　　世界上第一艘载人飞船是苏联于 1961 年 4 月 12 日发射的"东方一号"飞船（图 2.23），它由载人舱和设备舱组成，前者又称航天员座舱，是一个直径为2.3 m 的球体，舱内设有能保障航天员生活的水、供气的生命保障系统，以及控制飞船姿态的控制系统、测量飞船飞行轨道的信标系统、着陆用的降落伞回收系统和应急救生用的弹射座椅系统；设备舱长 3.1 m，直径为 2.58 m，内有使载人舱脱离飞行轨道而返回地面的制动火箭系统，供应电能的电池、储气的气瓶、喷嘴等。"东方一号"飞船总质量约 4.7 t，它和运载火箭都是一次性使用的，只能执行一次任务。之后苏联又相继发射了"上升号""联盟号"系列飞船。

　　1961 年 5 月 5 日，美国紧随苏联之后成功发射了本国的第一艘载人飞船"水星号"（图 2.24），后续又相继发射了"双子星座号""阿波罗号""猎户座"等系列飞船。下面简要介绍几个主要航天国家的主力宇宙飞船发展情况。

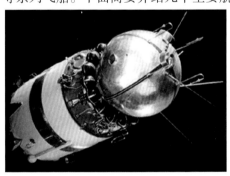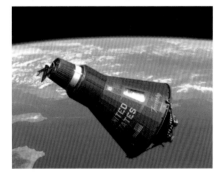

图 2.23　苏联"东方一号"飞船　　　　图 2.24　美国"水星号"飞船

1. 苏联/俄罗斯宇宙飞船

（1）"联盟号"载人飞船。

　　"联盟号"（Soyuz）飞船（图 2.25）是苏联继"东方一号""上升二号"飞船之后研制的第三款载人飞船，自 20 世纪 60 年代中期开始投入使用，是目前世界上服役时间最长、发射频率最高，同时也是可靠性最好的载人飞船，可通过"联盟号"或"质子号"运载火箭发射，其主发射场位于哈萨克斯坦共和国境内

的拜科努尔航天中心。

图 2.25 "联盟号"飞船

"联盟号"飞船最初设计目的是作为苏联载人登月计划中的地月往返工具,然而,由于苏联后来取消了登月计划,"联盟号"的活动范围就此被限制于近地轨道。1991 年苏联解体后,飞船主要负责"和平号"空间站与国际空间站的人员运输及物资补给。2011 年美国的航天飞机宣布全线退役后,"联盟号"飞船成了美国航天员一段时期内往返国际空间站的唯一运输工具。除美国航天员,"联盟号"乘客还包括欧洲、加拿大和日本等国家和地区的航天员。

"联盟号"飞船的改进型号众多,其衍生出的其他航天器包括:"探测器号""联盟号 T""联盟号 TM""联盟号 TMA""联盟号 MS"及"进步号"货运飞船等。迄今为止,苏联/俄罗斯共发射了分属 7 个不同型号的 100 多艘"联盟号"飞船,进行了 140 余次载人飞行任务,把多国航天员送到了"礼炮号""和平号"以及国际空间站等多座空间站上。遗憾的是,其中 11 次飞行任务失败,1 名航天员壮烈牺牲。

"联盟号"飞船主要由两部分组成:太空舱和运载火箭。发射之后,太空舱和火箭分离,火箭返回地球,太空舱继续前进。"联盟号"的太空舱可以容纳 3 名航天员,作用类似于国际空间站的"救生艇",空间站上至少连接着一个"联盟号"太空舱。如果发生紧急情况,空间站上的航天员就可以搭乘"联盟号"返回地球。

"联盟号"飞船从拜科努尔航天中心发射,到达国际空间站通常只需要 6 h 左右。航天员结束任务后,会乘坐太空舱返回地球。太空舱下降过程中,大气层的阻力使其减速,随后降落伞打开,下降速度进一步减小。太空舱靠近地面时,点燃小型火箭引擎,利用反作用力实现最后的减速,直至着陆完成。太空舱离开国际空间站返回地球只需 3.5 h 左右。

2019 年 8 月 22 日,"联盟号 MS-14"飞船在拜科努尔航天中心顺利升空,前往国际空间站,遗憾的是,俄罗斯于 8 月 24 日传出坏消息,因系统技术故障,飞船未能按预定计划与国际空间站完成交会对接。但此次发射任务创造了一个新的全球航天纪录,因为飞船上面乘坐的是一个名为"Skybot F-850"的智能机器人"航天员",这一新动向表明,随着技术的发展,未来智能机器人或将弥补航天员的不足之处,承担起更多、更艰巨的太空任务。

（2）"联邦号"新一代载人飞船。

图 2.26　正在研制中的"联邦号"飞船

"联邦号"（Federation）飞船是俄罗斯联邦航天局（Russian Federal Space Agency,RKA）正在开发中的新一代载人航天器（图 2.26）。飞船的设计开发工作始于 2009 年 RKA 公布的招标计划。2013 年 12 月,科罗廖夫能源火箭航天集团宣布中标,接受合同,承担了研发工作。

"联邦号"飞船采用两舱式设计——轨道舱与推进舱,可以搭载 4～6 名航天员在轨飞行两周。飞船返回舱部分采用可回收设计,部分结构可以重新利用。而推进舱则包含两种模块,可以根据实际需求选配。按照规划,"联邦号"将在未来取代"联盟号"飞船,成为俄罗斯的主力飞船,承担低地球轨道飞行任务,甚至肩负登月任务。2020 年 2 月,新一代载人飞船的名字由"联邦号"更改为"雄鹰号"（Orel）。同年 6 月,俄罗斯国家航天集团开展了"雄鹰号"飞船绳索逃生装置的测试,验证飞船在海面着陆的情况下,航天员沿绳索逃生至船外的任务情况。

相比"联盟号"飞船,新一代飞船的内部空间增大了一倍,加大的空间可以使航天员执行任务时更为舒适,新飞船可搭乘 6 名航天员和 500 kg 货物,并且可以自动飞行 30 昼夜以及实现与空间站长达一年的对接。飞船返回着陆前,将展开 4 个装有减震器的支架,以减缓飞船着陆时强烈的冲击感。飞船着陆精度要小于 5 km,优于"联盟号"飞船 25 km 的着陆精度。飞船最大的特点就是可以多次重复使用,可以在轨道上飞行 10 次。

关于"雄鹰号"飞船的任务规划详见本章 2.3.6 小节的展望部分。

2. 美国宇宙飞船

（1）SpaceX "龙"（Dragon）飞船。

自美国航天飞机 2011 年退役后,美国向国际空间站运送人员和货物大多依靠俄罗斯。为改变这种状况,NASA 鼓励私营企业开发往返空间站和地面的"太空巴士",在这一政策背景的推动下,民营企业 SpaceX 公司竞争成功,在双方签订的合同中,要求 SpaceX 至少为 NASA 执行 12 次无人飞行任务,为国际空间站运送补给物资。"龙"飞船是由 SpaceX 牵头研发的全球屈指可数的商用太空飞船之一,也是世界上第一艘由私人公司研发的第一代货运飞船,每艘飞船可以重复使用 3 次。"龙"飞船的重要事件如下。

① 2010 年 12 月 8 日,"龙"飞船搭载"猎鹰 9 号"运载火箭,在美国佛罗里达州卡纳维拉尔角空军基地成功发射升空进入地球轨道,在环绕地球两圈后返回地球,试飞成功。

② 2012 年 5 月 22 日,"龙"飞船搭乘"猎鹰 9 号"再次发射升空,5 月 25 日,与国际空间站成功对接,成为有史以来首艘造访国际空间站的商业飞船,同时这也是航天飞机退役后,美国首次向国际空间站运送物资,此次发射开启了私营企业进入航天领域的新时代,SpaceX 成为继美国、欧盟和日本后,第四个拥有与国际空间站对接能力的实体。据报道,在对接前两个多小时,空间站航天员利用长约 17.7 m 的加拿大机械臂完成了对"龙"飞船的"抓捕"行动,当时,飞船和空间站正运行在地球上空约 400 km 的澳大利亚上空(图 2.27)。

③ 2012 年 10 月 7 日,"龙"飞船向国际空间站运送重达 455 kg 的货物,首次正式承担向空间站运送货物的任务,也是之前与 NASA 签署合同中要求的执行 12 次无人飞行任务中的首次。

④ 2020 年 3 月 7 日,"龙"飞船执行第 20 次空间站货运补给,圆满完成了与 NASA 签署的国际空间站商业补

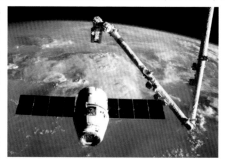

图 2.27　机械臂抓取"龙"飞船

给合同的最后一次任务,结束了其第一阶段——商业补给服务（CRS）合同（CRS-1 ~ CRS-20）。执行合同任务以来,"龙"飞船在为国际空间站的航天员运送食物以及各种科研设备等方面展现出了完美的可靠性,为其长达 10 年的第一代"龙"飞船时代画上了圆满的句号。

⑤ 2020 年 12 月 6 日,第二代"龙"飞船的货运型号——"货运龙"飞船执行首飞,开启了 SpaceX 公司第二阶段的商业补给服务,该阶段的服务从 CRS-

21 开始,截至 2023 年底,已执行至 CRS-29,如果一切顺利的话,合同将持续到 2026 年。

"货运龙"飞船承运商业补给服务统计见表 2.2(截至 2023 年底)。

表 2.2　"货运龙"飞船承运商业补给服务统计表(截至 2023 年底)

任务名称	任务代号	飞船编号	发射时间(协调世界时,UTC)	停靠国际空间站(ISS)时间	任务结果	备注
第 1 次商业货运补给测试飞行	COTS DF-1	C101	2010 年 12 月 8 日	未对接	成功	"龙"飞船首次飞行,成功测试了"龙"飞船轨道操作和返回舱再入能力
第 2 次商业货运补给测试飞行	COTS DF-2	C102	2012 年 5 月 22 日	5 d16 h	成功	第一艘"龙"飞船实现与 ISS 对接,回收后在肯尼迪航天中心永久保存
首次商业货运补给	CRS-1	C103	2012 年 10 月 7 日	17 d22 h	飞船成功发射异常	"猎鹰 9 号"火箭个别引擎失灵,导致次要有效载荷未能进入预定轨道
第 2 次商业货运补给	CRS-2	C104	2013 年 3 月 1 日	22 d18 h	发射成功飞船异常	飞船推进器出现异常,后经轨道修正,飞船推迟一天后与 ISS 成功对接
第 3 次商业货运补给	CRS-3	C105	2014 年 4 月 18 日	27 d21 h	成功	飞船升级后首次发射

续表2.2

任务名称	任务代号	飞船编号	发射时间（协调世界时，UTC）	停靠国际空间站（ISS）时间	任务结果	备注
第4次商业货运补给	CRS-4	C106	2014年9月21日	31 d22 h	成功	"龙"飞船首次运送20只太空试验鼠供NASA研究长期太空飞行对生物的生理影响
第5次商业货运补给	CRS-5	C107	2015年1月10日	29 d3 h	成功	—
第6次商业货运补给	CRS-6	C108	2015年4月14日	33 d20 h	成功	—
第7次商业货运补给	CRS-7	C109	2015年6月28日	未对接	失败	"猎鹰9号"升空139 s后爆炸解体，"龙"飞船在爆炸中幸存，海上溅落
第8次商业货运补给	CRS-8	C110	2016年4月8日	30 d21 h	成功	—
第9次商业货运补给	CRS-9	C111	2016年7月18日	36 d6 h	成功	第一代"龙"飞船停靠ISS最长时间
第10次商业货运补给	CRS-10	C112	2017年2月19日	23 d8 h	成功	首次在美国黄金发射位肯尼迪航天中心39A发射
第11次商业货运补给	CRS-11	C106.2	2017年6月3日	27 d1 h	成功	首次发射复用回收"龙"飞船

续表2.2

任务名称	任务代号	飞船编号	发射时间（协调世界时，UTC）	停靠国际空间站（ISS）时间	任务结果	备注
第12次商业货运补给	CRS-12	C113	2017年8月14日	30 d21 h	成功	最后一次使用第一代全新款"龙"飞船，之后全部使用回收翻新版飞船
第13次商业货运补给	CRS-13	C108.2	2017年12月15日	25 d21 h	成功	第二次发射复用回收"龙"飞船，同时也是首次采用复用回收"猎鹰9号"火箭
第14次商业货运补给	CRS-14	C110.2	2018年4月2日	23 d1 h	成功	第三次发射复用回收"龙"飞船
第15次商业货运补给	CRS-15	C111.2	2018年6月29日	32 d2 h	成功	第四次发射复用回收"龙"飞船
第16次商业货运补给	CRS-16	C112.2	2018年12月5日	36 d7 h	成功	第五次发射复用回收"龙"飞船
第17次商业货运补给	CRS-17	C113.2	2019年5月4日	28 d2 h	成功	第六次发射复用回收"龙"飞船
第18次商业货运补给	CRS-18	C108.3	2019年7月24日	30 d20 h	成功	首次发射第三次使用的"龙"飞船

续表2.2

任务名称	任务代号	飞船编号	发射时间（协调世界时，UTC）	停靠国际空间站（ISS）时间	任务结果	备注
第19次商业货运补给	CRS-19	C106.3	2019年12月5日	29 d19 h	成功	第二次发射第三次使用的"龙"飞船
第20次商业货运补给	CRS-20	C112.3	2020年3月7日	29 d48 min	成功	第三次发射第三次使用的"龙"飞船
第21次商业货运补给	CRS-21	C208.1	2020年12月6日	35 d19 h	成功	第二代货运"龙"飞船首次补给任务
第22次商业货运补给	CRS-22	C209.1	2021年6月3日	34 d5 h	成功	第二代货运"龙"飞船第2次补给任务
第23次商业货运补给	CRS-23	C208.2	2021年8月29日	31 d34 min	成功	第二代货运"龙"飞船第3次补给任务
第24次商业货运补给	CRS-24	C209.2	2021年12月21日	约32 d	成功	第二代货运"龙"飞船第4次补给任务
第25次商业货运补给	CRS-25	C208.3	2022年7月15日	约33 d	成功	第二代货运"龙"飞船第5次补给任务
第26次商业货运补给	CRS-26	C211.1	2022年11月27日	约6周	成功	第二代货运"龙"飞船第6次补给任务

续表2.2

任务名称	任务代号	飞船编号	发射时间 （协调世界时，UTC）	停靠国际空间站（ISS）时间	任务结果	备注
第27次商业货运补给	CRS-27	C209.3	2023年3月15日	约4周	成功	第二代货运"龙"飞船第7次补给任务
第28次商业货运补给	CRS-28	C208.4	2023年6月5日	约25 d	成功	第二代货运"龙"飞船第8次补给任务
第29次商业货运补给	CRS-29	C211.2	2023年11月9日	约6周	成功	第二代货运"龙"飞船第9次补给任务

> **小贴士**
>
> **"龙"飞船与"货运龙"飞船有何区别？**
>
> 　　第一代"龙"飞船由两舱组成，前方锥形加压舱用于运输一般物资，尾部非加压舱用于运输安装在空间站外部的货物。飞船直径为 3.7 m，上行和下行运输能力分别约为 3 t 和 2 t。
>
> 　　第二代"货运龙"飞船也是由两舱组成，包括返回舱和非密封舱。返回舱能够运送加压货物，检修翻新后可重复使用。非密封舱为开放式筒状结构，可运送非加压货物。"货运龙"直径为 4 m，高为 8.1 m，上行和下行载荷能力分别约为 6 t 和 3 t。

　　此外，"龙"飞船需要加拿大机械臂捕获后与国际空间站对接，"货运龙"飞船则可自主完成对接。

（2）SpaceX"载人龙"（Crew Dragon）飞船。

"载人龙"是美国 SpaceX 公司研制的新一代载人飞船，每艘可以重复使用 5 次（图 2.28）。它的高度为 8.1 m，大底直径为 4 m，能一次搭载 7 名航天员，内部加压空间接近 10 m³，是现役载人飞船中最大的。与"龙"飞船的区别在于："载人龙"可以实现与空间站的自主交会对接，不会像"龙"飞船一样需要有加拿大机械臂的参与；

图 2.28　"载人龙"与国际空间站对接

"载人龙"没有像"龙"飞船一样展开的太阳能电池板，因为它的电池板被安装在货仓上。SpaceX 对"载人龙"的设计、内部控制、航天服等多方面都进行了大胆创新。"载人龙"的重要事件如下。

① 2015 年 5 月，完成零高度逃逸试验。

② 2016 年 1 月 23 日，完成空中悬停测试。

③ 2019 年 3 月 3 日，在首次不载人情况下成功与国际空间站完成对接试验（任务代号 DM-1）。

④ 2020 年 1 月 19 日，"载人龙"搭载"猎鹰 9 号"运载火箭成功进行了一次飞行中止试验，成功验证了飞船在火箭危急情况下（人为引爆）可快速逃逸的能力，据悉，本次试验用时 1 min 36 s，花费约 5 000 万美元，被戏称为"史上最贵'烟花秀'"。2020 年 5 月 30 日，"载人龙"搭载"猎鹰 9 号"将 2 名航天员发射升空前往国际空间站（任务代号 DM-2），开展了为期 64 d 的任务，对飞船发射、交会、自主对接、停泊、再入、溅落、回收的整个飞行程序进行了全流程测试和验证，实现了 SpaceX 公司成立 18 年以来首次载人飞行任务，成为人类历史上第一艘载人飞向太空的商用太空飞船。

⑤ 2020 年 11 月 16 日，"载人龙"开启了世界首次正式商业乘员运输服务（任务代号 Crew-1），成功将 4 名航天员送往国际空间站，开展了为期 167 天的科学任务。2021 年 4 月 23 日，"载人龙"完成了第二次正式商业乘员运输服务（任务代号 Crew-2），成功将 4 名航天员送往国际空间站，开展了为期 6 个月的科学任务，本次任务实现了世界首次载人飞船复用，以及首次复用火箭和复用飞船的组合发射。

⑥ 2022 年 4 月 8 日，"载人龙"成功执行了全世界首次全商业全私人载人航天到访国际空间站任务（任务代号 Ax-1），将 4 名太空游客送到了国际空间站，完成了为期 15 d 的太空旅游。本次发射首次动用了 5 手火箭和 3 手

载人飞船,刷新了全球商业航天新纪录。

⑦ 截至 2024 年上半年,"载人龙"飞船共计 13 次到访国际空间站(任务代号包括 DM-1、DM-2、Crew-1~Crew-8、Ax-1、Ax-2、Ax-3),成功将 53 名航天员和太空游客送往国际空间站。

(3)"天鹅座"(Cygnus)货运飞船。

"天鹅座"货运飞船是美国私营企业轨道科学公司(OSC,该公司后变更为轨道 ATK 公司,隶属于诺格公司)开发的无人驾驶货运飞船,可为国际空间站补给物资(图 2.29)。2008 年 2 月,NASA 将商业再补给服务合同授予 OSC 公司,要求该公司在 2012—2016 年间完成 8 次任务,运送约 20 t 货物到国际空间站。"天鹅座"货运飞船有标准型和增强型两种,前者长 5.1 m,直径为 3.07 m,运载能力约为 1.7 t;后者长 6.3 m,极限运载能力达到 3.5 t。"天鹅座"货运飞船的重要事件如下。

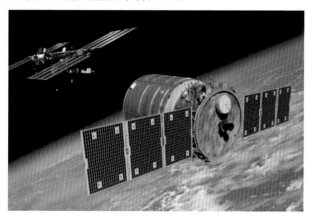

图 2.29　"天鹅座"飞船飞往国际空间站并实施对接效果图

① 2013 年 9 月 29 日,"天鹅座"货运飞船与国际空间站首次成功对接,这是继 SpaceX 公司"龙"飞船之后又一艘与空间站实施对接的美国商用飞船。

② 2014 年 1 月 9 日,"天鹅座"货运飞船成功发射,正式开始为国际空间站运送物资,飞船携带约 1.26 t 的食品、备用零部件和科学实验设备,其中包括 23 种由美国和加拿大学生提供的科学实验器材。

③ 截至 2024 年,"天鹅座"货运飞船共计执行 21 次国际空间站货运任务。

(4)"星际客船"(Starliner)。

"星际客船"是 NASA 商业乘员计划的一部分,由波音公司开发,用于执行近地任务,由乘员舱(CM)和服务舱(SM)两部分组成。飞船最多可搭乘7名乘员,也可以乘员加物资形式进行混搭。飞船具备最多达到10次的可重复使用能力。飞船发射质量为13 t,乘员舱最大直径为4.56 m,服务舱最大直径为5.25 m,总高度为5.03 m,加压容积为11 m^3。"星际客船"重要事件如下。

① 2019 年 11 月 4 日,完成了发射台紧急救生逃逸飞行试验;2019 年12 月20 日,开展的首次无人飞行试验发生异常,任务未完成全部预定目标。

② 2022 年 5 月 19 日,"宇宙神 5 号"火箭搭载"星际客船"第二次发射升空,次日成功与国际空间站对接,并于 5 月 26 日返回地球,在美国新墨西哥州的沙漠中完整着陆。

③ 2024 年 6 月 5 日,"星际客船"执行其首次载人飞行试验,也是获取NASA 认证前的最后一项试验。NASA 两位资深航天员启程飞往国际空间站,计划于 6 月 18 日返回地球。然而,事与愿违,"星际客船"在执行任务过程中发生了氦气泄漏以及多个推进器失效的情况,导致两名航天员返回地球困难重重,最终,NASA 决定由 SpaceX"载人龙"飞船带回两名滞留航天员,这一任务预计于 2025 年 3 月执行。

(5)"猎户座"(Orion)新一代载人飞船。

"猎户座"飞船是 NASA 研制的新一代载人太空船,它是美国火星载人登陆计划的主要载体(图 2.30)。

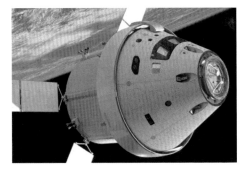

图 2.30 "猎户座"飞船飞行概念图

美国于 2017 年 12 月提出实施载人登陆月球、火星,以及更遥远的深空探测活动。在这一背景下,NASA 将"猎户座"飞船置于未来空间探测中的核心地位,并将其指定为飞向月球、火星、小行星等的主力飞船。2019 年,NASA 宣布新的探月计划更名为"阿尔忒弥斯"(Artemis),并宣布将载人登月时间从原定 2028 年提前至 2024 年。目前来看,这一计划无法按期实施。"猎户座"飞船的主要参数及性能如下。

① 由服务舱、乘员舱、发射中止系统、飞船适配器等部分组成,重约 23 t,

直径约为 5 m,内部空间比"阿波罗"飞船大 2.5 倍,最多可容纳 6 名航天员。

② 拥有世界上最大的防热罩,采用先进耐高温复合材料,由数十万个蜂窝结构组成,可以有效阻绝飞船以 26 马赫(26 倍声速,即 26×340 m/s)速度接近地球大气层时飞船表面高达近 2 000 ℃ 的高温。

③ 飞船上的中央计算机为飞船的大脑,是同类飞船中最先进的,每秒处理指令数量高达 4.8 亿条,是国际空间站的 25 倍,航天飞机的 400 倍,"阿波罗"飞船的 4 000 倍。

④ 飞船安装的逃逸装置即发射中止系统使其安全性较航天飞机提高了 10 倍左右,大大增强了航天员在危急情形下生存的概率。

"猎户座"飞船的相关重要试验及下一步计划如下。

① 2014 年 12 月 5 日,完成首次无人探索飞行试验任务,落入太平洋,测试验证了飞船的动力、电子系统,以及返回舱再入气动特性、放热及降落伞系统性能。NASA 局长将此次任务顺利完成的一天称为"火星时代的第一天"。

② 2019 年 7 月 2 日,NASA 对"猎户座"飞船发射中止系统成功进行了一次高空逃逸试验,验证了它能在发射过程中出现紧急情况时把航天员带到安全距离以外。

③ 2020 年 2 月 25 日,NASA 成功完成了对"猎户座"飞船姿态控制发动机的最后一次测试,确保飞船发射中止系统能够在紧急事件中将飞船上的航天员带到安全地点。

④ 2022 年 11 月 16 日,NASA 的 SLS 运载火箭托举"猎户座"飞船首飞升空,执行"阿尔忒弥斯 1 号"不载人飞行测试任务,开启了绕月飞行之旅。2022 年 12 月 11 日,"猎户座"飞船返回地球,成功降落于预定太平洋水域,任务全程约 25 d。

⑤ 关于"猎户座"飞船的后续任务参见本章 2.3.6 小节的展望部分。

为实现后续的"阿尔忒弥斯"系列重返月球任务,美国需要研制多艘"猎户座"飞船。

3. 其他国家宇宙飞船

(1)日本"HTV"货运飞船。

"HTV"货运飞船(H-Ⅱ transfer vehicle,HTV)是日本宇宙航空研究开发机构(JAXA)专门为国际空间站计划研发、由三菱重工制造的货运飞船(图 2.31),也被称为"鹳"货运飞船。"HTV"货运飞船能够在其内部的加压舱体和外部非加压舱体中携带物流材料,可以运送货物、天然气和水。"HTV"货运飞船在装满国际空间站产生的垃圾之后,再入地球大气层焚烧,属于一次消耗性飞船,不可复用。从外形上来看,"HTV"几乎就是一个长为 9.8 m、直

径为4.4 m的圆柱体,满载货物的"HTV"货运飞船重达16.5 t,可以一次派送6 t"太空快递"。

 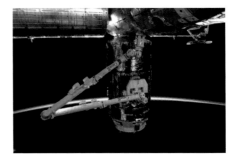

图2.31 "HTV"货运飞船与国际空间站对接

自2009年9月10日首次发射"HTV-1"货运飞船以来,截至2020年5月的十余年间,日本共发射了9艘货运飞船("HTV-1"至"HTV-9"),全部成功,且完成了它的最后一次飞行任务。2021年以后由新一代飞船"HTV-X"执行补给任务。"HTV-X"的整体结构做了重大改进,由加压货舱、非加压货舱、电子设备舱和推进舱组成的4舱改为由加压舱和服务舱组成的2舱结构,内部布局也进行了优化,加压舱和非加压舱可搭载货物质量分别提升了0.5 t。

(2)欧洲"ATV"货运飞船。

"ATV"(automated transfer vehicle,自动转移飞行器)货运飞船是欧洲宇航防务集团研制的一种自动后勤补给飞船,可以运送货物、大气、水和推进剂。货物卸载后,重新装载垃圾和废品,与空间站脱离后,再入地球大气层焚烧。

2008年3月9日,首艘自动货运飞船("ATV-1")搭乘"阿里安"(Ariane)运载火箭从法属圭亚那库欧洲航天发射中心升空,为国际空间站航天员送去补给,开始为期6个多月的太空之旅,浪漫的法国人把科幻大师儒勒·凡尔纳的名字赋予这艘飞船。"ATV-1"重约20 t,全长约10.3 m,最大直径约4.5 m,与双层公共汽车大小相当,可以携带重达7.6 t的货物进入太空。直到2014年7月30日(北京时间),第5艘也是最后一艘货运飞船"ATV-5"成功发射,本次发射总有效载荷突破20 t,创造了"阿里安"运载火箭发射的历史纪录。2015年2月15日,"ATV-5"正式结束使命,为计划中的5次飞行任务画上了圆满的句号。未来,ESA计划将该系列飞船的一些技术应用于新型航天器的研发。"ATV"货运飞船设计优良,但它和发射它的"阿里安"运载火箭造价都很高,完成一次发射的花费超过5亿美元(图2.32)。

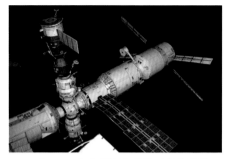

(a)　"ATV-4"货运飞船　　　　　(b)　"ATV-5"与国际空间站对接示意图

图 2.32　"ATV"货运飞船

（3）中国的"天舟一号"货运飞船。

"天舟一号"货运飞船是由中国空间技术研究院自主研制的第一艘货运飞船,是一次性使用的全密封货运飞船。它具有与"天宫二号"空间实验室交会对接、实施推进剂在轨加注、开展空间科学实验和技术试验、带走"天宫二号"产生的废弃物等功能。"天舟一号"采用两舱构型,由货物舱和推进舱组成,全长约 10.6 m,两舱直径分别为 3.35 m 和 2.8 m,起飞质量约 13 t,太阳帆板展开后最大宽度为 14.9 m,是中国当时体积最大、质量最重的航天器。"天舟一号"能够携带约 6.5 t 物资,其中包括 2 t 用于补给的推进剂,运载能力相当于"神舟"载人飞船的 20 倍以上,其强大的运载能力在世界货运飞船家族中名列前茅。

"天舟一号"货运飞船于 2017 年 4 月 20 日在文昌航天发射场由"长征七号"运载火箭发射升空,之后与"天宫二号"交会对接（图 2.33）,对接时间由传统的 2 d 缩短到 6.5 h,一周后即 4 月 27 日成功完成与"天宫二号"的首次推进剂在轨加注试验,标志着"天舟一号"飞行任务取得圆满成功。2017 年 9

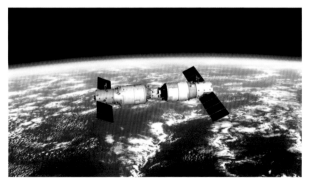

图 2.33　"天舟一号"与"天宫二号"自主交会对接

月 17 日,在经过 5 个月的飞行后,与"天宫二号"完成分离。"天舟一号"任务突破和掌握了推进剂在轨加注技术,填补了中国空间货物运输系统的空白,实现了空间推进领域的一次重大技术跨越,使中国成为世界上第三个掌握"空中加油"这一关键技术的国家。

2.3.3　航天飞机

航天飞机(space shuttle)是一种载人往返于近地轨道和地面间的有人驾驶、可重复使用的运载工具。它既能像运载火箭那样垂直起飞,又能像飞机那样在返回大气层后着陆机场。航天飞机(图 2.34)由一个轨道器、一个外挂燃料箱(也叫外储箱)和两个固体火箭助推器组成,通常所说的航天飞机指的是轨道器。航天飞机是人类自由进出太空强有力的工具,它的出现是航天史上的一个重要里程碑,最早由美国研发。

图 2.34　航天飞机示意图

轨道器是航天飞机最具代表性的部分,长约 37 m,高约 17 m,翼展约30 m,可重复使用 100 次。轨道器的前段为航天员座舱,分上、中、下三层;中段为货舱,是放置人造地球卫星、探测器和运往空间站仪器设备的地方,可装载 24 t 物品进入太空,20 余 t 物资从太空返回地面;后段有垂直尾翼、三台主发动机和两台轨道机动发动机,主发动机在起飞时工作,它使用外挂燃料箱中的推进剂。在轨道器的头部和机翼前缘,贴有约 2 万块防热瓦,保护轨道器在返回时不被气动加热产生的 600 ~ 1 500 ℃ 的高温所烧毁。在轨道器的头锥部和尾部内,还有用于轻微轨道调整的小发动机,共 44 台。固体火箭助推器是最大的固体燃料火箭,也是首次采用可重复使用设计的固体火箭,助推器共两台,连接在外储箱两侧,高约 45 m,直径约 3.6 m,每台重约 590 t,两台占全部起飞质量的 60%,承担航天飞机起飞时 80% 的推力,可重复使用 20 次。外挂燃料箱长约 46.2 m,直径约 8.25 m,能装 700 t 以上的液氢液氧推进剂,它与轨道器相连,然而,也仅可供发动机使用 8 min,之后,发动机关闭,外储箱与轨道器分离,且每飞行一次就要扔掉一个燃料箱,不能重复使用。

航天飞机的发射与返回,一般是按照起飞、助推器分离、外储箱脱落、轨道器入轨、轨道器返航的先后飞行程序自动进行或由航天员手控操作。在人类历史上,共出现过 7 架成型的航天飞机。其中苏联 1 架,即"暴风雪号";美国6 架,分别是"企业号""哥伦比亚号""挑战者号""发现号""亚特兰蒂斯号"和"奋进号"。迄今只有美国与苏联曾经制造出能进入近地轨道的航天飞机,并曾实际成功发射并回收,而美国是唯一曾以航天飞机成功执行载人飞行任务的国家。其他国家开展的类似计划则尚未有实际发射并进入轨道的记录。

1. 美国航天飞机

(1)"企业号"航天飞机。

"企业号"航天飞机从 1974 年 6 月开始建造,1976 年 9 月正式推出。1977 年 2 月,由一架改装的波音 747 飞机驮着它进行了各种返回与着陆的机载试验,20 世纪 80 年代,"企业号"退役,除了一部分结构拆卸后用于其他航天飞机之外,它开始了全球巡展。

(2)"哥伦比亚号"航天飞机。

1981 年,NASA 第一架用于载人的航天飞机被命名为"哥伦比亚号"。它的成功飞行开启了美国乃至全人类的"航天飞机时代"。然而不幸的是,2003 年 2 月 1 日,"哥伦比亚号"航天飞机在重返大气层时与控制中心失去联系,之后被发现在美国得克萨斯州上空爆炸解体。NASA 痛失了这架航天飞机及机组 7 位航天员。充满戏剧色彩的是,此次任务的机长里克·赫斯本德在事故发生前四天,发表了纪念"挑战者号"航天飞机爆炸 17 周年的讲话。他说:"他们作出了无畏的牺牲,把他们的精力与生命献给了祖国和全人类。"而 4 天后,机长与机组其余的 6 位航天员全部遇难了。以色列航天员伊兰·拉蒙在出发前仍相信"哥伦比亚号"太空之旅会非常安全,因为他认为,NASA 在经历"挑战者号"航天飞机失事事件之后,对航天飞机的安全性会更加重视。然而,事与愿违。2003 年 8 月 26 日,事故调查委员会公布的调查报告指出,导致"哥伦比亚号"解体的直接原因是:"哥伦比亚号"发射升空后,一块泡沫撞击到防热瓦形成了裂缝。航天飞机在着陆时,超高温气体从裂缝进入机体,直接导致航天飞机解体。报告还指出 NASA 的预算极为紧张,只得大量裁员,导

致用于航天飞机的综合费用削减,安全问题也因此被忽略。

(3)"挑战者号"航天飞机。

"挑战者号"航天飞机的建造初衷与"企业号"相同,都是用作测试,完成测试任务后,NASA决定将其改装成正式的轨道飞行器,并于1983年4月4日执行了首飞任务。1986年,"挑战者号"在执行其第10次太空任务时,由于固体火箭推进器上的一个"O"形橡胶圈被冻坏失效,导致其在后续任务中产生了连锁反应,并于升空后73 s爆炸解体,机上7名航天员全部遇难。这是NASA首架遭遇事故的航天飞机。NASA原计划让"挑战者号"在1986年飞行15次,并于1990年达到每年飞行24次的频率,从而通过完胜常规火箭发射次数,以证明当初研制航天飞机的计划是英明的,然而,伴随着这次爆炸,NASA的美梦破灭。

(4)"发现号"航天飞机。

"发现号"航天飞机是NASA旗下第三架实际执行航天飞行任务的航天飞机,于1984年8月30日执行首飞任务。1990年4月24日,"发现号"把价值15亿美元的哈勃太空望远镜送上了太空,人类从此有了观测遥远宇宙的"火眼金睛",这是人类历史上最重要的太空科学项目。"发现号"是继"企业号""挑战者号""哥伦比亚号"之后的第二期产品,设计上较为成熟,也十分先进和轻巧,因此每次航天飞机灾难发生后,"发现号"都会被派出执行复飞,这也是其屡次成为新闻界报道焦点的原因。

(5)"亚特兰蒂斯号"航天飞机。

1985年,"亚特兰蒂斯号"是NASA的第四架航天飞机,首次飞行任务是执行美国空军的一次机密行动——将两颗国防通信卫星送入地球同步轨道。1995年6月29日,"亚特兰蒂斯号"与俄罗斯"和平号"空间站成功对接,这是美国航天飞机首次与俄罗斯空间站对接,这也是美俄飞行器首次以对接方式联合飞行,在那5天中,美俄航天员首次在太空中"串门",开启了两国太空探索合作的新时代。2009年5月11日,"亚特兰蒂斯号"将7名航天员送上太空,维修哈勃太空望远镜,这也是NASA最后一次派航天员维修哈勃太空望远镜。2011年7月8日,"亚特兰蒂斯号"执行最后一次为国际空间站运送物资的任务。25年中,"亚特兰蒂斯号"7次前往"和平号"空间站,11次造访国际空间站,是执行国际合作项目最多的航天飞机。

(6)"奋进号"航天飞机。

"奋进号"是NASA的第五架实际执行太空飞行任务的航天飞机,也是最新的航天飞机,其承担的大部分任务是建设"国际空间站",1992年5月7日执行了首飞任务。1993年12月4日,在轨成功修复了哈勃太空望远镜,开创了太空修复大型探测器的先河。"奋进号"采用了许多新技术扩展其能力,大多数这些被验证成功的技术和设备又被安装到了其他的航天飞机上。

自 1981 年 4 月 12 日 NASA 发射首架航天飞机以来,在之后的 30 年时间里,NASA 的"哥伦比亚号""挑战者号""发现号""亚特兰蒂斯号"和"奋进号"5 架航天飞机(图 2.35)先后共执行了 135 次任务,运送航天员 355 人、货物 1 750 t,帮助建造国际空间站,发射、回收和维修卫星,开展科学研究。2011 年 7 月 21 日,"亚特兰蒂斯号"航天飞机在美国佛罗里达州 NASA 肯尼迪航天中心的主港着陆,宣告了美国"航天飞机时代"的结束。

(a)"哥伦比亚号"　(b)"挑战者号"　　(c)"发现号"　　(d)"亚特兰蒂斯号"　(e)"奋进号"

图 2.35　美国研制的 5 架投入使用的航天飞机

小贴士

风靡了 30 年的美国航天飞机计划因何被迫终止?

(1)美国政府在奥巴马上台之后叫停了新的登月计划,开始将太空探索的目光投向火星,对于服务于近地轨道的航天飞机来说已然无用武之地。

(2)航天飞机投入运营后并未达到事先预想的目的。它的老化速度远超预期,飞行任务也被迫大幅缩水,按照计划美国的航天飞机寿命最多为 20 年,每架应飞行 100 次。而直至航天飞机时代结束,5 架航天飞机加起来总计飞行仅 135 次,其中 2 架在飞行中爆炸,2 架已严重超期限服役。

（3）过低的安全系数和过高的运营成本也是导致航天飞机退役的主要原因。一方面,5架航天飞机中的2架发生了爆炸,14名航天员丧生（迄今,全球历次载人航天失事共造成22位航天员丧生）;另一方面,每架航天飞机研制费用为20亿美元,飞行一次耗资5亿美元,超过设计预期近百倍,共计飞行一百多次,NASA最初预计航天飞机项目将耗资约900亿美元,但据估计,该项目最终耗资约2 000亿美元,这让财大气粗的NASA也不堪重负。

对于"航天飞机时代"的结束,中国工程院院士龙乐豪认为:"它意味着一个阶段的终止,但也意味着一个更高起点的开始。"事实上,伴随着"航天飞机时代"的结束,美国宣布进入"后航天飞机时代"。目前,NASA正在研制新一代载人飞船——"猎户座"飞船,旨在执行未来的飞往月球、登陆小行星、登陆火星等深空探测任务。

2. 苏联航天飞机

苏联的航天飞机计划始于1976年。1988年11月15日,苏联"暴风雪号"航天飞机(图2.36)研制成功并进行了首次发射,这次发射是一次不载人飞行试验,也是唯一一次飞行,由"能源号"运载火箭发射成功,经3 h绕地飞行两圈后安全返航。"暴风雪号"的外形与美国航天飞机相仿,而且在尺寸、内部分系统及其布局等方面也都类似,但苏联工程师提出的设计方案与美国同行形成了鲜明对比,与美国航天飞机的不同之处在于,它自身没有装备主发动机,只装备了2台小型发动机,而美国航天飞机的轨道器上安装有3个主发动机,因此"暴风雪号"的轨道器只能算是一个航天器,而不是运输器;它的优点在于,如果第一次着陆时姿态不佳,还可以拉升起来进行二次着陆,可靠性及安全系数较高,而美国的航天飞机只能靠无动力滑翔着陆,只能一次成功。之后,由于苏联的解体,后继者俄罗斯的经济状况急剧恶化,最终导致"暴风雪号"及其继任者"布里亚号"和"贝加尔湖号"航天飞机项目于1993年被迫终止。再后来,"暴风雪号"一度成为旅游景点,现在已被废弃。有报道称,该航天飞机的8架测试模型中有一架已被德国一家博物馆购买,成为该博物馆中最大的展品。

图 2.36　"暴风雪号"航天飞机发射与返航

3. 中国的航天飞机计划

中国也曾有过航天飞机的研制计划,最早提出于 20 世纪 80 年代中期,构想起于发展"天军"的战略。当时,美国的航天飞机成功首飞引起巨大轰动,所以中国当时的主导意见是开展航天飞机项目,宇宙飞船项目当时还没排上日程。1988 年,中国提出了四种航天飞机方案和一种宇宙飞船方案,当年被誉为"五朵金花",在究竟选择哪条道路的问题上引起了广泛争论。以当时的主流意见来看,走航天飞机发展道路占了上风,因此在此后一段时间内中国全力开始了航天飞机预研。关键时刻,钱学森提出了宝贵的指导意见:"航天飞机技术门槛高,系统复杂,初期投入大,而火箭上马快,有底子,风险低。"真实情况是,从经济角度来看,航天飞机的设计寿命是 100 次,而实际使用次数最高的也才达到 30 次,"挑战者号"仅仅使用 10 次就爆炸了,可见其综合成本远高于一次性使用的运载器。因此,经过三年论证,中国载人航天工程于 1992 年正式制订,提出了研制和运行以空间站为核心的载人航天系统,而天地往返系统确定为宇宙飞船,即后来的"神舟"和"天舟"系列宇宙飞船。具体内容详见第 3 章相应部分。

2.3.4　空天飞机

空天飞机是航空航天飞机的简称,它是既能航空又能航天,航空技术与航天技术高度融合的新型飞行器,集飞行器、太空运载工具及航天器于一身,亦可以作为载人航天器,可以重复使用。它将成为 21 世纪世界各国争夺制空权和制天权的关键武器之一。目前美国、俄罗斯、中国、日本及德国等国家都在研究这种新型航天运输系统,但没有国家取得实质性成功,没有真正意义的空天飞机出现,多数方案还是要靠抛弃式运载火箭升空。

与航天飞机相比,空天飞机是一种常规起降飞机,安装有飞机发动机和火箭发动机,依靠自身携带燃料像普通飞机那样从地面滑跑起飞,而无须火箭助推器,之后以 $1.6\times10^4 \sim 3\times10^4$ km/h 的高超声速在大气层内飞行,上升到一定高度时,开始进入加速阶段,加速到第一宇宙速度后冲出大气层进入太空,成为航天器,完成飞行任务后自行进入大气层,然后开始减速,像普通飞机或是航天飞机那样降落,而航天飞机是由火箭和航天飞机发动机共同努力达到第一宇宙速度。

目前世界各国的空天飞机研制尚处于研究和验证阶段,主要在研项目包括美国的"X-37""X-51""XS-1"(图 2.37)等空天飞机,英国的"云霄塔"(Skylon)空天飞机(图 2.38),印度的"RLV-TD"空天飞机、中国的"腾云"工程空天飞机、ESA 的"太空骑士"(Space Rider)空天飞机、德国与其他国家合作的"桑格尔"空天飞机,日本也已掌握了点火、推力测量、燃料调节和发动机冷却等关键技术。其中,印度的"RLV-TD"曾于 2016 年 5 月进行了首次飞行试验;英国的"云霄塔"预计 2025 年实现首飞;ESA 的"太空骑士"已经进入关键的研制阶段,预计 2025 年年底进行首次无人试行;中国的"腾云"工程在2020 年前完成联合发动机的技术验证飞行试验,预计 2025 年完成关键技术的攻关,2030 年前实现中国首架空天飞机的技术验证试飞。其他国家尚未见有完整的空天飞机研制计划。颇具代表性的美国空天飞机"X-37B"的发射历程如下。

图 2.37 "X-37B"在轨概念图   图 2.38 "Skylon"空天飞机概念图

① 2010 年 4 月 22 日,由美国研制的人类首架可重复使用空天飞机"X-37B"(又称为轨道试验飞行器,OTV)搭乘"宇宙神 5 号"运载火箭发射升空,并在轨飞行了 224 d。

② 2011 年 3 月 5 日,"X-37B"搭乘"宇宙神 5 号"运载火箭,执行了第 2 次轨道飞行试验(OTV-2),并在轨飞行了 469 d。

③ 2012 年 12 月 11 日,"X-37B"搭乘"宇宙神 5 号"运载火箭,执行了第 3 次轨道飞行试验(OTV-3),并在轨飞行了 675 d。

④ 2015 年 5 月 20 日，"X-37B"搭乘"宇宙神 5 号"运载火箭，执行了第 4 次轨道飞行试验（OTV-4），并在轨飞行了 718 d。

⑤ 2017 年 9 月 7 日，美国空军首次使用 SpaceX 的"猎鹰 9 号"运载火箭成功发射"X-37B"，执行了第 5 次轨道飞行试验（OTV-5），"X-37B"在轨飞行 780 d 后返回地球，据悉，"X-37B"在试验期间部署了多颗秘密小型卫星。

⑥ 2020 年 5 月 17 日，"X-37B"搭载"宇宙神 5 号"运载火箭，执行了第 6 次轨道飞行试验（OTV-6），并在轨飞行了 908 d。此次任务中新增了一个附在飞机底部的圆柱形服务舱，用于开展多种轨道测试试验。

⑦ 2023 年 12 月 28 日，"X-37B"首次搭乘 SpaceX 的"猎鹰重型"火箭升空，开启了第 7 次轨道飞行试验（OTV-7），截至 2024 年 11 月，仍在轨飞行。与以往的近地轨道飞行不同，此次开展的是高地球轨道飞行。

"X-37B"类似于小型航天飞机，尺寸约为 NASA 已退役航天飞机的 1/4，其长约为 8.8 m、宽和翼展均约为 4.5 m、最大起飞重量约 5 t，飞行速度最高可达 25 马赫，可从地面垂直发射进入低地球轨道，活动范围是距离地面 177～800 km。截至 2023 年，2 架"X-37B"空天飞机已累计在轨执行 7 次飞行任务，飞行时间最长的第六次任务在轨时间长达两年半，这要归功于其服务模块的可展开式太阳能电池板，它们可以产生更大更持久的电力供应。迄今为止，"X-37"系列试验机主要有三个规划型号，包括早期进行技术验证的"X-37A"，已经进入太空飞行的"X-37B"，以及正在开发的载人版"X-37C"。"X-37A"用于使用高空飞机从高空投放后测试自主着陆能力，它归属于 NASA，现有 1 架。在 2005—2006 年间共进行过 4 次无动力投放试验，至少有一次成功着陆；"X-37B"归属于美国空军，现有 2 架。"X-37C"是 2011 年波音公司计划在"X-37B"的基础上增大 180%，最多可搭载 6 名航天员往返于国际空间站的载人型号，然而，后续有关"X-37C"的消息鲜有报道。

中国的可重复使用试验航天器是目前世界上继"X-37B"之后第二个实现在轨飞行的空天飞机。我国先后于 2020 年 9 月 4 日、2022 年 8 月 5 日和 2023 年 12 月 14 日，在酒泉卫星发射中心通过"长征二号 F"运载火箭成功发射了可重复使用试验航天器，并相继在轨飞行 2 d、276 d、268 d 后成功返回预定着陆场。

印度的空天飞机尚处于研制阶段，2023 年 4 月 2 日，成功进行了一次可重复使用空天飞机着陆试验。

随着世界各国航空航天技术和空天一体化理论的不断发展和进步，空天飞机发展的现实性也将得到不断验证。

2.3.5 空间站

空间站是一种可在太空长时间运行、支持多名航天员巡访、长期工作和生活的载人航天器,也称轨道站、轨道空间站。迄今为止,人类共建设完成了四代空间站。空间站一般从结构上可分为单模块(单舱)式和多模块(多舱)式。苏联的"礼炮1号"(图2.39)至"礼炮7号"、美国的"天空实验室"(图2.40)、中国的"天宫一号"和"天宫二号",都属于单模块空间站,一般只有一个舱段,可由火箭一次发射入轨。

图 2.39 "礼炮 1 号"　　　　图 2.40 "天空实验室"

"礼炮1号"至"礼炮5号"均为第一代空间站,只配备了一个对接口,每次可与一艘"联盟号"飞船对接,其携带的食品、氧气、推进剂等物资储备都很有限,不仅限制了航天员的驻留时间,也限制了空间站在轨运行寿命。"天空实验室"也是第一代空间站,其主体是"土星5号"运载火箭的第3级箭体,并由"土星5号"运载火箭发射升空。它先后接待了3批航天员,为美国积累了初步的空间站运营经验。

"礼炮6号"和"礼炮7号"为第二代实用型空间站,有两个对接口,将载人与运货分开,可与"联盟号"载人飞船和"进步号"货运飞船同时对接,提高了燃料、水、食物和其他消耗品等物资的补给能力和实验设备与物品的运输能力,延长了空间站的使用寿命,同时也使航天员一次驻留工作的时间由数十天延长到了上百天。

苏联/俄罗斯的"和平号"空间站(图2.41)和多国联合共建的"国际空间站"属于多模块空间站,具有多个舱段,各模块由运载火箭分批送入轨道,然后在太空完成组装,其中"和平号"为第三代长久性模块化空间站,采用了多次发射对接形成的复杂模块组合式积木结构,具体而言是由6个经常在轨的模块对接组成,包括核心舱、"量子一号"天文物理舱、"量子二号"气闸舱、"晶体号"实验舱、"光谱号"遥感舱和"自然号"地球观测舱。

"国际空间站"(ISS)为第四代长期载人空间站(图 2.42),是目前在轨运行最大的空间平台(它的太阳能电池帆板展开后有两个足球场大,各舱段容积之和有两架波音 747 飞机那样大)。1983 年,由美国总统里根提出的设想,后经多年的探索,直到苏联解体、俄罗斯加盟之后,才于 1993 年完成设计,开始进入实施阶段。由美国、俄罗斯、ESA、日本等共计 16 个国家和地区组织共同建造、运行和使用,是有史以来规模最大、耗时最长、涉及国家最多、设施最为先进的人造"天宫",可供 6 ~ 7 名航天员同时在轨工作。

图 2.41　"和平号"空间站与航天飞机对接

图 2.42　国际空间站

目前,国际空间站主要由美国国家航空航天局[图 2.43(a)]、俄罗斯国家航天集团[ROSCOSMOS,图 2.43(b)]、欧洲空间局[图 2.43(c)]、日本宇宙航空研究开发机构[图 2.43(d)]和加拿大航天局[CSA,图 2.43(e)]共同运营。截至 2020 年底,已接受来自 19 个国家的 242 人造访,累计执行 232 次出舱任务,并开展了约 3 000 项科学实验,在空间应用领域取得丰硕成果。

截至目前,ISS 的运行状态良好,为延长其使用寿命提供了可能。2021年,随着俄罗斯将"科学号"多功能实验舱和"停泊号"节点舱成功部署,ISS 俄

ROSCOSMOS

(a) 美国国家航   (b) 俄罗斯国家   (c) 欧洲空间局   (d) 日本宇宙航空   (e) 加拿大航天局
空航天局   航天集团   研究开发机构

图 2.43　参与运营 ISS 的国家航天机构标识

罗斯舱段在航天员支持能力及对接能力等方面大幅提升。鉴于此,美国政府于 2021 年决定将 ISS 运行延长至 2030 年。另一方面,为缓解空间站运营维护的巨额资金问题,NASA 于 2019 年 6 月宣布了一项将商业活动和私人航天员送入国际空间站的新举措,这意味着,如果你具备身体健康、人脉广泛、财富自由等条件,有朝一日也许可以实现长达 30 d 的太空旅游。不过对于太空旅游,费用自然不菲。NASA 估计,每个座位收取的费用约为 5 000 万美元,此外,到了空间站后,NASA 还会向游客收取食物、保管和通信等费用。具体而言,使用空间站的"再生生命保障系统和厕所"每天需花费 1.125 万美元;使用食物、空气和锻炼设备等乘员供应物资每天还要再花费 2.25 万美元;其他一些费用包括一度电 42 美元以及 1 GB 通信费用 50 美元等。而实际上,NASA 的这一新举措也向其他专业人员提供了太空科研环境,单纯抱着太空旅游的目的而去的人可能并不多。截至 2022 年 4 月,已有共计 14 位太空游客搭乘"联盟号"飞船或 SpaceX"载人龙"飞船进驻国际空间站,这 14 位游客都属于自费短期进驻的私人航天员,而非职业航天员。可以预见,世界载人航天的常态化、商业化、民用化等特点必将日益凸显。

小贴士

1. 太空旅游的主要情形有哪几种?

目前,太空旅游主要集中在亚轨道飞行和近地轨道飞行两种情形。

前者是指飞行器飞行高度在 100 km 左右,在这一高度处游客可以体会零重力状态,以"太空视角"欣赏波澜壮阔的地球全景。但在这一高度游客体验到的太空失重只会持续短短几分钟。而真正意义上的太空旅游,一般是指由火箭将载人飞船发射入轨,随后飞船在近地轨道绕地球飞行。这种方式能为游客带来持续多天的太空之旅。

美国还计划研制和发射专门服务太空旅游的商业空间站,也就是俗称的太空旅馆/酒店。目前,从事亚轨道旅游业务的两家主要公司是蓝色起源和维珍银河(Virgin Galactic);从事轨道旅游业务的两家主要公司有 SpaceX 和公理空间公司(Axiom Space)。

2. 哪些人曾到太空旅游过?

2001 年 4 月 30 日,60 岁的美国富豪丹尼斯·蒂托搭乘"联盟号"飞船飞向太空,两天后到达国际空间站并停留了 8 d。他的这次旅行花费了 2 000 万美元,成为世界首位自掏腰包的商业太空游客。此后,又有多名游客陆续前往国际空间站实现轨道旅行。

2021 年 7 月,美国亚马逊公司创始人杰夫·贝索斯(Jeff Bezos)及英国维珍银河公司创始人理查德·布兰森(Richard Branson)分别搭乘"新谢泼德"飞船和"太空船二号"完成了一次亚轨道太空旅游。此后,又有数十名游客搭乘这两型飞船完成亚轨道旅游。

3. 国际太空旅游有何计划?

目前,公理空间公司的公理空间站、蓝色起源公司的轨道礁(Orbital Reef),以及 Nanoracks 公司的 Starlab 空间站都在加紧研制中。前两者分别将于 2026、2027 年发射第一个舱段,Starlab 空间站将于 2028 年使用"星舰"一次发射升空。

2022 年,中国商业航天公司中科宇航已与中国旅游集团旅行服务有限公司签署战略合作框架协议,双方相约共同推动商业航天高新技术应用,携手打造太空旅游等太空经济新业态,促进国家航天文旅产业高质量发展。2024 年 5 月,中科宇航宣布其"太空旅游飞行器"将于 2027 年首飞,并计划于 2028 年开始载人太空边缘旅游,且单人报价为 200 万~300 万元人民币。中国太空旅游指日可待。

上述四代空间站的建设运行情况见表2.3(截至2024年1月)。

表2.3 空间站的建设运行情况总结表

代数	名称	国家	发射时间	退役时间	进站航天员人数
第一代	"礼炮1号"	苏联	1971年4月19日	1971年10月11日	3
	"礼炮2号"		1973年4月3日	1973年5月28日	0
	"天空实验室"	美国	1973年5月14日	1979年7月11日	9
	"礼炮3号"	苏联	1974年6月25日	1975年1月24日	1
	"礼炮4号"		1974年12月26日	1977年2月2日	4
	"礼炮5号"		1976年6月22日	1977年8月28日	4
第二代	"礼炮6号"	苏联	1977年9月29日	1982年7月29日	33
	"礼炮7号"		1982年4月19日	1991年2月7日	31
第三代	"和平号"	苏联/俄罗斯	1986年2月20日—1996年4月	2001年3月23日	104
第四代	国际空间站	16个国家	1998年11月20日—2011年12月	预计2030年	276

俄罗斯计划于2027—2033年间建成自己的更智能更高效的空间站。其公布的"ROSS"空间站分为两个阶段,在第一阶段,2027—2030年完成4个核心舱段的发射,包括科学与能源舱(NEM-ROS)、通用节点舱(UUM)、门户(CMM)和基础舱(BM);在第二阶段,2031—2033年发射2个目标舱(CM1和CM2)。该计划总投资达到约500亿元人民币。

2.3.6 月球探测器

月球,是距离地球最近的天体,是人类开展深空探测的首选目标。对月球进行探测,在科研、能源、技术、经济和政治等诸多领域都具有重要意义,对人类社会发展必将产生重要推动作用。无疑,月球探测是一项十分复杂的系统工程,20世纪50年代至今,全球仅发射了130多个月球探测器,失败率高达50%,且仅有12名航天员踏上了月球表面。

月球上能源丰富。由于月球没有大气层,所以在月壤中有大量通过太阳风吹来的氦-3,这是一种安全、清洁又高效的核聚变发电燃料,用它进行核聚变发电可提供便宜、无毒、无放射性的能源,被科学界称为"完美能源",这种元素在地球上的含量非常稀少。但在月壤中,目前保守估计,有 100 万 t 氦−3,用来发电可满足地球 1 万年的能源需求。

此外,大量探测表明,月球的引力只有地球的 1/6,两极有大量的水资源。未来,随着人类利用月球资源能力的提高,月球有望成为人类飞向火星、开展深空探测的一个天然航天港。一方面,月球上的水资源可以为航天员提供月面生存需要,同时还能分解成氧和氢,转化为探测器的燃料;另一方面,将月球作为深空探测的前哨或中转站,载人飞船或空间探测器只需很小的推力,就能摆脱月球引力前往其他星球。

月球上这些突出的天然优势引发了苏联/俄罗斯、美国、中国、印度、以色列、日本、韩国等国家的探月热潮。

1. 美国探月情况

美国在 1958—1976 年的空间竞赛期间,通过发射"先驱者""徘徊者""勘测者""阿波罗"等系列月球探测器快速突破了月球飞越、环绕、软着陆、表面巡视、采样返回和载人登月等探测技术。期间共发射了 36 个探测器,其中成功实施载人登月 6 次("阿波罗 11 号""阿波罗 12 号""阿波罗 14 号"至"阿波罗 17 号"),共计 12 名航天员先后踏上月球,带回约 382 kg 的月球样品,获取前所未有的科学探测成果,促进大量新兴学科的诞生,一大批科学技术成果广泛应用于经济建设。

20 世纪 90 年代以来,美国发射了"克莱门汀号"(Clementine)探测器、"月球勘探者号"(Lunar Prospector)探测器、"月球勘测轨道飞行器"(LRO)、"月球陨坑观测和遥感卫星"(LCROSS)等 6 次探月任务,这些探测器针对月球极区水冰探测获得了大量科学成果,其中 LRO 获取了月球极区高精度数字高程模型(DEM)和影像数据,至今仍在轨运行。"月球大气与尘埃环境探测器"(LADEE)上搭载一台空间激光通信实验载荷,成功实现人类首次星际空间激光通信实验,传输速率高达 622 Mbps。

21 世纪初,美国提出了重返月球的"阿尔忒弥斯"计划。尽管半个世纪前"阿波罗"计划取得过辉煌的成就,但重返月球计划的实施依然困难重重并不顺利,在数次拖延进度后,终于打破了尴尬局面。2022 年 11 月 16 日,为"阿尔忒弥斯"计划打造的专属运载火箭"太空发射系统"(SLS)发射升空,成功将"猎户座"(Orion)飞船送入地月转移轨道,开启了 21 世纪人类重返月球新纪元。本次任务代号为"阿尔忒弥斯 1 号",是一次不载人往返月球之旅。"猎户座"飞船经过 25.5 d 的飞行后,成功溅落在美国加利福尼亚州附近的太平洋水域(图 2.44),圆满结束任务。后续,还会相继实施"阿尔忒弥斯 2 号"

"阿尔忒弥斯 3 号"等一系列任务。

图 2.44 "猎户座"飞船溅落海域

　　美国于 2024 年 1 月 8 日通过由联合发射联盟研制的新一代"火神-半人马座"（Vulcan Centaur）火箭发射了一颗由商业航天企业航天机器人技术公司开发的"游隼号"（Peregrine，图 2.45）月球着陆器。遗憾的是发射后不久，"游隼号"遭遇了推进系统推进剂泄漏的情况，阻止了"游隼号"完成登陆月球的任务，只能控制其重返地球大气层。1 月 18 日，着陆器安全地燃烧于南太平洋上空的大气层中。

　　2024 年 2 月 15 日，由 SpaceX"猎鹰 9 号"火箭发射了一颗由美国商业航天企业直觉机器公司（Intuitive Machines，Inc）研发的"奥德修斯"（Odysseus）月球着陆器，该着陆器是一个六边形柱体，有 6 个着陆腿，发射质量为 1 908 kg，推进系统采用液氧甲烷作为推进剂，设计寿命为一个月昼（14 个地球日）。在完成 2 次轨道机动修正后，"奥德修斯"于 2 月 21 日成功进入 92 km 的圆形环月轨道；2 月 22 日，"奥德修斯"历经 8 d 的发射、地月转移飞行、环月轨道飞行之后成功登陆月球南极附近的马拉佩特 A（Malapert A）陨石坑，距离南极点约 300 km，实现了美国继 1972 年"阿波罗 17 号"载人登月任务半个多世纪后又一次登月，也使"奥德修斯"成为全球首个成功登陆月球的商业航天器。但这次着陆过程并不顺利。首先悬着陆月面之前，用于确定高度和速度的机载激光测距仪发生故障，转而使用 NASA 的实验载荷多普勒激光雷达完成登陆阶段导航任务。紧接着就是着陆瞬间。"奥德修斯"在约 3.2 km/h 的横向速度和 9.6 km/h 的下降速度作用下发生了侧翻（图 2.46），直接影响了一部分太阳翼的供电以及一部分天线与地球的数据传输，而最初

图 2.45　"游隼号"月球着陆器

宣布成功直立着陆的消息是基于过时的遥测数据。虽然发生了事故,但着陆器仍然在月球日落之前执行了部分科学任务。

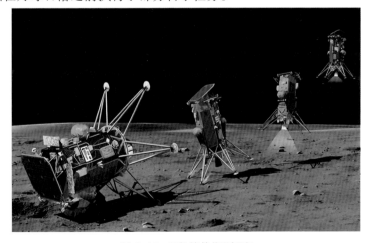

图 2.46　"奥德修斯"侧翻

2. 苏联/俄罗斯探月情况

　　苏联于 1958 年发射人类首个月球探测器,并在接下来的近 20 年时间与美国开展太空竞赛,掀起第一轮探月热潮。这期间,共发射了 64 个月球探测器,取得了多项第一,主要型号为"月球"系列,完成了 3 次无人月球采样返回

（"月球-16""月球-20""月球-24"），其中"月球-24"是苏联发射的最后一个月球探测器。3次采样共计采集326 g月球样品返回地面。然而，在始于20世纪90年代的第二轮探月热潮中，俄罗斯由于经济原因再未实施过月球探测活动。进入21世纪，直到2023年8月11日，俄罗斯才成功发射了"月球-25"探测器，这是继"月球-24"任务之后时隔近半个世纪的再次发射。遗憾的是，原计划于8月21日软着陆月球南极的目标最终变成了8月19日提前坠毁，任务以失败告终。

3. 印度探月情况

印度的探月计划大致分三个阶段：发射月球探测器、无人月球车和载人登月。2008年10月22日，印度成功发射了本国第一个月球探测器——"月船1号"（Chandrayaan 1），同时这也是印度航天第一次深空任务。它由1个轨道器和1个撞击器组成，通过轨道巡视和撞击月面对月球表面和内部进行细致勘测，开启了印度空间探测的序幕。然而，原计划运行两年的"月船1号"因内部仪器过热发生故障，不幸于2009年8月与地面失联，任务被迫终止，但它基本上实现了印度航天的预期目标。

2019年7月22日，印度成功发射"月船2号"（Chandrayaan 2）月球探测器，它是由1个轨道器和1个着陆器组成，主要任务是绕月观测和在月球南极安全着陆，收集水冰、岩石和土壤等数据；8月14日，"月船2号"成功进入了月球转移轨道；8月21日，"月船2号"传回首张月球照片；9月2日，探测器携带的"维克拉姆"（Vikram）着陆器与轨道器成功分离，开始向月球表面飞行，计划于9月7日在月球表面实施软着陆；遗憾的是，9月7日凌晨，着陆器在距月球表面2.1 km时不幸失联，登月失败。然而，我们不能认为此次任务完全失败，其轨道器至今仍在绕月飞行，持续为月球科学研究提供数据。

2023年7月14日，印度空间研究组织（ISRO）在萨迪什·达万航天中心通过Mark-3（LVM3）运载火箭成功发射了"月船3号"（Chandrayaan 3）探测器（图2.47），旨在软着陆于月球南极附近并开展巡视探测；"月船3号"主要由一个推进模块和"维克拉姆"着陆器组成，着陆器上还搭载了一台"普拉杨"（Pragyan）小型月球车，推进模块重约2 148 kg，月球着陆器总重1 752 kg（含月球车），月球车重26 kg，发射总质量为3 900 kg。同年8月20日，"月船3号"成功进入了134 km×25 km的着陆准备轨道。8月23日，"维克拉姆"着陆器成功在月面软着陆，使印度成为继苏联、美国和中国之后第四个成功登陆月球的国家，同时，也使"月船3号"成为全球首个在月球南极附近登陆的探测器。然而不幸的是，由于其着陆器和月球车在日出时未能唤醒，部署在月球轨道上的充当通信中继站的推进模块被小心翼翼地移离月球，最终成功送回地球轨道,以期为未来的月球样本返回计划奠定基础。下一步,印度将执行"月船4号"任务,计划于2028年从月球上采样返回,以期在太空探索领域取得更多突破。

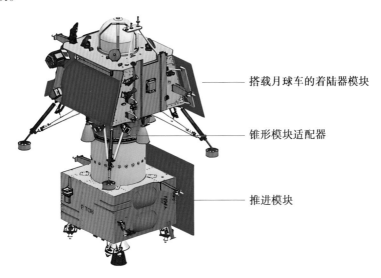

　　图 2.47　"月船 3 号"

4. 其他国家/机构探月情况

　　2003 年 9 月 28 日,ESA 发射首个月球探测器"SMART-1",经过 13 个月的飞行后,终于进入环绕月球轨道,开始向地球传送月球表面各种观测数据,揭开了欧洲探月计划的序幕。"SMART-1"(图2.48)是世界上首个采用太阳能离子发动机作为主要推进系统的探测器,该发动机利用探测器自身

图 2.48　ESA"SMART-1"月球探测器

太阳能帆板产生的带电离子束作为动力(离子发动机将太阳能转化为电能,再通过电能电离惰性气体原子,从尾部喷射高速氙离子流,为探测器提供动力),这种运用离子推进技术的发动机,效率比传统化学燃料发动机高 10 倍。验证这种新型推进系统是"SMART-1"的首要任务,其次才是探测和研究月球。2006年 9 月 3 日,"SMART-1"以受控撞击月球表面的形式完成其最终使命。

　　2007 年 9 月 14 日,日本第一颗绕月探测卫星"月亮女神号"(SENELE)搭载"H-2A"运载火箭顺利升空(图2.49),实现了亚洲国家第一次月球探测。"月亮女神号"的主要任务是观测月球表面地形、研究元素分布等,比 2007 年

10月24日发射升空的中国首颗探月卫星"嫦娥一号"提前了40 d。"月亮女神号"由主环绕器和两枚子卫星组成,日本航天界本次任务称为"继'Apollo'工程之后最大规模的月球探测任务"。

2019 年 2 月 22 日,以色列SpaceIL公司通过"猎鹰9号"运载火箭成功发射了本国首枚月球探测器"创世纪号",这是全球首个非官方月

图 2.49　日本"月亮女神号"

球着陆器,也是当时世界上最小的登月探测器。遗憾的是,4月12日在其尝试着陆月球的最后阶段由于主发动机重大故障导致失控,撞向月球表面,未能成功软着陆。这让以色列成为继苏、美、中之后第4个成功探月国家的愿望化为泡影。但是SpaceIL公司依然创造了历史,使以色列成为世界上第七个发射探测器成功绕月飞行的国家。SpaceIL公司也因此成为全球首家非官方尝试部署月球探测器的私营太空公司,整个探月任务总投入1亿多美元,全部来自民间筹集。

2022 年 8 月 5 日,韩国首个月球轨道器"赏月号"(Danuri)搭乘"猎鹰9号"火箭发射升空,经过4个多月的漫长旅行后于12月17日成功进入月球大椭圆轨道,最终于 2022 年最后一天进入 100 km×100 km 的圆形轨道,并完成月球地形地貌和资源分布图的绘制。2022 年 12 月 11 日,日本私营月球机器人探索公司 iSpace 发射了月球着陆器"白兔-R"(图 2.50),2023 年 3 月 21 日进入环月椭圆轨道,4 月 14 日到达 100 km 高度圆轨道,4 月 26 日,着陆器不幸与地面失联,5 月 26 日,iSpace 公司宣布着陆月球任务失败。着陆器上搭载的由本国研制的小型两轮机器人及由阿联酋研制的"拉希德"月球车一同坠毁于月面。

2023 年 9 月 7 日,日本发射了探月智能着陆器 SLIM,旨在演示距离目标着陆点 100 m 内的精确着陆技术(图 2.51)。在历经漫长的奔月之旅后,于 12 月 25 日成功进入月球轨道。2024 年 1 月 19 日,SLIM 成功着陆于月球表面。标志着日本成为继苏联、美国、中国和印度之后第五个实现月球软着陆的国家。虽然着陆后因着陆姿态不正常导致太阳能电池板供电故障,但 JAXA 在新闻发布会上宣布,SLIM 着陆地点位于预定目标地点偏东 55 m 左右的位置,实现了误差 100 m 以内的精准着陆。

图 2.50　日本"白兔–R"月球着陆器

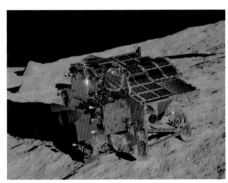

(a) 正常着陆

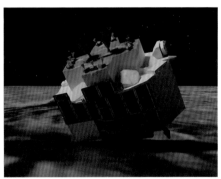

(b) 非正常着陆

图 2.51　日本 SLIM 着陆器

地球到月球的转移方式有哪几种？各有什么特点？

目前地球到月球的转移方式一般有三种,最快的就是中、美那种靠"蛮力"以"一箭直达"直接硬飞过去的方式,将探测器直接推送到月球,然后由探测器开启发动机减速,被月球引力捕获,该过程只需 3~5 d;第二种是印度"月船2号"那样通过在近地轨道不断加速以维持远地点进行奔月的方式(俗称"甩链球"方式),该过程大约需要 10~30 d 不等;第三种就是韩国"赏月号"这种最省燃料但最耗时的弹道转移方式,一般需要数个月的时间。其中前两种地月转移轨道方式都算是霍曼转移,而第三种则实现了更低能量转移。

火箭强劲,飞船动力不足,就得兜兜转转,花大量时间来弥补;若火箭不行,则需要耗费许多时间一点点变轨,才能把飞船送到位。只有两方面技术都到位了,才能飞出完美的霍曼转移轨道,用最短的时间将探测器送到月球。

5. 中国探月情况

本部分内容详见本书 3.3.4 节。

展望未来,月球作为深空探测的前哨站,多个国家都公布了其月球探测计划。

美国已于 2022 年成功实施了"阿尔忒弥斯 1 号"的非载人往返地月任务飞行试验。后续将于 2025 年发射"阿尔忒弥斯 2 号"(Artemis Ⅱ)载人任务,将 4 名航天员送往月球远端 7 400 km 的环月轨道,有望创造载人航天最远纪录,但这次任务不会在月球上着陆,这与"阿波罗"计划相似,"阿波罗 11 号"执行了首次登陆月球任务,而"阿波罗 8 号"和"阿波罗 10 号"都是满载人员绕月飞行。2026 年,美国将派出航天员通过"阿尔忒弥斯 3 号"(Artermis Ⅲ)任务登陆月球南极。到 2028 年,"阿尔忒弥斯 4 号"(Artemis Ⅳ)任务将把航天员送到名为月球门户(Gateway)的小型月球轨道空间站(Lunar Orbital Platform-Gateway,LOP-G),并搭乘月球星舰完成登月任务。图 2.52 所示为 NASA 于 2019 年 7 月公布的"阿尔忒弥斯"登月计划标识,标识中采用的 3 种颜色分别象征"火箭红""地球蓝"和"月球银",中心是字母 A(Artemis 的首字母），位于蓝色的地球之上，寓意清晰。

图 2.52　NASA 公布的"阿尔忒弥斯"登月计划标识

LOP-G 是基于 ISS 框架，由 NASA 主导，ESA、Roscosmos、JAXA、CSA 等参与研发的月球轨道空间站（图 2.53）。其容积约为 55 m³，规模远小于 ISS，将拥有 50 kW 电力和推进系统，可对接航天员工作舱、居住舱、过渡舱、后勤补给及机械臂模块，未来可供 4 名航天员开展工作。LOP-G 将实现航天员在月球轨道和月面上长期驻留，以及经月球中转往返火星甚至开展深空科学探索。此外，通过 LOP-G 进入月球极地轨道只需要 730 m/s 的速度增量，耗时 12 h左右，同时，LOP-G 与地球的通信可以不受月球屏蔽干扰，某种意义上可以说，LOP-G 是支持人类进一步实施载人探月的绝佳之选。

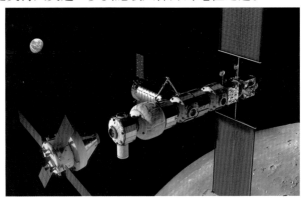

图 2.53　月球轨道空间站效果图

近年来，俄罗斯也开始强调将"利用无人和载人航天器进行月球探索与开发"作为本国载人航天发展的战略重点，争取在 2030 年前后实现近月空间载人飞行，在 2040 年前后实现月球基地全面运行，以保障俄罗斯在近月空间、月球和火星探索领域的领先地位。具体而言，俄罗斯早在 2018 年就公布了其三阶段月球计划实施路线图：第一阶段（至 2025 年），利用国际空间站测试相关技术,建立月球轨道空间站的基础模块,测试"雄鹰号"载人飞船并开展绕月飞行和探测。根据计划,2023年起,先后发射"月球-25"至"月球-28"无人探测器,主要工程目标是验证月面软着陆技术、月面低温钻探取样技术等,为载人登月探测奠定基础;第二阶段(2025—2035年),利用月球轨道空间站将首批航天员送往月球,在月球表面建立和部署月球基地首批组件;第三阶段(2035年后),建立和开发有人照料的月球基地,研制统一的载人和无人月球探测综合系统。在此期间,俄罗斯计划对其"雄鹰号"载人飞船陆续开展无人试飞、载人试飞、载人绕月飞行、载人登月任务。然而,2023年"月球-25"任务的失利必将对俄罗斯未来的探月计划产生重要影响。需要特别关注的是,虽然俄罗斯表示有意参与由美国发起的LOP-G项目,但仍制订了本国的月球轨道站计划,并积极推进相关技术开发工作。总体来看,俄罗斯将采取"两手准备"的务实策略,在开展国际合作的同时,稳步推进月球轨道站和月球基地建设,在月球探索与开发领域或将取得重大突破。

印度和日本正在联合推进月球极区探测任务的研制工作,印度方面称之为"月船4号",预计于2026—2028年间发射。按计划,"月船4号"着陆月球南极点附近后,将通过本国自主研制的钻机采集月球地下样本,着陆器还将验证月夜生存技术,设计寿命为6个月,以便未来支持更复杂的月球探测任务。同时,印度还在论证"月船5号"任务,或将于2030年前后实施。

韩国受周边国家的航天计划影响,于2016年正式启动了月球探测计划,在《航天开发中长期规划(2014—2040年)》中将探月活动列为重点任务,并制定了"两步走"发展战略:第一阶段在国际合作的基础上,将其首个月球探测器"赏月号"送入月球轨道,绘制月球的地形地貌和资源分布图,以验证月球探测技术并建立深空网;第二阶段重点研制由轨道器、着陆器和巡视器组成的"月球勘测者",并利用韩国自行研制的运载火箭"世界号"发射升空,这一阶段将在不早于2030年进行。目前来看,其第一阶段任务已基本完成。

综上,月球轨道空间站或将成为空间基础设施的重要组成部分。

对于未来更长远的月球基地开发与建设,总体而言可大致划分为四个阶段:选址、到达、建造、居住。

第一阶段是月球基地的选址。根据现有月球探测数据,科学家主要提出了两处地点可供选择,一处是月球背面,在这里建立基地并架设深空望远镜,有助于观测宇宙深处的其他星体,但缺点是需要一系列中继卫星来保持月球背面与地球之间的通信;另一处是月球南极,因为月球南极有大量的矿物质,甚至可能有水冰的存在,可以为月球基地提供丰富的资源。并且相比月球背面的寒冷气候,月球南极的一些区域几乎一直能接收到太阳的照射,没有大的温度变化,便于架设太阳能电池板为月球基地提供电力。

第二阶段是到达月球。早在 1961—1972 年间,美国"阿波罗"计划就实现了载人登月飞行,出于经济以及技术成本考虑,后续未有国家进行载人登月,取而代之的是发射了众多月球探测器对月球表面进行探测。发射探测器到达月球的问题已经基本解决,然而如何将建立月球基地所需材料送达月球,仍然依赖于重型运载火箭发射能力的扩展。

第三阶段是月球基地的建造。从地球运送建造材料显然是耗时耗力、成本高昂之举,因此,就地取材,合理利用月球丰富的资源,是建立月球基地的基础。3D 打印技术的出现,为月球基地建造提供了可行方案。2014 年底,地面研究人员将一个套筒扳手的设计图纸发送给国际空间站上的航天员,并通过 3D 打印机制造出了这件工具。同样,通过采集月球土壤,并采用 3D 打印制造建筑构件,或许可以成为月球基地建造的最佳方案。但如何收集足够的月球土壤,如何确保 3D 打印机在月球低重力环境下正常工作,仍有待尝试。

第四阶段是人类在月球基地的居住。长期驻留月球基地,食物、饮用水、氧气是人类生活所必需的物质基础,培育新鲜蔬果,开采可能存在的水冰分离出氧气和水,是人类生活的基本保障。除此之外,第一代月球居住者的心理健康也同样值得关注。

2.3.7　火星探测器

火星是除了月球之外,人类热情最大、了解最多、探测和尝试登陆任务次数最高的地外行星,也是最有希望、最有条件让人类首先登陆的行星。从最早一次失败尝试,即 1960 年苏联发射的第一颗探测器"火星 1960A",一直到最近一次,即 2021 年中国发射的成功登陆火星的"天问一号",人类共执行过 50 余次火星探测任务,其中 24 次成功(包括部分成功),成功率接近 50%。迄今,环绕火星飞行的 8 颗人造卫星分别是美国的"奥德赛号"(Odyssey)、"火星勘察轨道器"(MRO)、"火星大气与挥发物演化探测器"(MAVEN),ESA 的"火星快车"(Mars Express),印度的"曼加里安"(Mangalyaan),ESA 和俄罗斯合作的"火星生命探测计划"(ExoMars 2016),阿联酋的"希望号"和中国的"天问一号"火星环绕器(图 2.54)。成功登陆火星的探测器也只有 10 个:"海盗 1 号""海盗 2 号""探路者号""勇气号""机遇号""凤凰号""好奇号""洞察号""毅力号""天问一号",部分火星探测器如图 2.55 所示。其中,仍在火星表面运行的探测器仅有 2 个:"好奇号"和"毅力号"(中国的"祝融号"火星车自 2022 年 5 月休眠以来一直未能唤醒)。表 2.4 列出了 20 世纪 90 年代

逐梦航天

以来世界各国(部分)成功的火星探测任务。

(a) "奥德赛号"

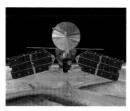

(b) "火星勘察轨道器"

(c) "火星大气与挥发物演化探测器"

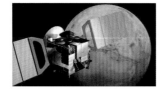

(d) "火星快车"

(e) "曼加里安"

(f) "火星生命探测计划"

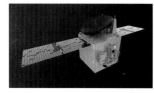

(g) "希望号"

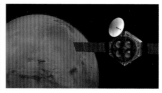

(h) "天问一号"火星环绕器

图 2.54 代表性火星轨道器

(a) "勇气号"

(b) "机遇号"

(c) "凤凰号"

(d) "好奇号"

(e) "洞察号"

图 2.55 成功登陆的火星探测器

(f)"毅力号"

(g)"天问一号"

续图 2.55

表 2.4　20 世纪 90 年代以来世界各国(部分)成功的火星探测任务列表

探测任务	国家/组织	发射时间	是否着陆	着陆时间
"火星全球勘测者"	美国	1996 年 11 月 7 日	否	—
"火星探路者"		1996 年 12 月 4 日	是	1997 年 7 月 4 日
"奥德赛号"		2001 年 4 月 7 日	否	—
"火星快车"	ESA	2003 年 6 月 2 日	是	任务失败
"勇气号"		2003 年 6 月 10 日	是	2004 年 1 月 3 日
"机遇号"		2003 年 7 月 8 日	是	2004 年 1 月 25 日
"火星勘察轨道器"	美国	2005 年 8 月 12 日	否	—
"凤凰号"		2007 年 8 月 4 日	是	2008 年 5 月 25 日
"好奇号"		2011 年 11 月 26 日	是	2012 年 8 月 6 日
"曼加里安"	印度	2013 年 11 月 5 日	否	—

续表2.4

探测任务	国家/组织	发射时间	是否着陆	着陆时间
"火星大气与挥发物演化探测器"	美国	2013 年 11 月 19 日	否	—
"火星生命探测计划"	ESA/俄罗斯	2016 年 3 月 14 日	否	—
"洞察号"	美国	2018 年 5 月 5 日	是	2018 年 11 月 27 日
"希望号"	阿联酋	2020 年 7 月 20 日	否	—
"天问一号"	中国	2020 年 7 月 23 日	是	2021 年 5 月 15 日
"毅力号"	美国	2020 年 7 月 30 日	是	2021 年 2 月 18 日

经过 60 余年的持续发射和探测,人类对这颗红色星球的"拼图"已经基本完成,但人类的探索精神远没有就此止步。在世界火星探测史中,2020 年拉开了人类历史上探测火星的盛况,由于有阿联酋、中国和美国三个国家相继发射火星探测器并全都成功到达火星,而被称为是"地球人的火星探测年"。

1. 美国"火星 2020"漫游车计划(Mars 2020)

由 NASA 推出的"火星 2020"漫游车计划,主要任务致力于用最尖端的探测技术找到火星存在生命体的最直接证据。"火星 2020"是美国部署的第 5 辆火星车,携带首架星际探测直升机。探测器主要负责收集火星岩石和土壤样本,并将它们放在火星表面探测仪器的钻头中,将其储存在地面上以备将来运送回地球,可以对来自火星的标本进行分析,以获取火星过去是否存在生命的信息,以及未来人类太空探索任务可能对健康造成危害的证据,这些信息将对未来研究在火星大气中产生氧气的方法、确定地下水及其他资源、改进着陆技术起到关键作用,甚至可能影响未来航天员在火星上生活和工作的天气、尘埃和其他潜在环境条件。此外,利用火星直升机在距离火星表面一定高度内开展的巡航探测,从探测高度上来看,相对于环绕(火星)探测所属的高位探测以及原位探测和巡视探测所属的低位探测而言,属于中位探测,是之前行星探测领域的空白,对火星探测及对行星探测都具有重大意义。北京时间 2020 年 7 月 30 日,"毅力号"(Perseverance)火星车搭乘"宇宙神 5 号"(Atlas-V)运载火箭发射升空,同时搭载着人类第一架飞行器"机智号"(Ingenuity)火星直升机。2021 年 2 月 19 日,"毅力号"成功着陆于火星表面杰泽罗陨石坑(Jezero Crater)。截至 2023 年底,"机智号"直升机已成功在火星表面完成了 70 余次飞行任务,获取大量的火星科学数据。遗憾的是,"机智号"在 2024 年 1 月 18 日的最后一次飞行任务中,直升机的一个或多个旋翼在着陆火星时受损,正式结束其飞行使命。尽管如此,"机智号"成功执行了 72 次飞行任务,远超一个月内完成最多 5 次的预期目标。

2. 阿联酋"希望号"火星探测器

"希望号"火星探测器是阿联酋首个火星探测器,在火星轨道运行,旨在全面探测火星大气,研究火星气候变化、低空天气变化、沙尘暴预报等。阿联酋与日本联合探测火星将是亚洲两国首次开展行星际探测任务,为太空探索第二梯队开启更多可能性。"希望号"已于 2020 年 7 月 20 日搭载日本三菱重工研制的"H-2A"运载火箭升空,并于 2021 年 2 月 9 日成功抵达火星,实现环绕火星轨道飞行,成为全球第一颗真正意义的火星气象卫星;同年 4 月 14 日,"希望号"进入椭圆形科学探测轨道,开启为期两年的首期探测任务,以期构建最全面的火星大气全息模型。2024 年 2 月 9 日,阿联酋航天局发布了"希望号"获取的一个"完整火星年"(约 2 个地球年)的火星大气观测信息,成果远超预期。

3. 中国"天问一号"火星探测任务

中国的火星探测任务详见 3.3.5 节。

上面所介绍的人类对于火星的探测活动都是在向火星发射探测器的基础上开展的,是一种真实意义上的火星探测。而在地球表面,通过模拟火星飞行任务实现对火星的虚拟探测,也在有条不紊地开展中。几个典型的代表性项目有:俄罗斯开发的"火星-500"(MARS-500)、中国开发的冷湖火星营地,以及阿联酋开发的火星科学城。此外,还有美国犹他州火星沙漠研究基地项目、NASA 火星模拟住宅(HI-SEAS),以及以色列火星沙漠研究站等项目。

"火星-500"是由 ESA 与俄罗斯生物医学研究所合作开展的、多国参与的国际大型模拟火星飞行任务的试验项目(图 2.56),旨在探索人类模拟登陆火星过程中所能够耐受的一切,了解长期密闭环境下乘组人员健康状态及工作能力状况。试验设计时长 520 d,前 250 d 模拟飞往火星、中间 30 d 登陆火星、最后 240 d 返回地球,志愿者将在一个 550 m³ 的试验舱里模拟飞往火星、环绕火星、登陆火星和返回地球等全过程,试验舱由医疗舱、生活舱、公共活动舱、火星着陆舱模拟器和轻型充气火星表面模拟舱组成,里面还有单人卧室、

厨房兼餐厅、起居室、卫生间、健身房、浴室、蔬菜温室等,供志愿者进行科研试验和日常生活。来自中国、俄罗斯、法国、意大利的6名志愿者从世界各地4 000多名候选者中经多轮选拔脱颖而出参加了试验,其中来自中国的航天员教员王跃有幸入选。试验于2010年6月3日正式开始,志愿者进入模拟试验舱后,将彻底与外界隔绝,也不能从外界获取任何消耗品。2011年11月4日,6名志愿者结束长达520 d的往返火星与地球模拟试验"返回地球"。"火星-500"试验是人类第一次模拟载人登陆火星的探索,对各参与国来说,既是挑战,也是机遇。这次试验的重大意义在于,试验将密切关注长期与世隔绝状态下志愿者面临的心理困境,如果不能在执行火星任务前对极为严重而可怕的与世隔绝问题加以研究,飞往火星的旅程或将以失败告终。

(a) 志愿者进舱前合影　　　　(b) "MARS-500"模拟载人火星飞行试验系统

图2.56　俄罗斯"MARS-500"项目

冷湖火星营地是中国首个火星模拟基地(图2.57),坐落在青海省海西州茫崖市冷湖地区,即中国四大盆地之一的柴达木盆地边缘,占地面积约5.3 hm²,睡眠舱可容纳60人住宿。据悉,这里是地球上最不像地球、最像火星的地方——偏僻、无垠的戈壁滩、瑰丽的雅丹地貌和最绚丽的星空,向外方圆数百公里没有人类居住,距离最近的城市敦煌230 km。这里虽然只有几百户居民,但短短两年来,冷湖已吸引了国内外许多天文科研机构和高校的大科学装置以及专业的天文望远镜参与其中,创办了冷湖科幻文学奖,建成了火星研学旅行实践教育营地。在营地里,营员可以住在太空睡眠舱里,参加火星营救等体验项目,自2019年3月以来,这里已接待了数百位"火星居民"。"火星营地最重要的任务是进行科普教育,提供关于火星的 STEM(science、technology、engineering、mathematics,STEM)课程。鼓励孩子在真实的环境中提出问题,并解决问题。"

图 2.57　冷湖火星营地

火星科学城是阿联酋政府于 2017 年 9 月宣布投入超 1 亿美元在沙漠中建立的全球最大规模的火星模拟基地(图 2.58),占地为 1.765×10^5 km^2,建成之后,是一个有五个穹顶相连接的建筑群,它们将分别用作农业公园、活动公园和研究中心。建筑将使用自给自足的独立电网,具备循环用水系统,地下空间广阔,可以有效隔绝太阳辐射对人体的损害,建筑主体由沙子、玻璃等简单易得的材料构成,方便登陆火星后就地取材。这里的土地贫瘠,可用于模拟在火星上对可持续资源的研究。

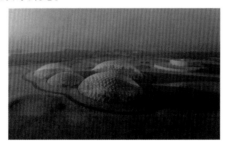

图 2.58　火星科学城

"火星沙漠研究基地"项目由美国火星学会发起,是培训科学家如何在另一个星球上工作生活的实验基地,它拥有地理学家、天体生物学家、工程师、机械师、物理学家及其他与火星环境相关的学者。此基地包括使用两个火星基地类型的居住舱,一个安置在加拿大北极地区的德文岛,另一个则安置在美国西南部。火星学会是由罗伯特·祖布林(Robert Zubrin)等人组织成立于 1998 年的非营利性组织,致力于鼓励火星探险和移民。2015 年 7 月 16 日,6 名航天员(一名中国人、一名美国人、两名比利时人、一名伊朗人、一名德国人)在美国犹他州"火星沙漠研究基地"进行为期两周的火星生存体验。目前,美国正在建造人类奔赴月球、火星甚至更遥远星球的宇宙飞船,太空移民或将不再是痴人说梦。

以色列火星沙漠研究站是在以色列航天局支持下建立起来的一个火星模

拟基地(图2.59),位于以色列内盖夫沙漠的腹地中。2018年2月18日,6名志愿者"航天员"(四名男性和两名女性)在这里执行了"太空任务"。"航天员"用4 d时间在与火星极其相似的环境中进行科学试验,探索人类如何在火星生存,这也是以色列首次开展的火星沙漠试验。

图2.59　以色列火星沙漠研究站

2.3.8　其他深空探测器

深空,是继陆、海、空、近地空间之后人类开展活动的第五疆域。深空探测,指人类航天器离开近地轨道、进入太阳系空间和宇宙空间,对地球以外天体(月球及以远天体)或空间环境开展的科学探测。深空探测器,又称"空间探测器""宇宙探测器",它是人类研制的用于对月球及以远的天体和空间进行探测的航天器。深空探测器按探测的对象可划分为月球探测器、行星和行星际探测器、小天体探测器等。20世纪50年代末,人类开启了深空探测的序幕。1962年,苏联发射了人类历史上第一颗火星探测器"火星1号",不幸以失败告终;1972年,美国发射了人类历史上第一个行星(际)探测器"先驱者10号",也是第一个到达木星和土星附近的探测器,1983年飞离太阳系,进入恒星际空间,成为第一个飞出太阳系的人造物体。截至2023年,世界各国已发射的深空探测任务超过260次,其中包括3次水星探测、46次金星探测、48次火星探测、9次木星探测、4次土星探测、1次天王星探测、1次海王星探测、2次矮行星探测及多次小行星采样返回任务,飞行最远的探测器距离地球超过200亿km。这些探测任务取得了丰硕的科学成果,推动了航天系统工程的发展。

人类对深空不断开展探测的主要目的和重要意义在于:① 从科技探索角度来看,可以深入研究"两暗、一黑、三起源"等宇宙现象,其中,"两暗"指暗物质和暗能量,"一黑"指的是黑洞,"三起源"是指宇宙的起源、天体的起源及生命的起源;② 从技术推动角度来看,可以通过验证试验牵引带动大规模精密制造、新材料、新器件、深空超远距离通信、先进推进、空间核能、智能自主控制等高新技术的发展和应用;③ 从实际应用角度来看,可以保护地球家园、开发宇宙资源、为人类寻找新的家园等,从而深刻改变人类的宇宙观,有力促进人类的繁衍生息和人类文明的可持续发展。科学家通过研究这些深空任务的探测数据,取得了一批重大科学发现和突破,比如月球表面存在水冰、火星发现有机分子、太阳系边际再抵近等,拓展了人类对太阳系和宇宙的认识,促进了空间科学技术的发展和进步。

下面按发射时间顺序介绍相关国家或机构对太阳系中八大行星、行星卫星、小天体等地外天体开展的具有代表性的深空探测活动。

1977 年,美国相继发射了“旅行者 1 号”(Voyager 1)和“旅行者 2 号”(Voyager 2)(图 2.60),踏上了探索太阳系的征程。2012 年,“旅行者 1 号”突破日球层顶的外边界;2018 年 11 月,“旅行者 2 号”也突破了日球层顶,进入恒星际介质。日球层顶是炽热的太阳风与寒冷、稠密的恒星际介质相遇的地方。探测木星和土星是这两个探测器的主要科学目标,目前,它们不仅飞掠了木星和土星,“旅行者 2 号”还飞掠了天王星和海王星,它们探测并发回的太

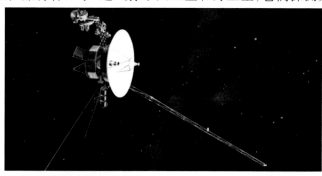

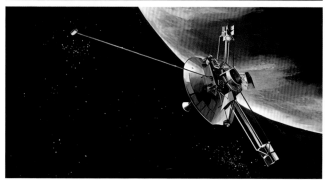

图 2.60 “旅行者 1 号”和“旅行者 2 号”探测器效果图

阳系边际信息让人类窥探到真正未知的领域。截至2023年9月,"旅行者1号"正处于离太阳241亿km的距离,是离地球最远的人类航天器,在能源方面,"旅行者1号"上安装了三个放射性同位素热电机(RTG),通过钚-238放射性同位素的自然衰变产生热量,再将热能转化为电能。随着能量的消耗,NASA已经陆续关闭了"旅行者1号"的一些科学探测设备。2023年12月14日,旅行者1号传回地球一串毫无意义的0-1代码,正常通信中断。NASA表示,这位太空探索先驱或将彻底失去与地球的联系,孤寂地穿梭在黑暗的太空之中,成为漂浮在宇宙中的一艘"流浪探测器"。"旅行者号"任务是目前距离地球最远、寿命最长的深空探测计划。

1989年5月5日,"麦哲伦号"(Magellan)(图2.61)金星探测器在美国肯尼迪航天中心由"亚特兰蒂斯号"航天飞机携带升空。当航天飞机飞越太平洋上空时,"麦哲伦号"从航天飞机货舱内施放出来,约1 h后,两级火箭将其送上前往金星的轨道。这是一个以16世纪葡萄牙航海家麦哲伦命名的探测器,是当时最先进、最成功的金星探测器。金星在中国古代称为太白星,在早晨东方出现时称为启明星,在晚上西方出现时称为长庚。在罗马神话中,金星以爱与美的女神维纳斯的名字命名。1990年8

图2.61 "麦哲伦号"金星探测器效果图

月,"麦哲伦号"探测器进入绕金星飞行的轨道,利用先进的成像雷达系统对金星全球进行了拍摄,还对金星95%的地区进行了高分辨率的重力测量。1990年9月,"麦哲伦号"首次获得第一张完整的金星地图,从中发现金星上有巨大的熔岩流、数以千计的裂缝和火山口,还有高耸的山岭、巨大的峡谷、陨石坑、沙丘和活火山等。探测结果表明,金星上有时发生大的风暴,有过火山活动,表面温度高达280~540 ℃。它没有卫星,没有水滴,磁场强度很小,大气成分主要是二氧化碳,表面大气压是地球的90多倍,因此金星是一个如同地狱般的存在,上面不适于存活生命物质。1994年10月,"麦哲伦号"探测器进入金星稠密大气层,以试验一种创新的空气制动技术,并获取金星稠密大气的数据,探测器最终进入金星大气后烧毁。这是人类历史上第一次利用一个行星际探测器进行这种破坏性试验。

顺提一句,人类对太阳系行星的探测就是从金星这颗启明星开始的,并在空间探测的早期发射过较多的金星探测器。迄今,人类已向金星发射了32个空间探测器,其中 22 个成功,10 个失败。加上各种路过的探测器总数已超过40 个,但它们已初步揭开了金星神秘的面纱。

　　1989 年 8 月 18 日,"伽利略号"(Galileo)(图 2.62)木星探测器由"亚特兰蒂斯号"航天飞机送入轨道,是 NASA 第一个直接专用探测木星的航天器。该计划是由美国和联邦德国联合进行的。1995 年 12 月,"伽利略号"进入环木星轨道,并由轨道器释放一枚木星大气探测器,用于对木星大气层进行第一手探测。之后的 7 年多时间里,它创造了一系列飞行纪录:绕木星运行 34 圈;与木星主要卫星相遇 35 次;发回包括 1.4 万张照片在内的 3 万 Mbit 数据,在木星的三颗卫星上发现了地下液态盐水存在的证据;第一次从轨道上对木星系统进行了完整考察;第一次对木星大气进行了直接测量。此外,"伽利略号"释放的木星大气探测器在短短 1 h 的生命中(被木星发出的热力烧毁)发回的数据,大大提升了我们对木星的大气和气候的了解;"伽利略号"对研究木星的卫星也作出了很大贡献,在其到达木星之前,人们一共发现了 16 颗木星的卫星,"伽利略号"到达后又发现了多颗卫星,这个数字已经上升到了 63。2003 年 9 月,"伽利略号"结束了为期近 14 年的太空探索生涯,受控坠毁于木星,这是 NASA 首次控制探测器在地球之外的天体上执行坠毁操作。据悉,当时与"伽利略号"探测计划有关的约 1 500 名各界代表,齐聚 NASA 喷气推进实验室(jet propulsion laboratory,JPL),庆祝这颗探测器任务结束。值得一提的是,"伽利略号"第一个拍到了星际大爆炸的壮观场景。那是 1994 年,一颗彗星猛烈撞击木星,爆炸产生的威力比全世界的核武器爆炸能量加起来还高数百上千倍! 最让地球感动的是,如果没有木星"无私地"把彗星吸引到自己的身边,那么地球上的生命根本无法经受彗星"天地大冲撞"之重;更为伟大的是,它第一个拍到了木星卫星欧罗巴有海洋的照片! 这让我们看到了有外星

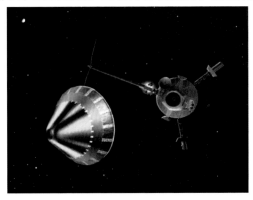

图 2.62　"伽利略号"木星探测器效果图

生命的希望。在谈及为何让这颗劳苦功高的"伽利略号"焚身于木星大气层时，NASA明确指出：正是它的伟大发现决定了它最终悲壮的焚身命运！因为它从木星卫星欧罗巴上发回的照片显示这颗卫星存在一片海洋！在地球上，水意味着这颗星球有生命，因此在地外星体上如果发现有水的迹象，就意味着这颗星球有生命的绿洲！"伽利略号"上的燃料即将用完面临失控，有可能撞向欧罗巴的海洋中，其携带的地球细菌就有可能在那片陌生的外星海洋上生存甚至发展起来，从而污染了遥远的欧罗巴海洋，危及那里可能存在的外星生命！因此该项目负责人克劳迪娅说："让'伽利略号'烈火焚身是件正确的事，因为欧罗巴的环境太珍贵太值得我们地球人保护了，而且欧罗巴的海洋一定会成为未来人类太空探索最聚焦的地方，因为，那里可能存在有地球生命的伙伴——外星生命！"

1997年10月15日，"卡西尼号"（Cassini）（图2.63）土星探测器发射升空。这是由NASA、ESA和意大利航天局等17个国家和机构合作完成的，是人类进入空间时代以来最大型的国际合作任务之一。该任务旨在环绕土星飞行，对土星及其大气、光环、卫星和磁场等进行深入考察。"卡西尼号"还携带了探测土星的最大卫星土卫六的探测器，取名为"惠更斯号"。经过6年零8个月、35亿km的漫长太空旅行之后，"卡西尼号"于2004年7月顺利进入土星轨道，开始对土星大气、光环及其卫星进行历时4年的科学考察；2004年12月，"惠更斯号"正式脱离"卡西尼号"，开启了奔向土卫六的长达400万km的旅程；2005年1月，"惠更斯号"穿过土卫六外围大气层，展开降落伞着陆，并对土卫六进行时长2.5 h的科学探索（因为自身携带的能源有限），探索结果通过"卡西尼号"传回地球。"惠更斯号"是首个在月球以外的一颗天然卫星上登陆的人造探测器。2017年4月26日，"卡西尼号"正式进入任务"大结局"，首次在土星和土星环之间穿越，近距离观测土星；2017年9月15日，"卡西尼号"燃料将尽，科学家控制其焚毁于土星的大气层中（土星本身就是一个"气球"，内核很小，表面没有陆地，因此探测器无法直接登陆土星），"卡西尼号"任务至此结束。值得一提的是，"卡西尼号"的探测被认为是迄今实施的最为复杂的行星际探测计划，在这次7年漫长的飞行过程中，"卡西尼号"按照科学家设计的一条智慧航行路线（飞行轨迹是一条由若干双曲线截线组合而成的、看起来像田螺背上的螺旋曲线）精准飞行，最终所进入的土星轨道非常接近原计划轨道。这么复杂的加速、飞行路线，就取决于开始发射的那一瞬间，发射的方向和力量都要计算得准确无误，而且向金星、地球、木星借力的时间、位置都要一次性计算完成，科学家的精准计算真是令人感慨！当然，还要感谢人类的一份幸运，因为太空中随便哪个突如其来的小石块都可能把"卡西尼号"撞得粉碎。

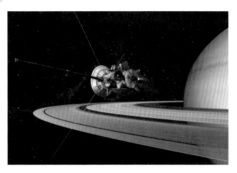

图 2.63　"卡西尼号"土星探测器效果图

2004 年 3 月 2 日, ESA 发射了无人太空船——"罗塞塔号"(Rosetta)(图 2.64)彗星探测器,用于对代号为"67P"的楚留莫夫-格拉希门克彗星进行探测。"罗塞塔号"由"罗塞塔"探测器及"菲莱"登陆器两部分组成。2007 年 2 月,从火星上空"擦肩"而过,成功借助火星引力改道;2011 年 6 月,"罗塞塔号"受控进入休眠状态,以节省电力完成最后阶段的"冲刺";2014 年 1 月,"罗塞塔号"经过长达 31 个月的"深度睡眠"后"苏醒",继续赶往目标彗星;2014 年 8 月,"罗塞塔号"经过 10 年多时间、60 多亿 km 的"长途跋涉",终于与目标彗星接轨,成为人类历史上首个进入彗星轨道的航天器;2014 年 11 月,由"罗塞塔"探测器释放的"菲莱"着陆器成功登陆彗星,实现了人类航天史上首次彗星软着陆,且"菲莱"着陆后完成了一些试验,并传回彗星表面和浅层物质的分析数据;2016 年 9 月,"罗塞塔"探测器撞向彗星,与地面失去联系,正式结束了长达 12 年的"追星"之旅。彗星是太阳系形成时留存至今的碎片,因此那里保存着 45 亿年前原始太阳系的信息,这次探测有助于解开太阳系的起源之谜,同时回答地球上的水及构成生命的有机物质是否来自于彗星的问题。

图 2.64　"罗塞塔号"彗星探测器效果图

2005 年 1 月 12 日,美国成功发射了"深度撞击"(Deep Impact)彗星探测器,顾名思义,飞船的设计目的便是要直接撞击彗星。这是人类历史上第一个彗星撞击器,整体上由撞击器和母船组成,前者的任务就是撞击彗星,后者的任务就是在撞击器撞击彗星的过程中"拍摄记录现场",旨在通过撞击方式挖掘彗核深部物质并进行观察分析。2005 年 7 月 3 日,撞击器与母船分离,奔向"坦普尔-1 号"(Tempel-1)彗星,这是一颗距离地球 1.4 亿 km 外、直径不到 5 km 的彗星。次日,撞击器以 25°倾角、10 km/s 的速度撞击了彗核表面。在此过程中,撞击器一直在传回图像(图 2.65)。2011 年,当"星尘号"探测器再次飞过"坦普尔-1 号"彗星时,才最终确认了 6 年前这次撞击产生的直径大约为 150 m、深大约为 30 m 大小的撞击坑。值得一提的是,"深度撞击"之所以能够成功实施这次撞击,与航天科技人员对"坦普尔-1 号"彗星及探测器的精确测控是分不开的。探测器出发前,科技人员已经精确计算出探测器和彗星的运行轨道,控制探测器按既定轨道飞行,并及时发出指令修正轨道,最后准确地在预定轨道位置释放撞击器。此次探测壮举大大加深了人类对于彗星内部成分和结构的认识,由于彗星是太阳系诞生之初形成的古老天体,对彗星开展的考察对于了解地球水的来源以及太阳系早期历史具有重要意义。

图 2.65 "深度撞击"彗星探测器撞击彗星效果图

2006 年 1 月 19 日,美国发射了采用核动力技术探索冥王星和柯伊伯带小行星群的"新视野号"(New Horizons,又称"新地平线号")深空探测器(图 2.66)。这是 NASA 实施"新疆界计划"中的首个探测项目,也是其探测生涯中最高光的时刻,实现了人类史上首次对冥王星近距离飞掠探测,彻底改变了人类对冥王星的认识。2015 年 7 月,"新视野号"成功飞掠冥王星,向地球发回了这颗矮行星的首张近距离图像,成为第 5 个飞跃太阳系的探测器,标志着人类行星际观测第一阶段任务的完成;2018 年 12 月底,"新视野号"成功抵达它的最后一个目标——由彗星和其他宇宙碎片构成的中间环带柯伊伯带小行星群,对两个直径至少为 40~90 km 的柯伊伯带天体展开探测,这一阶段可能会持续 5~10 年,这是人类目前能够探测到的最远天体,也是网友投票选出的"天涯海角",不过,要将"天涯海角"的全部科学数据传回地球需要近 2 年的时间,柯伊伯带天体是太阳系各大行星形成后的残渣,这些"迟到"的数据必将有助于理解太阳系和地球生命的起源。此次探测为人类半个世纪以来的深空探测画上了浓墨重彩的一笔。"新视野号"目前状态良好,还在向柯伊伯带深处疾驰,继续对沿途天体进行观测,任务团队正在使用巨型望远镜为它选定下一个飞掠的柯伊伯带天体。对于遥远的未来,"新视野号"的核电池能够保证其运行到 21 世纪 30 年代末。它最终将像"旅行者号"那样到达恒星际空间,成为人类历史上第 5 颗获得太阳系逃逸速度的空间探测器。

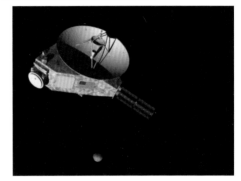

图 2.66　"新视野号"深空探测器效果图

2011 年 8 月 5 日,美国发射了"朱诺号"(Juno)木星探测器(图 2.67)。这是 NASA 实施的第二个探测项目,NASA 下属的 JPL 负责整个探测任务的运行。2016 年 1 月,"朱诺号"打破依靠太阳能提供能源的探测器最远航行纪录,当时它距离太阳约 7.93 亿 km(超过了由 ESA 发射的"罗塞塔号"彗星探测器于 2012 年 10 月创造的 7.91 亿 km 距离),相比较地球到太阳的距离只有约 1.5 亿 km。2016 年 7 月,"朱诺号"历经近 5 年的长途旅行成功进入木星轨道,这是自 2003 年"伽利略号"结束木星探测任务以后,13 年来首颗绕木星工作的探测器。"朱诺号"在木星的巨大引力下创造了速度达 73.6 km/s 的最高纪录,如今这一纪录被后面要介绍的"帕克号"太阳探测器打破。2021 年 6 月 7 日,"朱诺号"探测器对木卫三[又名盖尼米德(Ganymede)]进行了近距离飞掠,并拍摄照片传回地球。木卫三是木星众多卫星中最大的一颗,也是太阳系中最大的卫星,其半径比水星还要大一些。此次近距离飞掠木卫三,将有助于天文学家进一步了解木卫三的组成、电离层、磁层、冰冻外层以及辐射环境等,为后续美国的"欧罗巴快帆"(Europa Clipper)和 ESA 的"木星水卫星探索者"

（JUICE）等木星系统探测任务提供重要参考信息。

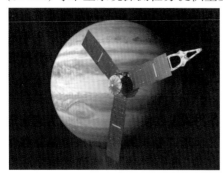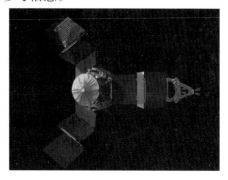

图 2.67　"朱诺号"木星探测器效果图

2014 年 12 月 3 日，日本发射了"隼鸟 2 号"（Hayabusa 2）小行星探测器（图 2.68），这是继 2003 年成功发射国际首个小行星采样返回探测器"隼鸟 1 号"之后（2010 年返回地球），顺势进行的第二次小行星采样返回任务，本次探测的目标是一颗直径仅约 900 m 的近圆形小行星"龙宫"。经过 32 亿 km 的太空飞行后，"隼鸟 2 号"于 2018 年 6 月底抵达预定观测点，与目标小行星"龙宫"相距20 km。2018 年 9 月，"隼鸟 2 号"从"龙宫"表面约 60 m 高处成功释放 2 台小型漫游器——Minerva-Ⅱ 1 A 和 Minerva-Ⅱ 1 B，这对漫游器有别于传统轮式漫游器，通过跳跃方式实现小行星表面自主移动，这也是人类航天史上首次使用非常规机动方式实现在小行星表面的移动；2019 年 2 月，探测器着陆"龙宫"，收集"龙宫"表面样本；2019 年 4 月，"隼鸟 2 号"向"龙宫"表面发射一枚金属弹，并对激起的物质进行收集，计划带回地球进行分析；"隼鸟 2 号"已于 2019 年 11 月开始返回地球的旅程，渐渐离开"龙宫"，最终于 2020 年 12 月成功将 5.4 g"龙宫"样品带回地球，实现了人类第二次小行星采样返回。从日本近年来开展的小天体探测任务来看，日本希望借小行星探

图 2.68　"隼鸟 2 号"小行星探测器效果图

测所取得的世界领先水平研究成果,跻身世界深空探测领域先进行列。

2016 年 9 月 8 日,美国发射小行星探测器"欧西里斯号"(OSIRIS-Rex)(图 2.69),奔赴古老的小行星"贝努"(Bennu),其赤道直径约为 500 m,在太阳周围旋转速度约为 101 389 km/h。每隔 6 年当它穿过地球轨道时,人们能从地球上看到它。经过 16 亿 km 的太空飞行后,"欧西里斯号"于 2018 年 12 月 3 日抵近 Bennu 小行星,并于当月 31 日起,环绕其轨道运行,轨道高度仅 1.6 km,开创了人类探测器以最近距离环绕最小天体飞行的纪录。该探测器计划在轨道上运行 1 年时间,对这颗"太空岩石"进行考察,探究太阳系和生命的起源。2020 年 10 月 20 日,"欧西里斯号"成功对"贝努"进行了样品采集(采样过程大致是这样的:"欧西里斯号"探测器推进器点火,脱离原本的环绕"贝努"轨道,伸出触摸式采样装置铰接臂向"贝努"慢慢靠近,直到与"贝努"表面接触,停留约 6 s,期间射出一发压缩氮气,将"贝努"表面物质激起进入采样装置头部的储存室,然后离开);2021 年 5 月 11 日,"欧西里斯号"主发动机启动,开足马力持续点火 7 min,加速至 1 000 km/h,带着小行星样品飞离"贝努",踏上返航之旅;2023 年 9 月 24 日,返回舱抵达地球,降落在美国犹他州西部沙漠地区,任务前后耗时 7 年。此次任务从小行星"贝努"带回约 250 g 的小石子和尘埃,是人类历史上从小行星带回的最重样本。此外,样本返回舱与探测器在地球上空约 10 万 km 高度处分离后,探测器启动发动机偏离地球,再踏征程,朝着新的任务目标——"阿波菲斯"(Apophis)小行星飞行,计划于 2029 年进入"阿波菲斯"小行星(对地球存在潜在威胁)的轨道。该任务是 NASA 继"阿波罗"登月采集月岩样品和"星尘"探测器携带彗星样品成功返回地球后又一个深空领域的采样返回任务。

图 2.69　"欧西里斯号"小行星探测器效果图

2018 年 5 月 5 日,美国发射了"洞察号"(Insight)火星无人着陆探测器(图 2.70),执行人类首个探究火星"内心深处"奥秘的探测任务。"洞察号"于同年 11 月 26 日成功着陆火星,开启为期两年的探测火星地震及为火星"量体温"任务。着陆前,它以19 800 km/h的速度进入火星大气层顶部,并在三个支架落到火星表面之前,迅速降至 8 km/h,相当于人类慢跑的速度,这种急遽减速必须在约7 min时间内完成。2019 年 2 月 19 日起,根据"洞察号"提供的数据,NASA 开始在网上发布火星每日天气预报,提供火星气温、风速、气压等信息。科学家希望通过"洞察号"了解火星内核大小、成分和物理状态、地质构造,以及火星内部温度、地震活动等情况。2022 年 12 月 21 日,NASA 宣布,"洞察号"在对火星进行长达 4 年多的科学探测之后,由于太阳能电池能量耗尽,任务正式终结。

图 2.70 "洞察号"火星无人着陆探测器效果图

2018 年 8 月 12 日,美国发射的"帕克号"(Parker)太阳探测器(图 2.71)创下了人类探索太空的多个首次,开启了人类首次"触摸太阳"的"史诗级"旅行。这是一个以太阳风科学的先驱、芝加哥大学名誉教授、天文学家尤金·帕克命名的航天器,也是 NASA 第一次以当时还健在人物命名的航天器。它是第一个飞掠太阳外层大气日冕的人类航天器,仅仅位于太阳表面上方 9 个太阳半径处。2018 年 10 月 29 日,"帕克号"打破"阿波罗 2 号"于 1976 年创下的纪录,成为有史以来最接近太阳的人造物体;2019 年 9 月,"帕克号"第三次飞过轨道近日点;2020 年 1 月,"帕克号"完成第四次近日飞行,距离太阳约 1 867万 km;2024 年 12 月 26 日,"帕克号"以创纪录的最近距离飞掠太阳,并向地球传回信号,表明其状况良好,运行正常。另外,"帕克号"将创造人类航天器最快飞行速度,远超"新视野号"在这之前创下的飞行纪录。预计在接下来近 7 年的飞行时间里,"帕克号"将多次借助金星的引力,利用弹弓效应慢慢逼近太阳,对太阳进行 23 次飞掠。

2018 年 10 月 20 日,由 ESA 和 JAXA 联合实施的"贝皮科伦布号"(Bepi-Colombo)(图 2.72)探测器发射升空飞向水星,是以意大利帕多瓦大学的

图 2.71　"帕克号"太阳探测器飞行效果图

贝皮·科伦布教授的名字命名的水星探测器,预计经过 7 年左右飞行后于 2025 年 12 月进入水星轨道,旨在研究水星的物质组成、内部结构、大气层、磁层和演化历史,有望进一步揭示水星的神秘面纱。届时母船将分离为两艘独立的飞行器:ESA 负责研制的水星轨道器和 JAXA 负责研制的水星磁层轨道器,二者将分别进入不同高度的互补轨道,探究水星的起源与演变、水星内部结构和磁场特点等基本科学问题,该探测器是 ESA 首次、人类第 3 次向水星发射探测器,前两次分别是 NASA 于 1973 年发射的"水手 10 号"(Mariner 10)和 2004 年发射的"信使号"(Messenger)。纵观人类对水星的探测历史,可以看出人类对水星的关注度明显低于火星、月球、金星、木星等地外天体,其主要原因有:① 有的科学家认为水星探测科学价值不大;② 八大行星中水星最靠近太阳,探测难度较高;③ 水星上基本没有大气,着陆器无法通过空气阻力或降落伞实现减速降落。

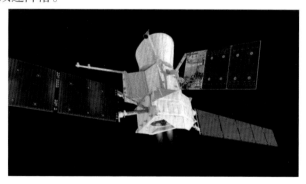

图 2.72　"贝皮科伦布号"探测器效果图

　　2020 年 2 月 10 日,ESA 首次发射了太阳抵近探测任务——"太阳轨道器"(Solar Orbiter)(图 2.73)。"太阳轨道器"最近将距离太阳仅 60 个太阳半径,即约 0.28AU(AU 为天文单位,约为地球与太阳的平均距离,是当前被接受的天文单位,1 AU=1.5 亿 km),比水星更接近太阳,它将首次获取太阳极区的图像,对太阳极区进行近距离观测,并对日球层和太阳风进行详细测量,从而揭示日球层的产生和变化,增进人们对太阳的认知,并帮助更好地了解和预测空间天气。同年 12 月 27 日,"太阳轨道器"进行了首次金星借力飞行。"太阳轨道器"将与 NASA 的"帕克号"太阳探测器在研究太阳方面紧密配合。

图 2.73 "太阳轨道器"效果图

2021 年 10 月 16 日,美国的"露西"(Lucy)小行星探测器(图 2.74)搭载 ULA 的"宇宙神 5 号"火箭一飞冲天,开启长达 12 年的漫长探索之旅,计划于 2025—2033 年间近距离探测 8 颗小行星(包括 1 颗主带小行星和 7 颗木星特洛伊小行星),寻找 45 亿年前太阳系形成之初的化石级天体,帮助科学家更好地了解太阳系的演化。

图 2.74 "露西"小行星探测器

2021 年 11 月 24 日,美国的"DART 撞击器"(双体小行星撞击任务)由 SpaceX"猎鹰 9 号"火箭发射,该任务是全球首次发射探测器撞击小行星,尝试改变小行星运行轨道,也是 NASA 行星防御计划的第一个空间任务,其验证目标是"迪蒂莫斯"(Didymos)双星系统,主星 Didymos 直径为 780 m,2.26 h 自转一次,次星 Dimorphos 直径为 160 m,11.9 h 绕主星公转一次,两星间距大于 1 km。2022 年 9 月 27 日,该撞击器以 2.3 万 km/h 的速度自杀式地撞向了双星系统中较小的一颗 Dimorphos,此时双星系统距离地球不到1 100 万 km,人类完全可以借助科学手段对此次撞击实施高质量观测,这是人类有史以来第一次试图改变天体运行轨迹的尝试。此次小行星撞击过程被"DART 撞击器"搭载的一台"天龙"(DRACO)相机和一颗伴飞立方星(LICIACube)记录并实时传回地球。这次撞击使 Dimorphos 的轨道周期缩短了 4%,即 32 min。NASA 最初希望"DART 撞击器"将其轨道周期改变73 s,这一结果大大超出了预期。NASA 局长于当年 10 月公开表示,"这是行星防御的分水岭,也是人类的分水岭。"该任务示意图如图 2.75 所示。

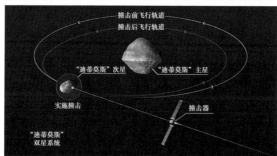

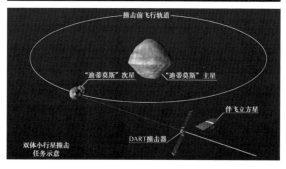

图 2.75　"DART 撞击器"任务示意图

2021 年 12 月 25 日,作为"哈勃望远镜"的"继任者",由 NASA、ESA 和 CSA 联合研发的"詹姆斯·韦布空间望远镜"(James Webb space telescope, JWST,以下简称"韦布望远镜")在法属圭亚那欧洲航天发射中心搭乘"Ariane-5"火箭升空,开启奔赴日地拉格朗日 L_2 点的旅程。"韦布望远镜"(图 2.76)可谓金光闪闪,价值高达 100 亿美元,主镜直径为 6.4 m("哈勃望远镜"直径仅为 2 m,直径越大,分辨率越高),由 18 片六边形子镜组成,配有 5 层可展开遮阳板。2022 年 1 月 8 日,主镜展开,顺利完成全系统展开就位,同年 1 月 24 日,"韦布望远镜"成功抵达距离地球约 150 万 km 的日地拉格朗日 L_2 点。之后,便陆续向地球传回一批宝贵的、有价值的科学图像。如今,"韦布望远镜"在遥远的深空轨道以前所未有的分辨率和灵敏度观察宇宙更深处,成为人类探索宇宙最强大的观天利器。

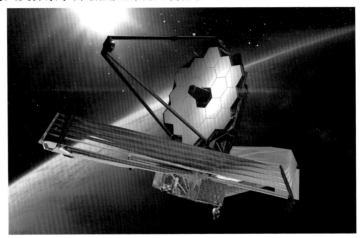

图 2.76 "韦布望远镜"效果图

2023 年 4 月 14 日,ESA 的"木星冰卫星探索者"(JUICE,图 2.77)搭乘"Ariane-5"火箭发射升空。该任务将对木星及其 3 颗冰卫星——木卫二、木卫三和木卫四进行探测,以揭秘冰卫星的宜居性,探测木星系统的复杂环境。探测器预计于 2031 年 7 月飞抵木星,并环绕木星飞行。在此期间完成对冰卫星的多次飞越,最终于 2035 年撞击木卫三表面。

2023 年 7 月 1 日,ESA 的空间天文望远镜"欧几里得"(Euclid,图 2.78)搭乘"猎鹰 9 号"发射升空,为暗物质和暗能量研究提供支持。"欧几里得"位于日地拉格朗日 L_2 点的李萨如轨道,在接下来的 6 年里,预计将对数十亿个星系开展观测,对大约 1/3 的深空进行成像,构建有史以来最详细的宇宙三维图,为研究人员提供一个前所未有的了解宇宙大尺度结构的窗口。

图 2.77　"木星冰卫星探索者"效果图

图 2.78　"欧几里得"望远镜效果图

　　2023 年 10 月 13 日,美国的"普绪克"(Psyche)灵神星探测器(图 2.79)搭载 SpaceX"猎鹰重型"火箭从肯尼迪航天中心升空,开启了万众瞩目的"黄金星球"——灵神星探索之旅,计划执行至少为期 8 年的探测任务。这颗"黄金星球"灵神星不一般,位于火星和木星轨道之间的小行星带,是一颗几乎完全由铁、镍、金、银等金属元素构成的小行星,富含各种稀有金属矿藏,被估值高达 700 亿亿美元,堪称太阳系中最富有的天体之一,以及最有价值的金矿之一。该探测器预计飞行 36 亿 km 后于 2029 年左右抵达灵神星轨道,然后于2029—2031 年间环绕灵神星飞行,开展为期 26 个月的科学探测和研究。

　　2024 年 10 月 7 日,ESA 的"赫拉"(Hera)探测器(图 2.80)搭乘 SpaceX"猎鹰 9 号"火箭升空。该任务是美国于 2021 年执行的"DART 撞击器"任务

图 2.79 "普绪克"灵神星探测器

的延续,旨在通过飞抵"迪蒂莫斯"双星系统,研究其物理特征,并对"DART撞击器"的撞击效果开展评估,以期为人类的行星防御任务提供有价值的科学数据。"赫拉"将携带 1 个主探测器和 2 颗立方星,计划于 2026 年底到达"迪蒂莫斯"双星系统。

2024 年 10 月 14 日,美国的木卫二探测器"欧罗巴快帆"(Europa Clipper)(图 2.81)搭乘 SpaceX"猎鹰重型"火箭顺利升空,开始为期近 6 年的星际航行任务。该探测器重 5.7 t,在太阳能电池阵全部展开后长达 30.5 m,比一个标准篮球场还大,也是 NASA 迄今的行星任务研制的最大探测器,预计将于 2030 年 4 月 11 日抵达环木运行轨道,随后用大约 4 年时间对木卫二(欧罗巴)进行约 50 次近距离飞越,旨在确定木卫二是否存在宜居的可能。它将携带相机和光谱仪,以生成木卫二表面的高分辨率图像、绘制表面和大气组成图、测量冰壳组成和厚度、寻找表面下水体并测量表面下海洋深度和碱值。

中国的深空探测任务也在如火如荼开展中。月球探测工程取得数战数捷的辉煌成就;行星探测工程"天问"系列中的"天问一号"率先到达火星,通过一次发射便实现对火星环绕、着陆、巡视三大工程目标。相关情况详见本书第 3 章。

为便于读者查阅比对,将上述有代表性的深空探测器总结为表 2.5。

图 2.80　"赫拉"探测器 2 效果图

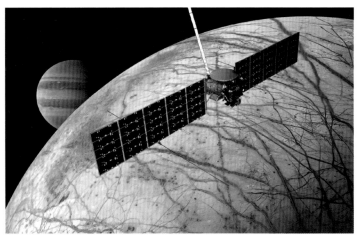

图 2.81　"欧罗巴快帆"效果图

表 2.5　世界各国代表性深空探测器总结表

探测器名称	发射日期	国家/机构	探测任务	状态	备注
旅行者 1 号（Voyager 1）	1977 年 9 月 5 日	美国	外层星系空间探测器	运行中	探索了木星、土星，飞掠了天王星、海王星，离开太阳系，进入恒星际空间
旅行者 2 号（Voyager 2）	1977 年 8 月 20 日				
麦哲伦号（Magellan）	1989 年 5 月 5 日		金星探测器	已损毁	工作 5 年，进入金星大气后烧毁；首次利用行星际探测器进行这种破坏性试验
伽利略号（Galileo）	1989 年 8 月 18 日	美国、德国	木星探测器		工作 14 年，受控坠毁于木星大气，人类首次控制探测器在地外天体上坠毁；第一个拍到木星卫星欧罗巴上有海洋的探测器
卡西尼号（Cassini）	1997 年 10 月 15 日	美国、欧空局等 17 个国家和机构	土星探测器	结束使命	工作 20 年，受控焚毁于土星大气层；人类太空间时代以来最大型国际合作项目；迄今最复杂的行星际探测计划；自身携带土卫六探测器"惠更斯号"
罗塞塔号（Rosetta）	2004 年 3 月 2 日	欧空局	彗星探测器		工作 12 年；人类历史上首个进入彗星轨道的探测器；人类航天史上首次实现彗星软着陆
深度撞击（Deep Impact）	2005 年 1 月 12 日		彗星探测器	运行中	人类历史上第一艘彗星撞击器；发射后半年，撞击彗核表面
新视野号（New Horizons）	2006 年 1 月 19 日	美国	深空探测器	放弃拯救	已抵达柯伊伯带小行星群，这是目前人类能够探测到的最远天体
朱诺号（Juno）	2011 年 8 月 5 日		木星探测器		打破依靠太阳能供能源的探测器最远航行纪录；继"伽利略号"结束使命 13 年来首颗绕木星飞行的探测器

名称	日期	国家	探测器类型	状态	备注
隼鸟 2 号（Hayabusa 2）	2014 年 12 月 3 日	日本	小行星"龙宫"探测器	结束使命	探测器成功释放 2 台漫游器到"龙宫"表面
欧西里斯号（OSIRIS-Rex）	2016 年 9 月 8 日		小行星探测器	运行中	开创了人类探测器以最近距离 1.6 km 环绕最小天体记录
洞察号（Insight）	2018 年 5 月 5 日	美国	火星探测器	结束使命	人类首个探究火星"内心深处"奥妙的探测任务
帕克号（Parker）	2018 年 8 月 12 日		太阳探测器		开启人类首次"触摸太阳"的旅行;首个飞掠太阳外层大气日冕的人类航天器;有史以来最接近太阳的人造物体;迄今最"热"的大空探测任务;创造了人类航天器最快飞行速度 109 km/s
贝皮科伦布（Bepi Colombo）	2018 年 10 月 20 日	欧空局/日本	水星探测器		预计 2025 年底进入水星轨道;ESA 首次,人类第 3 次探测水星
嫦娥四号（CE-4）	2018 年 12 月 8 日	中国	月球探测器	运行中	人类首个月球背面软着陆的探测器
天问一号（Tianwen-1）	2020 年 7 月 23 日	中国	火星探测器		通过一次发射实现"绕,落,巡"三大工程目标,已成功环绕火星飞行
毅力号（Perseverance）	2020 年 7 月 30 日	美国	火星探测器		已成功着陆火星杰泽罗陨石坑
嫦娥五号（CE-5）	2020 年 11 月 24 日	中国	月球探测器		是我国航天领域迄今最复杂,难度最大任务之一,是继 1976 年苏联的月球 24 号之后,人类时隔 44 年进行的再次月面采样返回任务

此外,除了上面列出的各国具有代表性的深空探测项目,未来一段时间内的部分深空探测计划有:① 日本和德国合作的"命运+"(Destiny+)探测器任务,计划于 2024 年发射(该任务已推迟),2028 年前后抵达一颗可能对地球构成威胁的近地小行星 Phaethon 附近,对其周边尘埃的成分进行分析,并观察尘埃的速度和方向等;② 印度将"舒克拉安"(Shukrayaan)金星探测任务推迟至 2028 年发射,该任务将重点研究金星地表、地下、大气化学,以及与太阳辐射或太阳风的相互作用。③ 苏联早在 1970 年 12 月便通过"金星-7"(Venera-7)探测器成功实现了金星表面的软着陆。鉴于其开展金星探测的领先地位,现今俄罗斯又提出了"金星-D"(Venera-D)探测计划,拟于 2026 年和美国合作实施该任务。④ NASA 宣布将向金星发射两颗探测器,"达芬奇+"(DAVINCI+)和"维塔斯"(VERITAS)。每个任务拨款约 5 亿美元,预计在 2028—2030 年间发射。NASA 自 1989 年 5 月 4 日发射"麦哲伦号"金星探测器以来,已有 30 多年没向金星发过探测器了。"达芬奇+"将分析金星的大气层,测量金星大气层的组成,来了解它是如何形成和演化,并确定金星曾经是否有过海洋。"维塔斯"将绘制金星表面,以确定金星的地质史,并了解它的演化为何和地球如此不同。另外,"维塔斯"还将绘制金星表面的红外辐射图,以确定其岩石类型,并确定金星的活火山是否向大气中排放水蒸气。

2.4 世界航天展望

立足当下,展望未来,世界航天发展态势主要体现在以下几个方面。

1. 世界主要航天国家稳步推进运载火箭研制进程。可重复使用运载火箭和重型运载火箭的研制将成为一个国家航天发展水平和实力的重要标志之一

一方面,各国的新一代大中型一次性使用运载火箭技术已基本成熟或正加紧研究,而对于可重复使用运载火箭技术,当前除中美之外的主要航天国家都尚未实现突破。可重复使用运载火箭是航天运输系统发展的重要方向之一,是未来实现快速、可靠、廉价进出空间的重要工具,美国、俄罗斯、中国、欧盟、日本、印度等国家和组织均大力研发各自的重复使用运载火箭。SpaceX公司的"猎鹰"系列连续成功案例表明,运载火箭重复使用技术日趋成熟,火箭可靠性及相对低廉的发射成本也日益得到广泛的认可。

另一方面,人类逐步突破近地轨道载人航天技术,正在向载人深空探测发展,在这一发展进程中,用于载人深空探测的火箭运载能力需求随之加大,对火箭综合使用性能的要求日益提升,比如更高冗余水平、更高入轨精度、快速测试发射等。势必要求火箭逐渐向重型化、超重型化发展,并朝着实现更加可靠、更高精度、更为廉价的载人月球/火星探索的目标迈进,如美国针对重返月球的"阿尔忒弥斯"计划研发了"太空发射系统",SpaceX 公司针对"星舰"计划正在研发"超重助推器+星舰飞船"的两级可完全重复使用的运载器,中国为实现载人登月、载人登陆火星等载人深空探测任务正在研发"长征九号"重型运载火箭和"长征十号"新一代载人火箭。

2. 世界主要航天国家纷纷将发展载人航天作为国家重要战略,新一代可重复使用载人飞船的研制水平是决定载人航天发展的关键所在

展望未来,各主要航天大国仍将载人航天作为国家重要战略并持续投入大量资源,近地轨道载人航天技术发展日趋成熟,各国围绕现役的"国际空间站"开展全面应用,或者通过建设本国的空间站推动载人航天的发展,比如中国于 2022 年顺利完成"天宫"空间站的建造,接下来转入为期 10 年以上的应用与发展阶段。同时,各国持续推进近地轨道以远的月球、火星、小行星等地外天体的探测。美国以保持和巩固全球领航地位为目标,锁定月球,发展地月空间,并以火星为长远目标,不断开展新系统、新技术的研发。同时积极探索商业化运营模式,将初步成熟的近地轨道载人航天活动推向市场,积极调动商业力量服务载人航天事业发展;俄罗斯为重新建立载人航天的优势地位,明确载人航天长远发展思路和重点,包括继续运营国际空间站,研制新一代载人飞船,计划实施载人登月项目,并提出国际月球轨道站的构想;印度于 2020 年初提出了本国首个名为"加甘扬"的载人航天飞行任务,2023 年 10 月 21 日,成功发射了一艘不载人飞船,飞船到达预定位置后,乘员舱成功与火箭分离并落入孟加拉湾;下一步,印度计划于 2025 年执行首次载人飞行任务,力争使其早日成为世界上第四个自主掌握载人航天技术的国家;并于 2035 年建成太空站,2040 年前实现首次载人登月。欧洲和日本也通过国际合作发展本国载人航天事业。

发展载人航天事业,离不开载人飞船,现役载人飞船主要有俄罗斯的"联盟号"飞船、中国的"神舟号"飞船和美国的"载人龙"飞船。未来一段时期全新的飞船将会陆续登场,主要有美国的"猎户座"(Orion)、"星际客船"(Starliner)和"追梦者号"(Dream Chaser)航天飞机、"星舰"(Starship)飞船及俄罗斯的"雄鹰号"(Orel)飞船。中国也即将采用新一代载人飞船替代现役"神舟号"飞船。新一代载人飞船的总体设计理念有了重大转变,以空间站和载人登月等任务为核心,覆盖近地轨道和载人深空往返运输任务的需求,并采用可重复使用设计理念,在扩大任务覆盖范围的同时降低航天运输成本。未来,可重复使用飞船将是衡量新一代载人飞船综合性能的重要指标,而且重复

使用次数越多,成本越低。

3. 世界主要航天国家将更加重视深空探测的发展,不断拓展深空探测的广度和深度,不断加强深空探测的国际合作

深空探测承载着人类发展航天技术、探索宇宙奥秘、开发空间资源、探寻地外生命、寻找第二家园的重任,已然成为各主要航天国家关注的热点。纵观人类半个多世纪的深空探测发展史,尽管 20 世纪 90 年代中期以来的深空探测活动没有 60—70 年代密集,但任务类型更加复杂,科学探测回报率显著提高,显得更为理智和意义深远。可以预见,未来相当长一段时期内,美国、中国、俄罗斯、欧洲、日本、印度等国家和地区将重点围绕月球、火星和小行星等开展探测,包括月球科研站建设、火星和小行星采样返回任务,以及载人登月登火任务等,在完成科学探测的同时还可能扩展人类的地外生存空间。当前,人类开展最多的是月球探测,是众多国家开展深空探测的首选目标,诸多国家均成功发射过月球探测器。对于火星探测,尽管只有少数国家成效显著,但火星依然由于可能存在生命体而成为人类载人行星登陆的首要选择,是各国深空探测的下一个制高点,其深远的意义或将超越"阿波罗"登月计划。

此外,深空探测国际合作态势将进一步加强。众所周知,深空探测技术门槛高、资金投入大,同时又是关乎全人类的事,故多国合作、大力协同将是大势所趋。探测月球,美国主导月球轨道空间站建设,俄罗斯、日本、欧洲、加拿大等多方参与,此外,美国于 2020 年公布了《阿尔忒弥斯协定》,截至 2024 年 6 月,已有 43 个国家签署该协议;探测火星,俄罗斯、ESA 携手开展"ExoMars"任务寻找火星生命体;美国、ESA 合作探索火星取样返回;探测水星,欧洲一些国家、日本联合研制的"贝皮科伦布"已顺利启航;中、俄两国一直致力于在空间技术、空间科学、空间应用领域开展合作,先后签署了《中华人民共和国国家航天局与俄罗斯联邦国家航天集团公司关于协同实施"嫦娥七号"月球极区探测任务和"月球–资源–1"轨道器任务合作协定》《中华人民共和国国家航天局与俄罗斯联邦国家航天集团公司关于建立联合月球与深空探测数据中心的合作协定》等协定,以及《中华人民共和国政府和俄罗斯联邦政府关于合作建设国际月球科研站的谅解备忘录》,以期积极推动月球及深空探测领域的合作,推进全人类和平探索利用太空。……诚然,只有通过国际合作,才能高效开展更多样、更深入的深空探测任务。

4. 太空旅游业加快发展,多家商业航天公司积极参与太空旅游项目,成为世界载人航天发展的重要组成部分

随着航天技术不断发展成熟,商业航天迅猛发展,亚轨道、轨道飞行也从早期的试验性质逐步向商业性质发展。2021 年 7 月,英国维珍银河公司和美国蓝色起源公司分别利用"太空船二号"(英国著名物理学家霍金于 2016 年为其命名"VSS Unity")、"新谢泼德"飞行器成功完成首次载人亚轨道飞行；同年 9 月,美国公理空间公司通过 SpaceX 公司"载人龙"飞船成功开展首次无专业航天员参与的轨道旅游任务；同年 12 月,美国太空探险公司(Space Adventures)时隔 12 年再次利用"联盟号"飞船将两名太空游客送达"国际空间站"完成了为期 12 d 的太空旅行。

目前,轨道/亚轨道太空旅游价格仍较为高昂。除了价格外,优化服务和体验也是重要的竞争点。在激烈的竞争中,不断创新发展模式、优化服务已经成为重要的发展方向。随着"太空船二号"、"新谢泼德"飞行器、"载人龙"、"联盟号"飞船等多型系统投入常态化商业旅游服务并成为世界载人航天的重要组成部分,太空旅游业进入快速发展时期。太空旅游将为推动载人航天可持续发展、促进太空经济增长作出重要贡献。

2.5　本章小结

纵观人类航天发展史,先后掀起两次航天热潮,出现两个航天强国(美国和苏联/俄罗斯)。第一次热潮在 20 世纪 60—70 年代,即通常所称的美苏争霸时期(又称为太空竞赛时代),这一轮探测热潮的特点是:美苏采用激进方式展开包括登月和行星际探测的太空竞赛,创造了人类第一次探月热潮,成就了前所未有的科学探测成果。热潮退去时,美国取得全面胜利,而先期领先的苏联从此一蹶不振。第二次热潮从 20 世纪 90 年代中期至今(又称为多国并举时代),这一轮探测热潮的特点是:以月球为首要探测目标,以火星为热点行星开展探测,同时瞄准若干小天体目标。目前,美国全面领先,欧盟与日本稳步发展,中国正在崛起,印度、以色列等新兴国家陆续加入,而苏联的主要继承者俄罗斯至今仍未复兴。苏联领先又衰落,仅留给历史一个航天大国的背影,而美国则成功转型为航天强国,至今领航世界。

无疑,航天已成为当今世界最具挑战性和广泛带动性的高科技领域之一,航天活动深刻改变了人类对宇宙的认知,为人类社会进步提供了重要动力。当前,越来越多的国家,包括广大发展中国家也纷纷将发展航天事业作为重要战略选择,世界航天活动呈现出蓬勃发展的景象。航天事业发展方兴未艾,世界各国一方面竞相发展本国的航天事业,将自己的国力示于他人,亮剑太空；另一方面积极开展国际合作,和平利用外层空间,已经成为各国的共识。

✦ 航天名人轶事

康斯坦丁·齐奥尔科夫斯基（1857—1935）

8 岁那年，母亲送给他一只氢气球，这个能在空中自由飘动的小玩意引起了他的好奇和极大兴趣，在他幼小的心灵里激发了乘坐气球飞向神秘苍穹的幻想。他 9 岁时因患猩红热几乎丧失听觉，之后辍学，12 岁时母亲去世，14 岁以后主要靠自学读完中学和大学的数理课程。他在 1903 年发表的论文《利用喷气工具研究宇宙空间》中首次指出，利用气球、大炮炮弹都不可能飞出地球，并建议利用火箭飞出地球，论文推导出了被后人称为"齐奥尔科夫斯基公式"的火箭运动基本方程，推导出了第一宇宙速度，并给出了最理想的推进剂可能是液体燃料。他在 1919 年发表的论文《太空火箭列车》中给出了关于多级火箭的最早的研究结果。他一生写了 600 余篇科学论文与科学幻想作品，编著代表性科普科幻著作《宇宙的召唤》《在地球之外》。在他的论文和著作的影响下，一批火箭和航天爱好者走上了航天探索的道路，德国航天先驱奥伯特曾致信齐奥尔科夫斯基："您已经点燃了火炬，我们绝不会让它熄灭，让我们尽最大的努力，以实现人类最伟大的梦想。"他有一句名言至今流传在航天界，那就是"地球是人类的摇篮，但人类不可能永远被束缚在摇篮里"。后来，齐奥尔科夫斯基被誉为"俄罗斯航天之父"。

西奥多·冯·卡门（1881—1963）

1908 年的一天，冯·卡门目睹了法国飞行员又一次打破纪录的飞行。飞行结束后，他与飞行家之间有过一段精彩的对话，他问道："我是研究科学的。有一位伟大的科学家用他的定律证明了比空气重的东西是绝对飞不起来的，怎么……"飞行员幽默地回答："是那个研究苹果落地的人吗？幸好我没有读过他的书，不然，今天就不会得到这次飞行的奖金了。我只是个画家、赛车手，现在又成了飞行员。至于飞机为什么会飞起来，不关我的事，您作为教授，应该研究它。祝您成功，再见！"在回家的路上，冯·卡门曾说："看来伟人的话也不一定都对。现在我终于决定我今后的一生该研究什么了。我要不惜一切努力去研究风以及在风中飞行的全部奥秘。总有一天我会讲清楚飞机为什么能上天的道理的。"正是这次参观把他引上了毕生从事航空航天气动力学研究的道路。后来，冯·卡门在其辉煌的职业生涯中为航空航天技术、空气动力学和提高飞机性能作出了重大贡献,培养了包括钱学森、郭永怀等中国科学家在内的诸多学术大师。

冯·布劳恩(1912—1977)

年幼时,母亲送给他的一架望远镜激发了他对宇宙空间的兴趣和好奇心,开启了一个大科学家的成长历程。11 岁时,他用从焰火商那里买的特大烟花和一辆滑车制造了一辆"火箭车",点火后,烟花产生的推力让火箭车失控了,被警察抓住,释放之后由于痴迷制造火箭而疏于学业,只想在父亲的车库里摆弄机械,直到 13 岁读了赫尔曼·奥伯特的著作后,一切发生了改变,这本书给了他奔向太空的憧憬,甚至给出了详细的解决方案。但是,年幼的他又怎能看懂里面复杂的公式呢。为了能够实现书中提到的造火箭方法,布劳恩开始刻苦学习数学和物理,很快就变成一个见到老师就不停追问的学生。18 岁的布劳恩经过朋友引荐终于见到奥伯特博士,并这样介绍自己:"我热爱火箭,但是我除了充足的业余时间和一腔热情之外,几乎什么都不会。"奥伯特只回应了一句话:"你马上就来我们这里吧!"就这样布劳恩 18 岁进入柏林工业大学,22 岁时获物理学博士学位,且其论述液体火箭发动机理论和实验的博士论文被柏林洪堡大学评为最高等级,这对航天事业的发展具有重大意义,从而为他的学生时代画上一个圆满的句号。在其工作生涯中,领导设计了著名的"V-2"火箭、"红石"导弹、"丘比特"火箭及"土星 5 号"重型火箭等。57 岁时,他在肯尼迪航天中心发射控制室下令,"倒计时开始",3 天后,由"土星 5 号"发射的"阿波罗 11 号"飞船成功登月,实现了人类历史上首次把航天员送上月球的愿望,他也因此成为美国家喻户晓的英雄。

罗伯特·戈达德(1882—1945)

童年时代,戈达德体弱多病,没法坚持上学,所以学习成绩不太好,留过级,并且尤其讨厌他日后片刻不离的数学。17 岁时在自家树下看科幻小说《星际大战:火星人入侵地球》,他仰望天空突然想,要是人类能够做个飞行器飞向火星那该多好。他把这个立志研究火箭的梦想作为自己人生奋斗目标,他相信自己一定能够成功。他说:"我明白我必须做的第一件事就是读好书,尤其是数学。即使我讨厌数学,我也必须攻下它!"后来他仅用 1 年时间便获得了博士学位,并成为普林斯顿大学的研究员。当他还是一位本科生时,就曾在一篇论文中提出了一种保持飞机飞行平衡的方法,后来他在日记中写道,他

相信该论文是人类历史上首次提出让飞行中的航空器自动保持稳定的方法。工作后,他的专著《达到极端高度的方法》开创了航天飞行和人类飞向其他行星的时代,被认为是 20 世纪火箭科学的经典著作之一。1926 年,戈达德成功研制了世界首枚液体火箭,发射地点后来也成为美国政府官方指定的国家历史地标。戈达德也因此被公认为"现代火箭技术之父"。冯·布劳恩曾这样评价戈达德的工作:"在火箭发展史上,戈达德博士是无所匹敌的,在液体火箭的设计、建造和发射上,他走在了每一个人的前面,而正是液体火箭铺平了探索空间的道路。"

赫尔曼·奥伯特(1894—1989)

11 岁时,母亲把凡尔纳的两本科幻小说《从地球到月球》和《环游月球》送给奥伯特当作生日礼物,没想到奥伯特竟被书中描述的火箭发射过程和计算轨道的方法所深深吸引,从此迷上了星际旅行。第二年,他就提出了想法:反作用推进的火箭提供了唯一一种实现太空飞行的方式,巨大的火箭一定会用于未来的宇宙飞船。14 岁时,他造出了第一支火箭模型,然而很少有孩子耐心听他讲解。28 岁时,当奥伯特提交到学术委员会的博士论文《飞往星际空间的火箭》被委员会以"过于脱离现实,充满了天马行空的想象"为由驳回时,他没有气馁,没有继续追究委员会的不理解,也没有想着去解释论文中的每一个公式,更没有按照委员会的要求重写论文。继弃医从工之后,他又做了一个重大决定:放弃申请博士学位,并由自己出资,将那篇被拒绝审阅的博士论文发表了!最终,贝什·鲍里亚大学给了奥伯特一个交代,他们给他授予了博士学位!在其辉煌的工作生涯中,奥伯特创立了空间火箭点火理论公式,阐述了火箭脱离地球引力的方法和速度,完整介绍了宇宙飞船及其发射飞行原理,出版了两部经典著作《飞往星际空间的火箭》和《通向航天之路》,被誉为德国火箭专家、欧洲火箭之父。

谢尔盖·帕夫洛维奇·科罗廖夫(1907—1966)

童年时代,"人类能够飞行"和"我要飞向蓝天"的想法深深铭刻在他的脑海。19 岁时就读莫斯科国立鲍曼技术大学,22 岁师从俄罗斯航天之父齐奥尔科夫斯基,参与组建火箭喷气推进研究小组,在那里相继出版了专著《火箭发动机》和《火箭飞行》,成功设计了苏联第一代火箭飞机。二战以后,开始利用"V-2"火箭的资料开展火箭和人造卫星研究。20 年时间主持创造了诸多人类航天纪录,将世界上第一颗人造卫星送入太空,成功发射第一艘卫星式飞船,世界上第一个月球探测器"月球 1 号"成功飞越月球,世界上第一个到达月面的探测器"月球 2 号",拍摄了第一批月球背面照片的"月球 3 号",把世界首位航天员加加林送入太空,领导创造了飞船轨道交会,女航天员太空飞行、多人飞行和太空行走等多项第一。到 1965 年底,他已领导发射成功 9 个月球探测器、4 个金星探测器和 2 个火星探测器,功勋赫赫。遗憾的是,次年初病逝,他的逝世,让苏联的太空计划一度陷入迷茫,进展缓慢,也使美国人在美苏争霸的后期迎头赶上。

尤里·加加林(1934—1968)

1961 年 4 月 12 日,加加林乘坐"东方一号"宇宙飞船在地球轨道上飞行一圈,历时 108 min,完成了世界上首次载人宇宙飞行,实现了自古以来人类飞天的梦想,开启了人类探索太空的新纪元。他驾驶的飞船也成为世界上第一个载人进入外层空间的航天器,为纪念这一壮举,联合国大会把每年的 4 月 12 日定为"载人空间飞行国际日"(又称"世界航天日"),并强调外层空间属于全人类,应确保外层空间的和平利用。一次在英国曼彻斯特访问时,赶上瓢泼大雨,加加林为了让欢送的人群都看他一眼,坚持不使用雨伞站在他的敞篷车内,他后来表示:"那些人为了欢送我都被雨淋湿了,我难道不该这样做吗?"1968 年他在一次例行训练飞行中,因飞机坠毁不幸遇难,年仅 34 岁。加加林死后,其骨灰被安葬在克里姆林宫墙壁龛里,其故乡被命名为加加林城,其训练的航天员中心也被命名为"加加林航天员训练中心"。他的名字和开拓精神永存,成为鼓舞人们进行太空探险的一面旗帜。

尼尔·奥尔登·阿姆斯特朗(1930—2012)

阿姆斯特朗在普渡大学毕业后,被安排到格伦研究中心做试飞员,7 年时间执飞 200 多个机型,飞行总时间长达 2 450 h。之后入选航天员,也是美国第一位平民航天员。1939 年 7 月 16 日,他同奥尔德林和柯林斯乘坐"阿波罗 11 号"飞船奔向月球。7 月 20 日,阿姆斯特朗操控登月舱着陆月面,他与搭档奥尔德林先后踏上月球,并说出了那句经典名言:"这是个人迈出的一小步,但却是人类迈出的一大步。"二人在月球上度过 21 h,21 日从月球起飞,24 日返回地球,后获总统颁发的总统自由勋章。执行"阿波罗 11 号"任务时,从月面回到登月舱后,舱门被关闭,舱内重新加压。在准备重新起飞时,阿姆斯特朗和奥尔德林发现他们不小心折断了一个断路器开关,如果无法修复,登月舱将无法点火,急中生智的奥尔德林使用一支圆珠笔顺利解决了连接问题,登月舱得以点火,带着两位航天员进入月球轨道,与指令舱成功对接。事后,奥尔德林一直保留着这支救了他们命的圆珠笔。2012 年,阿姆斯特朗因病逝世,其骨灰被撒入大西洋,时任美国总统奥巴马下令,全国将在首位成功登月的航天员阿姆斯特朗葬礼举行之日全天降半旗,向这位传奇人物致敬、寄托哀思。

钱学森(1911—2009)

少年时代的钱学森,受进步知识分子影响,认识到教育救国的重要性。18 岁就读于上海国立交通大学,23 岁时以学院第 1 名的成绩毕业。24 ~ 25 岁分别赴麻省理工学院、加州理工学院学习,先后获硕士和博士学位,师从世界著名大科学家冯·卡门,并成为其最得意的弟子,与导师共同提出著名的"卡门-钱学森"公式。25 岁时加入加州理工学院的"火箭俱乐部",成为 5 位创始人之一,这个俱乐部就是如今 NASA 旗下大名鼎鼎的喷气推进实验室(JPL)的前身。28 岁时成为世界知名空气动力学家,麻省理工学院聘任年仅 35 岁的钱学森为终身教授。20 世纪 40 年代,钱学森已成为航空航天领域内最为杰出的代表人物之一,当时在美国拥有最高级别的安全通行证,可以自由出入五角大楼。新中国成立后,钱学森放弃国外丰厚待遇,克服重重困难毅然回到祖国怀抱。作为中国航天事业奠基人,为火箭导弹技术、航天技术和系统工程理论作出了重大开拓性贡献,被誉为"中国航天之父"和"火箭之王"。摘录几句钱学森名言与读者共勉。"我的事业在中国,我的成就在中国,我的归宿在中国。为社会主义祖国的繁荣与昌盛而竭尽全力。""我没有时间考虑过去,我只考虑未来。""如果中国人民说我钱学森为国家为民族做了点事,那就是最高的奖赏。""我个人仅仅是沧海一粟,真正伟大的是党、人民和我们的国家。""我将尽我所能帮助中国人民建设一个幸福而有尊严的国度。"

孙家栋(1929—)

1951 年,毕业于哈尔滨工业大学的孙家栋被派往苏联茹柯夫斯基空军工程学院飞机发动机专业进行为期 7 年的学习。这个学院有一个传统:考试全部获得满分的同学,照片要挂在学校一进门的地方,一学期后如果能继续保持,便把照片往上挪,越往上人数越少,照片也越大。毕业时如果能在其上保留一张大照片,便可获得一枚印有斯大林头像的金质奖章。1958 年,孙家栋就带着这样一枚珍贵的奖章毅然回到了祖国。归国后,他先被安排去搞导弹研究。1960 年,由他参与研制的中国首枚近程导弹"东风号"成功发射,中国自此有了自己制造的导弹。1966 年,由他参与研制的中近程地地导弹"东风二号"携带原子弹从甘肃酒泉发射准确命中新疆罗布泊目标塔,使中国成为具有核打击能力的国家。1967 年,钱学森点将让 38 岁的孙家栋担任中国第一颗人造地球卫星"东方红一号"的技术总负责人。搞了 9 年导弹的孙家栋开始人生的"变轨"。"当时我们做事情根本不需要动员,国家需要,我就去做,并且要做好。"孙家栋说。1970 年 4 月 24 日,由他领导研制的"东方红一号"卫星发射成功使中国成为当时世界上第五个用自制火箭发射国产卫星的国家。之后的半个世纪里,又陆续主持研制了近 50 颗卫星,被誉为"中国卫星之父"。7 年学飞机、9 年造导弹、50 年放卫星的孙家栋,先后获得"两弹一星功勋奖章""国家最高科学技术奖"及"共和国勋章"等国家最高荣誉称号。不论是从导弹研制转为卫星研制,还是从技术岗位转为行政岗位,他始终坚持国家利益高于一切,看名利淡如水、视事业重如山。即使是耄耋之年的孙家栋,仍然为祖国的航天事业呕心沥血、奋斗不息,并且对我国航天事业的未来充满渴望和期待。谈到心中的航天梦,孙家栋坚定而自信:"让中国航天的触角能够伸向更加遥远的太空""航天强了,我们宇宙安全就更可靠了,地面的经济建设就更能得到更大的支持,更能很好实现国强民富,实现我们的中国梦。"

戚发轫(1933—)

1957 年,从北京航空航天大学毕业后,戚发轫被分配到国防部第五研究院工作,先后参与了"东风一号""东风二号"导弹及"长征一号"运载火箭研制工作。1968 年 2 月,专门负责卫星研制的中国空间技术研究院正式成立,他被当时负责卫星总体工作的孙家栋点将,与另外 17 人一起调入研究院,成为自行研制"东方红一号"的技术负责人之一,人们将他们称为"航天十八勇士"。之后他还先后主持了"东方红二号""东方红三号"等多种卫星的研制,带领团队圆满完成"神舟一号"至"神舟四号"无人飞行任务、"神舟五号"一人一天、"神舟六号"多人多天载人飞行任务,为中国空间实验室、空间站任务成功奠定了坚实基础。作为总设计师,他在解决卫星和飞船研制过程中的重大工程技术问题上发挥了指导和决策作用,作出了系统的、创造性的成就和贡献。他获得国际宇航联合会(IAF)"名人堂"奖、"全国科普先进工作者"、"全国五一劳动奖章"等荣誉称号,被聘为"中国航天公益形象大使"。

欧阳自远(1935—)

从童年时代开始,欧阳自远即对星空产生了浓厚兴趣,中学时,还参加了天文小组。虽然在报考大学时,他积极响应国家号召——"去唤醒沉睡的高山,让它们献出无尽的宝藏",报考了当时国家最需要的地质学专业,但对航天的痴迷并没有就此消退,而且,让他的一生与地下和天上的矿石结下了不解之缘。在读研究生期间,苏联和美国接连发射人造卫星,让一直埋头找矿的他,开始仰望星空。他说:"人家发射卫星,我搞地质,我就像一只小蚂蚁在地球上爬来爬去找矿,人家有卫星,绕着地球转几圈一下就搞清楚了。"他坚信,中国的未来也一定会走向宇宙空间。1976 年,中国吉林陨石雨降落,引发世界震惊,它是世界上最大的一场陨石雨,最大的 一块重 1 770 kg,是世界上的"石陨石王"。当时,欧阳自远带队研究,在不到一年的时间里发表了 100 多篇文章,并写出了中国天体化学领域的开山之作——《天体化学》,这些成果成为世界研究陨石的典范。此外,作为中国探月工程首席科学家,曾成功推动第一颗月球探测卫星"嫦娥一号"发射升空,指导月球探测的近期目标与长远规划,被誉为"嫦娥之父"。

欧阳自远每年都要在全国巡回讲演十余场科普报告,其中有不少中学和小学请他去做讲座,他也欣然前往,他说:"青少年是很重要的一个时期,培养他们对科学的兴趣就是在这个时候,我很希望能成为他们的领路人。"

龙乐豪(1938—)

1963 年,从上海交通大学毕业后,龙乐豪参与中国远程导弹总体方案设计,提出了末速度修正方案,提高了导弹命中精度。之后,陆续主持了中国第一枚液氢液氧火箭、"长征三号甲"(又称"长征三号 A")及其发展型火箭的总体方案论证工作,随后担任中国探月工程副总设计师。20 世纪 80 年代初,把卫星送入 36 000 km 轨道高度的技术一直被西方航天大国垄断着。龙乐豪带领团队历尽曲折,让中国成为世界上第四个掌握这项技术的国家,由此,中国航天才有了发射通信卫星、导航卫星和月球探测器的能力。如今,已经耄耋之年的火箭系列总设计师龙乐豪依旧奋斗在运载火箭研制的战线上。火箭研制之路并非一帆风顺,1996 年 2 月 15 日,"长征三号乙"(又称"长征三号 B")运载火箭点火起飞,这是当时中国航天运载能力最大的火箭,任务是发射一颗国际卫星。这次发射被世界各国报道,这在国际上是没有先例的。但火箭在点火起飞后约 2 s,飞行姿态出现异常,火箭低头并偏离发射轨道向右倾斜。飞行约 22 s,火箭头部向下撞到了离发射架不到 2 km 的山坡上,随即发生剧烈爆炸,星箭俱毁。那次失败是龙乐豪刻骨铭心的痛,也让这位总设计师"一夜白头"。他说:"那时才真正知道什么叫痛苦。说实话,我没想到失败得这么惨。"后来故障原因查明,是一个电子元件失效。顶着舆论的压力,龙乐豪带领团队不断推理,反复试验,全面审查了火箭总体技术方案,再次认定正确无疑,并在此基础上,围绕设计、生产、产品质量控制、研制管理等工作进行了全面的复查,完成了百余项试验,提出数百条改进措施,从而确保了后续飞行试验皆获成功。他的研究成果不仅为中国高轨卫星应用和深空探测事业发展奠定了基础,也为推动中国航天走向世界作出了重要贡献。他获得"全国优秀科技工作者"、国际宇航联合会"名人堂"、"科普中国十大科普人物"等荣誉称号。耄耋之年的龙乐豪还有很多未竟的愿望:载人登月、建空间太阳能电站……他依旧充满激情,朝着梦想努力。

栾恩杰(1940—)

1965 年和 1968 年,栾恩杰分别在哈尔滨工业大学和清华大学获得学士和硕士学位。之后陆续参与组织、主持了首型潜地和陆基机动中程战略导弹研制,提出战略导弹型谱化、系列化发展思路。此外,主持首次月球探测工程,提出深空探测"探、登、驻"和"绕、落、回"的技术发展路线,开辟了深空探测新领域并取得了一系列开拓性和创新性成果。作为航天工程管理专家以及深空探测工程主要开拓者之一,他为航天发展培养了大批技术骨干和优秀管理人才。他先后获得"何梁何利基金科学与技术进步奖""航空航天月桂奖"(终身奉献奖)等。他曾说:"在我当航天局局长的时候,赶上中国航天创造的很多第一。我感到,没有哪一项事业,能像航天这样表现高科技的实力和综合科技的发展;没有哪一项事业,它的成功能如此凝聚全民族的力量,振奋全民族的精神。"

2004 年 1 月,我国探月工程被批复并正式启动的那天,栾恩杰用自己最惯用的情感表达方式饱含深情地写下了这样一首诗:"地球耕耘六万载,嫦娥思乡五千年。残壁遗训催思奋,虚度花甲无滋味。"(2005 年 12 月他出版了诗词集《村子情怀》)正是那年,已经 64 岁的栾恩杰又多了一个头衔——探月工程总指挥。这一年,栾恩杰请来了一个近万人的庞大工作团队,在 3 年的时间里,实现了"嫦娥工程"的三个"大步走"。"2004 年是开局年,2005 年是攻坚年,2006 年是建造年,在航天史上,仅用三年,就拿出卫星而且是新星,确确实实不容易,其中的酸甜苦辣,一言难尽。"栾恩杰说。

虽然已经搞了 40 多年的航天事业,看了无数次发射,经历过各种成功和失败,但每次进发射场,栾恩杰仍会掉眼泪,成功了高兴地落泪,失败了痛苦地落泪。

栾恩杰这样评价自己的一生:"我一开始搞技术工作、设计工作,随着职务的提升,从工程组长、研究室主任、研究所所长、研究院院长,到航天局局长,一个台阶一个台阶走,但我有一条,绝不丢掉脚踏实地的作风,绝不能随着职务的提升就脚不沾地。这个地就是工作的质量、技术的发展、型号任务完成的进程、每次试验的过程,就是要接触实际。"他也深情寄语广大青少年和科技工作者"认真踏实,人生的品格。做真人,干实事"。

叶培建(1945—)

1967 年,叶培建毕业于浙江大学,被分配到北京卫星制造厂,开启了和航天的缘分。如今,叶培建从事航天工作半个多世纪,从探月工程到逐梦火星,他的大半辈子和中国航天事业紧密相连。他在瑞士深造时,所想的就是为祖国的强盛作贡献。瑞士一家报纸曾写过他的专访,报道中说:"他从不去酒吧,偶尔打打乒乓球。他说他不喜欢酒吧的气氛,也不大看电影,他把周末的时间都用于看书和工作。"记者问他:"为什么要这样下功夫?"他说:"中国那么多人,派我出来学习,已经为我付出了很多,我知道肩上的担子有多重,我应该努力,为国家做些事情。"

当"嫦娥三号"完成月球正面软着陆后,不少人认为,其备份星"嫦娥四号"无须冒险,落在月球正面更有把握,而叶培建作出了铿锵有力的反对:"中国探月工程应该走一步跨一步。落到月球背面去,这是个创举。"如今,"嫦娥四号"已成为人类首个在月球背面实现软着陆的探测器。对于"嫦娥四号"任务的成功,NASA 一位专家也感叹道:"我们再也不能说中国人只会跟着干了。"在发射现场总是气定神闲的叶培建,成了同事眼中的"定海神针"。大家都说,只要有叶总在,哪怕一句话不说,心里也踏实。作为中国第一代长寿命实时传输对地观测卫星"资源二号"的总设计师兼总指挥、月球系列探测卫星的技术负责人,叶培建为推动中国卫星遥感、月球与深空探测及空间科学快速发展作出了突出贡献。他获得了"人民科学家""最美奋斗者""中国航天公益形象大使"等荣誉称号。

古稀之年的他,依旧心系我国深空探测事业的发展。无论是实施的"嫦娥五号""嫦娥六号"无人月球采样返回任务、火星探测任务,还是规划中的"嫦娥七号""嫦娥八号"任务,乃至未来计划实施的小行星及火星取样返回、木星系探测、载人火星探测等系列深空任务,都让他十分牵挂。在 2023 年的一次采访中,叶培建说道:"我今年 78 岁,我给我定的目标还有四件事。'嫦娥六号'到月球背面取样返回,'嫦娥七号'到月球上找到水,'天问二号'到小行星着陆取样返回,'天问三号'到火星取样返回……"

吴伟仁(1953—)

1978 年,吴伟仁毕业于中国科学技术大学,后在华中科技大学、西北工业大学分别获工学博士和管理学博士学位。长期负责航天遥测、测控通信和深空探测工程总体技术研究与工程实践。如今从事航天事业已近半个世纪。他负责研制了我国首套 S 频段计算机遥测遥控系统,使我国航天测控技术跻身于世界先进行列;他还率先开展了深空测控通信研究,出版了该领域我国首部专著《深空通信系统》,推动研制建设了与美、欧并列的中国深空测控网,实现从第二代 S 频段近地空间到第三代 X/Ka 频段深远空间的技术跨越,为深远空间探测奠定了重要基础。

作为探月工程总设计师,吴伟仁负责论证提出月球探测二期、三期、四期工程实施方案,为未来深空探测发展奠定了坚实基础。在实施"嫦娥四号"任务时,一个难题摆在大家面前:月球总是一面朝向地球,人类在地球上看到的永远是月球的正面,飞临月球背面的人类探测器将如何与地球保持通信? 吴伟仁带着团队用了近两年时间,解决了中继星通信的最佳空间点问题,这才有了我们所见的辉煌:2018 年 5 月 21 日,"嫦娥四号"任务"鹊桥"中继星发射升空,终结了月背通信"不在服务区"的历史;2019 年 1 月 3 日,中国实现人类探测器首次月背软着陆,"嫦娥四号"上的五星红旗成为人类探月历史上迄今唯一在月球背面闪耀的国旗!"嫦娥四号"成就引起国际社会强烈反响。吴伟仁获得了英国皇家航空学会年度唯一团队金奖,也是该学会成立 153 年以来首次为中国项目授奖。吴伟仁院士也因此获国际宇航联合会颁发的最高奖项——世界航天奖。此外,他还获得了"全国先进科技工作者""何梁何利基金科学与技术成就奖""钱学森最高成就奖""中国航天公益形象大使"等荣誉和称号。

浩瀚星空中,闪烁着一颗璀璨的"吴伟仁星"。

张荣桥(1966—)

1988 年,张荣桥毕业于西安电子科技大学。他长期在一线从事深空探测技术研究工作。作为中国行星探测工程总设计师,主持完成了中国行星探测

工程总体规划和实施方案论证;主持完成中国首次火星探测"天问一号"任务的研制和实施,在国际上首次实现地面一次发射相继完成火星环绕、着陆、巡视"三级跳"壮举,使中国成为世界第二个掌握火星着陆巡视探测技术的国家。作为高分辨率对地观测系统重大专项工程总设计师,提出实现低轨遥感卫星长寿命技术途径,使高分辨率卫星寿命提升到 5~8 年,使中国卫星长寿命技术大幅提升。作为探月工程副总设计师,负责"嫦娥一号""嫦娥二号"测控系统研制工作,带领团队新建 18 m 口径测控站,实现 38 万 km 远的测控通信。

张荣桥从事航天事业 30 余年,获"钱学森杰出贡献奖""全国五一劳动奖章""何梁何利科学与技术进步奖""影响世界华人大奖""中国航天公益形象大使"等荣誉和称号。

"'天问一号'任务是中国开展行星探测的第一步,后续还将择机开展小行星探测、火星采样返回和木星系与行星际穿越探测等任务。……今后将会以满足科学研究目标和人类文明发展需要作为出发点,开展更多的深空探测活动,为人类进一步认知宇宙贡献中国力量。"张荣桥说。

第 3 章　中国航天发展

"我将竭尽努力,和中国人民一起建设自己的国家,使我的同胞能过上有尊严的幸福生活。"

——钱学森

3.1 发展起源

从嫦娥奔月的神话传说到万户飞天的勇敢尝试,从屈原千古名篇《天问》到毛泽东主席的著名诗句"可上九天揽月",中国人的飞天梦想由来已久。

早在中国古代,人们就梦想飞上太空。从女娲补天到嫦娥奔月,民间流传着许多有关飞到天上的神话,为人们打造了一个个优美而空灵的想象世界。

我国古代天文学从原始社会就开始萌芽了。公元前24世纪的尧帝时代就设立了专门从事"敬授民时"的天文官。早在仰韶文化时期,人们就描绘了光芒四射的太阳形象,进而对太阳上的变化也有一些记载,并描绘出了太阳边缘的太阳黑子。

公元16世纪前的一千多年中,天文学在欧洲的发展一直很缓慢,几乎处于停滞状态,而在此期间,我国天文学稳步发展,取得了辉煌的成就,主要体现在天象观察、仪器制作和编订历法等方面。我国最早的天象观察,可以追溯到很久很久以前。对太阳、月亮、行星、彗星、新星、恒星,以及日食和月食、太阳黑子、日珥、流星雨等罕见天象,都有着悠久而丰富的记载,观察仔细,记录精确,描述详尽,其水平之高,达到使今人惊讶的程度,这些记载至今仍具有很高的科学价值。举世公认,我国有世界上最早、最完整的天象记载,是欧洲文艺复兴以前天文现象最精确的观测者和记录的最好保存者。

我国古代在创制天文仪器方面,也作出了杰出的贡献,创造性地设计和制造了许多种精巧的观察与测量仪器。我国最古老、最简单的天文仪器是土圭,也叫圭表。它是用来度量日影长短的,它是从什么时候开始出现的,已无从考证。此外,西汉的落下闳改制了浑仪,这种我国古代测定天体位置的主要仪器,几乎历代都有改进。东汉的张衡创制了世界上第一架利用水利作为动力的浑象。元代的郭守敬先后创制和改进了10多种天文仪器,如简仪、高表、仰仪等。

火药是中国古代的四大发明之一,火箭是在火药发明之后中国人发明的。北宋军官岳义方、冯继升造出了世界上第一个以火药为动力的飞行兵器——火箭。这种火箭由箭身和药筒组成,其中药筒用竹、厚纸制成,内充火药,前端封死,后端引出导火绳,点燃后,火药燃烧产生的气体向后喷出,以气体的反作用力把火箭向前推,在飞行中杀伤敌兵。这种最早的原始火箭在工作原理上与现代火箭没有什么不同。公元12世纪中叶,原始的火箭经过改进后,广泛地用于战争。如公元1161年宋军与金兵的"采石之战"中所使用的"霹雳炮",其实就是一种火箭兵器。当时在中国民间广为流行的能高飞的"火流星",实际就是世界上第一种观赏性火箭。元、明之后,即公元 13 世纪以后,中国的火箭兵器在战争中有了很大发展,涌现出了许多与现代火箭类型相近的火箭形式。13 世纪中叶,蒙古人西征,阿拉伯人侵略西班牙,他们把中国的火箭技术传入了欧洲及世界其他地区。

据记载,最早尝试火箭飞天的应是约 600 年前的万户飞天。14 世纪末期,明朝的士大夫万户把 47 枚自制的火箭绑在椅子上,自己坐在椅子上,双手举着大风筝,设想利用火箭推力飞上天空,然后用风筝平稳着陆。不幸的是火箭爆炸,万户也为此献出了生命。万户的尝试为人类探索未知世界作出了重要贡献。

中国航天史的发展始于 1956 年,当时著名科学家钱学森向中共中央、国务院提交了《建立我国国防航空工业意见书》。同年成立了中华人民共和国航空工业委员会,统一领导中国的航空和火箭事业,聂荣臻任主任。航空工业委员会的成立,拉开了中国航天事业的序幕。1964 年 12 月,积极倡导中国要搞人造卫星的赵九章上书周恩来总理,建议开展人造卫星研制工作。与此同时,钱学森也上书中央,建议加速发展人造卫星。1965 年 8 月,国家批准了中国科学院《关于发展我国人造卫星工作规划方案建议》,确定将人造卫星研制列为国家尖端技术发展的一项重大任务,中国卫星因此从全面规划阶段进入了工程研制阶段。

1970 年 4 月 24 日,中国第一颗人造卫星"东方红一号"成功发射,为中国航天事业的发展奠定了坚实的基础,带动了中国航天工业的兴起,保持了与世界航天技术前沿的同步,开创了中国航天发展史的新纪元,标志着中国进入了航天时代。在这一里程碑事件的推动下,半个多世纪以来,中国在运载火箭、人造卫星、载人航天、月球探测、深空探测等众多领域取得了举世瞩目的辉煌成就。

3.2　运载火箭

一个国家运载火箭的能力有多大,航天发展的舞台就有多大。中国航天事业要在激烈的国际竞争中实现由航天大国到航天强国的新跨越,就必须依靠自主创新大幅提升我国的火箭运载能力。

中国的"长征"系列运载火箭经过 50 余年的发展,现已具备了发射低、中、高不同轨道和不同类型载荷的能力,其运载能力、发射频度、成功率、入轨精度和适应能力均已达到世界一流水平,成为我国第一、世界知名、在国际高科技产业具有自主知识产权的品牌。2023 年 12 月 10 日,随着"长征二号丁"运载火箭发射成功,"长征"系列火箭飞行次数正式刷新到 500。在这 500 次发射中,前四个 100 次分别用时 37 年、7 年半、4 年多、2 年零 9 个月,而第 5 个 100 次仅用时 2 年整。截至 2023 年底,"长征"系列火箭共计发射了 505 次,成功将 600 多个航天器送入预定轨道,为我国航天事业的发展和国民经济的建设作出了重要贡献,并在国际发射市场上以高性价比的优势获得了一定的市场份额,为 20 多个国家提供 60 多次国际商业卫星发射,展现了中国航天"走出去"的非凡历程。另外,"长征"系列火箭发射成功率约为 96%,居世界领先地位。值得一提的是,2018 年,我国以全年航天发射 39 次("长征"火箭 37 次)的战绩,一举超越美俄,首次位居世界航天发射次数年度第一;2019 年,在 102 箭的世界航天发射任务中,中国航天以全年发射运载火箭 34 次的成绩再次占据榜首;2020 年,中国航天全年共执行 39 次发射任务("长征"火箭 34 次),发射次数位居世界第二;2021 年,我国全年航天发射次数高达 55 次,位居世界第一("长征"火箭发射次数首次达到历史最高的 48 次,发射成功率达 100%,将上百颗航天器送入太空),其中包括载人航天空间站建造、多颗民用空间设施业务卫星发射等重大航天任务。2022 年,在 186 次全球航天发射任务中,美国、中国、俄罗斯分别以全年 87 次、64 次、22 次发射位居世界前三名,其中美国的 87 次发射任务中,有 61 次是由 SpaceX 贡献的,发射次数约占美国年度发射量的 70%,且发射成功率高达 100%。

2023 年,全球只进行了 223 次轨道发射,我国共实施 67 次航天发射任务,将 200 余颗航天器送入太空,刷新历史纪录,其中失败 1 次,成功率为 98.51%。此外,美国以全年 115 次发射位居世界第一(发射成功率为 93.91%,其中 SpaceX 发射 98 次,占美国全年发射量的 85.2%),俄罗斯以全年 19 次发射位居世界第三(全部成功)。

我国的现役"长征"系列火箭正在经历由老一代运载火箭(以"长征二号/三号/四号"为代表)向新一代运载火箭(以"长征五号"~"长征十二号"等为代表)的转型升级。目前,对于新一代运载火箭系列的研制,我国已经成功进行了"长征五号"~"长征八号"等火箭的多次飞行,但尚不足以满足国际商业发射市场的态势需求。接下来对"长征"系列运载火箭一一进行概述。

1. "长征一号"系列运载火箭

1970 年 4 月 24 日,我国第一枚运载火箭"长征一号"成功将我国第一颗人造地球卫星"东方红一号"送入预定轨道,使我国成为世界上第五个自行研制发射人造卫星的空间大国。"长征一号"是三级火箭(图 3.1),前两级采用当时我国发射远程战略导弹所用的液体火箭,第三级是新研制的固体火箭。该火箭全长约30 m,箭体直径为2.25 m,近地轨道运载能力为300 kg,最大起飞推力102 t,由被誉为"中国航天之父"的钱学森担任总设计师。"长征一号"为我国多级火箭技术的发展奠定了全面技术基础,掌握了多级火箭稳定和姿态控制等技术。由于运载能力较小,"长征一号"在经过两次成功发射后退役。

图 3.1　"长征一号"火箭

2."长征二号"系列运载火箭

"长征二号"系列火箭主要用于在酒泉卫星发射中心发射各种低轨道航天器。我国先后投入使用的型号有"长征二号"、"长征二号丙"(又称"长征二号 C")、"长征二号丁"(又称"长征二号 D")、"长征二号 E"、"长征二号F"等。

"长征二号"火箭是一种以"东风五号"洲际导弹为原型进行研制的两级常规液体运载火箭,1974 年 11 月 5 日,首次发射返回式遥感卫星"返回式 1号"失败,该型号名称从此弃而不用。1975 年 11 月 26 日,经一系列技术改造后的新火箭成功发射我国第一颗返回式卫星,此后连续两次发射也都大获成功,于是新火箭被命名为"长征二号甲"(又称"长征二号 A"),因之后该型号发展成为"长征四号"系列运载火箭,而在"长征二号"系列中除名。

"长征二号乙"(又称"长征二号 B")是在"长征二号"的基础上加装液氢液氧发动机的三级火箭,用来发射地球同步轨道载荷,因之后该型号发展成为"长征三号"系列火箭,同样在"长征二号"系列中除名。

现役的"长征二号丙"是"长征二号甲"的改进型,采用了大推力液体火箭发动机,箭长增加至 43 m,箭体与整流罩直径均为 3.35 m,起飞质量 245 t,低轨运载能力增加到 4.1 t,可靠性也大大提高,火箭定型后于 1982 年 9 月 9 日在酒泉卫星发射中心首飞成功。"长征二号丙"是此后不少"长征"子系列火箭发展的基础,主要用于发射近地轨道卫星,成功率很高。"长征二号丙"是唯一一款征战过太原、酒泉、西昌 3 个发射中心的火箭,也是我国服役时间最长的火箭[图 3.2(a)]。

现役的"长征二号丁"是一款常温液体两级运载火箭[图 3.2(b)]。起飞推力达 300 t,同时具备近地轨道和太阳同步轨道要求的单星、多星发射能力,对应两种轨道的运载能力分别为 4 t 和 1.3 t,具有高可靠、高安全、低成本、短周期发射等特点。该型火箭于 1990 年启动研制,于 1992 年 8 月 9 日首次成功发射返回式卫星。2012 年 1 月,"长征二号丁"被中国航天科技集团有限公司授予"金牌火箭"称号。

"长征二号 E"是我国第一种串并联式火箭。其芯级是"长征二号丙"的又一改进型,并在第一级捆绑了 4 个直径为 2.25 m 的液体助推器,使火箭起飞质量达到 460 t,低轨运载能力达到 9.2 t,1990 年 7 月 16 日,在西昌卫星发射中心首飞成功;"长征二号 E/ETS"火箭是在"长征二号 E"的第二级上安装一个固体上面级——ETS,用于发射高轨道卫星,现已退役。

"长征二号 F"是我国第一种且是现役唯一一款载人运载火箭,发射载人飞船状态时的低轨运载能力为 8.1 t,发射空间实验室状态时的低轨运载能力为 8.6 t,火箭全长 58.4 m,一、二子级直径均为 3.35 m,起飞质量约 480 t;1999 年 11 月 20 日,在酒泉卫星发射中心首次发射成功,它在"长征二号 E"基础上广泛采用了冗余设计,通过修改整流罩、增加逃逸塔、加长助推器、增加助推器尾翼等方式提高发射的可靠性并保证航天员的安全性,该型火箭由于在执行载人航天任务中以 100% 成功率而被誉为"神箭"[图 3.2(c)]。

3."长征三号"系列运载火箭

在中高轨系列火箭方面,我国先后研制了"长征三号""长征三号甲""长征三号乙""长征三号丙",主要用于在西昌卫星发射中心发射各种中高轨道航天器。"长征三号"系列火箭的成功发射,标志着我国运载火箭技术跨入世界先进行列,是我国运载火箭发展史上的一个重要里程碑,它首次采用了氢氧发动机,首次实现高空多次启动,首次将有效载荷送入地球同步转移轨道。

"长征三号"在"长征二号"的基础上,加装了以液氧/液氢为推进剂的低温上面级,箭高 44.56 m,一、二级直径均为 3.35 m,三级直径为 2.25 m,起飞质量约 202 t,起飞推力为 286 t,地球同步转移轨道运载能力为 1.45 t,该火箭于 1984 年 4 月 8 日首次发射成功,1990 年 4 月 7 日又成功发射了"亚洲一

(a) "长征二号丙"　　　　(b) "长征二号丁"　　　　(c) "长征二号F"

图 3.2　"长征二号"系列火箭

号"卫星,实现了我国火箭国际商业发射服务零的突破。"长征三号"的研制成功,使我国成为世界上第四个具有地球同步轨道卫星发射能力、世界上第三个掌握低温高能推进技术以及世界上第二个掌握低温发动机高空二次点火技术的国家。

　　"长征三号甲"[图3.3(a)]火箭于1994年2月8日首次发射成功,它在"长征三号"成熟技术的基础上拉长燃料箱,增大第三级,采用百余项新技术,拥有先进控制系统,可在星箭分离前对载荷进行调姿定向。该型火箭高52.52 m,一、二级直径均为3.35 m,三级直径为3 m,起飞质量为242 t,地球同步转移轨道运载能力提高到2.65 t。它曾多次发射采用"东方红三号"卫星平台的人造地球卫星,包括"嫦娥一号"月球探测器等。

　　"长征三号乙"[图3.3(b)]是在"长征三号甲"的第一级捆绑了4个助推器,而且第二级加长,增加了20 t推进剂,火箭高约55 m,一、二子级直径为3.35 m,助推器直径为2.25 m,三子级直径为3 m,卫星整流罩直径为4 m,起飞质量为425.8 t,地球同步转移轨道运载能力最高可达5.5 t,1997年首次发射成功,后续又衍生出多款改进型分支,其中"长征三号乙"改二型分别于2013年和2018年成功发射"嫦娥三号"和"嫦娥四号"月球探测器。"长征三号乙"系列火箭已发展成为我国发射高轨道航天器的主力火箭。

　　"长征三号丙"[图3.3(c)]是在"长征三号甲"的第一级捆绑了2个助推器,从而成为我国第一种非全对称火箭。火箭高约55 m,一、二子级直径均为3.35 m,助推器直径为2.25 m,三子级直径为3 m,卫星整流罩最大直径为4 m,起飞质量为345 t。地球同步转移轨道运载能力为3.8 t,介于"长征三号甲"(2.65 t)和"长征三号乙"(5.5 t)之间,于2008年成功首飞。2010年10月1日,成功发射"嫦娥二号"月球探测器。

　　"长征三号甲""长征三号乙""长征三号丙"三型液体火箭共同组成了

153

逐梦航天

(a)"长征三号甲"　　(b)"长征三号乙"　　　　(c)"长征三号丙"

图 3.3　"长征三号甲"系列火箭

"长征三号甲"系列运载火箭。2019 年 4 月 20 日,随着"长征三号乙"将北斗卫星导航系统第 44 颗卫星成功送入预定轨道,"长征三号甲"系列火箭发射次数正式刷新为 100,并由此成为我国首个发射次数突破 100 的单一系列运载火箭。自 1994 年首飞以来的 25 年时间里,从"北斗一号"到"北斗三号",从"嫦娥一号"到"嫦娥四号",全部由"长征三号甲"系列火箭实施发射,功勋卓著,被中国航天科技集团有限公司授予"金牌火箭"称号。

4."长征四号"系列运载火箭

在极轨系列火箭方面,我国研制、发射了"长征四号"系列火箭。该系列运载火箭由"风暴一号"、"长征四号"、"长征四号甲"(又称"长征四号 A")、"长征四号乙"(又称"长征四号 B")、"长征四号丙"(又称"长征四号 C")组成。它们都是三级常温液体运载火箭,主要用于在太原卫星发射中心发射各种太阳同步轨道卫星。其中的"长征四号甲"[图 3.4(a)]太阳同步轨道卫星运载能力为 1.5 t;在其基础上发展的"长征四号乙"[图 3.4(b)]火箭全长45.6 m,芯级最大直径为 3.35 m,太阳同步轨道卫星运载能力为 1.9 t;"长征四号丙"[图 3.4(c)]是由"长征四号乙"改进而来的,火箭全长 48 m,芯级最大直径为 3.35 m,三级直径为 2.9 m,太阳同步轨道卫星运载能力可达 3 t,且第三级火箭发动机具有二次启动能力。"长征四号"系列火箭已发射多颗陆地卫星、气象卫星和海洋卫星等太阳同步轨道遥感卫星。1988 年 9 月 7 日,"长征四号甲"将中国第一颗试验气象卫星"风云一号"成功送入太阳同步轨道,使我国成为世界上第三个具备独立发射太阳同步轨道卫星的国家。

随着 2023 年 8 月 3 日"长征四号丙"运载火箭在酒泉卫星发射中心顺利将"风云三号 F"星送入预定轨道,该系列运载火箭成功实现第 100 次发射(包括"长征四号甲"2 次、"长征四号乙"48 次、"长征四号丙"50 次),成为继"长征三号甲"系列火箭之后,我国第二型成功跻身"百发俱乐部"的运载火箭。

(a) "长征四号甲"

(b) "长征四号乙"

(c) "长征四号丙"

图 3.4　"长征四号"系列火箭

在这 100 次发射任务中,先后将"风云""资源""遥感""实践""高分""环境""海洋""陆探"系列卫星,以及"嫦娥四号"中继星"鹊桥"等共计 170 余颗卫星送入预定轨道,有力支撑了气象强国、海洋强国、"双碳"战略及"一带一路"建设,助力实现全球首次月球背面着陆探测任务。

2009 年,"长征四号"系列火箭同样被中国航天科技集团公司授予"金牌火箭"称号。

5."长征五号"系列运载火箭

"长征五号"是我国于 2006 年立项研制的一次性大型低温液体捆绑式运载火箭,完全采用无毒无污染推进剂,是目前研制规模和技术跨度最大的航天运输系统工程。该系列主要包括"长征五号"[图 3.5(a)]和"长征五号乙"[图 3.5(b)]两型火箭。"长征五号"采用二级半(助推器一般算作半级)构型,全长 56.97 m,芯一级、芯二级直径均为 5.0 m,单个助推器直径为 3.35 m,火箭起飞质量约 869 t,其芯一级装有 2 台可双向摇摆的液氢液氧发动机,还并联了 4 个各装有 2 台液氧煤油发动机的助推器,其中 1 台为摆动发动机。该火箭主要用于发射地球同步转移轨道卫星,以及各类深空探测器,其中地球同步转移轨道运载能力为 14 t,可用于发射大型空间探测器、大型人造地球卫星等,综合性能指标达到国际主流运载火箭水平。"长征五号乙"运载火箭是在"长征五号"基础上,为满足我国载人空间站工程需求而研制的一款新型大型火箭。火箭全长约 53.7 m,采用我国首型一级半构型,由直径 5 m 的芯一级和 4 个直径为 3.35 m 的助推器组成,起飞质量约 849 t,近地轨道运载能力达到 25 t 级,是目前我国近地轨道运载能力最大的运载火箭。不过,"长征五号乙"的整流罩比"长征五号"更大,长 20.5 m,直径为 5.2 m,也是我国目前最大整流罩。

(a) "长征五号"　　　　　　　　(b) "长征五号乙"

图 3.5　"长征五号"系列火箭

多一级的"长征五号"擅长"跑长途",能将"乘客"送往 3.6 万 km 高的地球同步轨道、38 万 km 外的月球,以及最近距离也要数千万 km 的火星。

少一级的"长征五号乙"则是一个"短跑健将",专注于将"乘客"送到地球附近 200～400 km 的轨道,那里是我国空间站建设的主战场。

"长征五号"运载火箭于 2016 年 11 月 3 日首次发射成功,将"实践十七号"卫星成功送入预定轨道;2020 年 7 月 23 日,将首次火星探测任务"天问一号"准确送入地火转移轨道,开启火星探测之旅;2020 年 11 月 24 日,将"嫦娥五号"月球探测器成功送入地月转移轨道,开启月球正面采样返回之旅;2024 年 5 月 3 日,将"嫦娥六号"月球探测器再次送入地月转移轨道,开启月球背面"挖宝之旅"。

"长征五号乙"运载火箭于 2020 年 5 月 5 日在海南文昌卫星发射场点火升空,将新一代载人飞船试验船送入预定轨道,并于 5 月 8 日成功返回预定着陆场,空间站阶段首次飞行任务取得圆满成功,拉开了中国载人航天工程"第三步"——空间站建造任务的序幕,这是我国航天事业发展过程中取得的又一次重大突破。

截至 2022 年,"长征五号乙"运载火箭相继成功发射了"天和"核心舱及"问天"和"梦天"实验舱,圆满完成中国空间站的在轨建造任务。

"长征五号"系列火箭突破了 120 t 液氧煤油发动机、50 t 氢氧发动机和 5 m 直径箭体等系列关键技术,具备构建近地轨道 50～70 t 级运载能力超大型火箭的技术基础。借助超大型火箭开展前期探索任务,同时为重型火箭研制验证所需相关技术,可以实现我国火箭运载能力的不断提升,推进我国载人航天和深空探测事业的快速、有序发展。

"长征五号"系列火箭的成功研制是中国运载火箭升级换代的里程碑,是中国由航天大国迈向航天强国的关键一步,也是航天器进入太空能力显著提升的重要标志,使中国运载火箭低轨和高轨运载能力均跃升至世界第二。未来,它还将承担后续探月工程四期、载人空间站等多个国家重大科技工程发射任务,为中国航天向更远距离的深空探测提供强劲动力。

"长征五号"系列火箭发射任务见表 3.1(截至 2024 年 5 月)。

表 3.1　"长征五号"系列火箭发射任务一览表

	运载火箭	载荷	发射时间	目标轨道	发射结果
已完成发射任务	长征五号遥一/远征二号遥一	"实践十七号"技术试验卫星	2016 年 11 月 3 日	地球静止轨道	成功
	长征五号遥二	"实践十八号"技术试验卫星	2017 年 7 月 2 日	超同步转移轨道	失败
	长征五号遥三	"实践二十号"卫星	2019 年 12 月 27 日	超同步转移轨道	成功
	长征五号乙遥一	新一代载人飞船试验船	2020 年 5 月 5 日	近地轨道	成功
	长征五号遥四	"天问一号"火星探测器	2020 年 7 月 23 日	地火转移轨道	成功
	长征五号遥五	"嫦娥五号"月球探测器	2020 年 11 月 24 日	地月转移轨道	成功
	长征五号乙遥二	"天和"核心舱	2021 年 4 月 29 日	近地轨道	成功
	长征五号乙遥三	"问天"实验舱	2021 年 7 月 24 日	近地轨道	成功
	长征五号乙遥四	"梦天"实验舱	2021 年 10 月 31 日	近地轨道	成功
	长征五号遥六	"遥感四十号"卫星	2023 年 12 月 15 日	近地轨道	成功
	长征五号遥七	"通信技术试验卫星十一号"	2024 年 2 月 23 日	地球同步轨道	成功
	长征五号遥八	"嫦娥六号"月球探测器	2024 年 5 月 3 日	地球转移轨道	成功

续表3.1

	运载火箭	载荷	发射时间	目标轨道	发射结果
计划中发射任务	长征五号乙	"巡天"光学舱	2025年前后	近地轨道	—
	长征五号	"嫦娥七号"月球探测器	2026年前后	地月转移轨道	—
		"嫦娥八号"月球探测器	2028年前后	地月转移轨道	
		"天问二号"小行星探测器	2025年	—	
		"天问三号"火星探测器	2028年	地火转移轨道	
		"天问四号"木星探测器	2030年	地木转移轨道	

6."长征六号"系列运载火箭

"长征六号"是我国研制的新一代无毒、无污染液体运载火箭,可执行太阳同步轨道和近地轨道等多种轨道发射任务。该系列火箭由"长征六号""长征六号甲""长征六号丙"共同组成。"长征六号"[图3.6(a)]是一款小型三级火箭,全箭总长约29.3 m,起飞质量为103 t,芯一级直径为3.35 m,使用1台YF-100液氧煤油发动机,芯二级、芯三级直径均为2.25 m,分别使用1台YF-115液氧煤油发动机和YF-50E四氧化二氮/偏二甲肼发动机,700 km太阳同步轨道运载能力为500 kg;"长征六号甲"(又称"长征六号A""长征六号改")是我国新一代首型固体捆绑、固液组合推力的中型火箭(以下简称"固推液体火箭"),全箭总长约50 m,起飞质量530 t,火箭芯一级、芯二级直径均为3.35 m,芯一级采用2台YF-100液氧煤油发动机,芯二级采用1台YF-115液氧煤油发动机,助推器采用4台2 m直径的两段式固体发动机,单枚助推器采用1台FG-112发动机,近地轨道和太阳同步轨道运载能力分别不低于8 t和4 t;"长征六号丙"(又称"长征六号C")是2024年研制的新一代两级液体火箭,芯一级直径为3.35 m,使用2台YF-100液氧煤油发动机,芯二级直径为2.9 m,使用1台YF-115液氧煤油发动机,全箭总长约43 m,起飞质量为215 t,500 km太阳同步轨道运载能力约为2.4 t。"长征六号"采用"三平"测发模式,即水平整体测试、水平整体星箭对接、水平整体运输起竖发射。发射准备周期仅需 7 d,能很好地适应卫星发射低成本、短周期的需求,现已投入商业发射。2015 年 9 月 20 日,"长征六号"首次发射成功,把 20 颗卫星送入预定轨道,创造了当时中国一箭多星的发射新纪录。2021 年 11 月 5 日,"长征六号"运载火箭成功将一颗广目地球科学卫星发射升空,该卫星由中国科学院研制,是全球首颗专门服务联合国 2030 年可持续发展议程的科学卫星,以"人类痕迹"精细刻画为主旨,开展人为活动强烈区域的"能源消耗、人居格局、近海海岸环境"精细探测,为表征人与自然交互作用的可持续发展指标提供数据支持。"长征六号甲"[图 3.6(b)]于 2022 年 3 月 29 日成功首飞,将"浦江二号"和"天鲲二号"两颗卫星成功送入预定轨道。"长征六号丙"[图 3.6(c)]于 2024 年 5 月 7 日成功首飞,将 4 颗卫星送入预定轨道。截至 2024 年 8 月,"长征六号"系列运载火箭已完成 18 次飞行任务,成功率达 100%,进一步丰富了我国新一代"长征"系列火箭的型谱,为我国未来运载火箭的创新发展奠定了坚实基础。

(a)"长征六号"　　　　(b)"长征六号甲"　　　　(c)"长征六号丙"

图 3.6　"长征六号"系列火箭

(备注:美国的"大力神"系列火箭、欧洲的"阿里安"系列火箭和日本的"H"系列火箭等都采用了"长征六号甲"这种固推液体火箭构型设计。)

7."长征七号"系列运载火箭

"长征七号"火箭是中国载人航天工程为满足发射货运飞船而研制的新一代中型液体运载火箭[图 3.7(a)],其前身是"长征二号 F"运载火箭,火箭全长 53 m,采用"两级半"构型,芯一级、芯二级直径均为 3.35 m,分别安装 2 台 YF-100 和 4 台 YF-115 液氧煤油发动机,4 个助推器直径为 2.25 m,分别安装单台 YF-100 液氧煤油发动机,整箭起飞质量约 594 t,起飞推力为 7 200 kN,主要用于发射近地轨道或太阳同步轨道有效载荷,运载能力分别达到 14 t 和 5.5 t（700 km 太阳同步轨道）。未来技术成熟时，将取代"长征二号 F"，用于发射载人飞船。

2016 年 6 月 25 日，"长征七号"从中国文昌航天发射场首次发射成功，这也是中国文昌航天发射场的首次发射任务。截至 2024 年上半年，共计完成 8 次发射任务，八战八捷，成功将一个多用途飞船缩比返回舱及"天舟一号"~"天舟七号"七艘货运飞船送入预定轨道，为天宫空间站的建造提供了坚实保障，也被形象地称为空间站"货运专列"。

"长征七号甲"［又称"长征七号 A"，图 3.7（b）］火箭是我国研制的三级液体捆绑式新一代中型高轨运载火箭，主要用于发射地球同步轨道卫星，火箭全长 60.7 m，芯一级、芯二级直径为 3.35 m，4 个助推器直径为 2.25 m，安装的发动机与"长征七号"相同，芯三级直径为 3 m，安装 2 台 YF-75 氢氧发动机，起飞质量约为 573 t，起飞推力约为 727 t，地球同步转移轨道运力不低于 7 t，同时具备零倾角轨道、奔月轨道等高轨发射能力，是中国第一个助推器与芯一级集束式分离的捆绑火箭，也是目前现役箭长最高的运载火箭。该型火箭在经历了 2020 年的首飞失利后，于 2021 年 3 月 12 日复飞成功；并于同年 12 月 23 日，第三次发射成功，将两颗试验卫星送入预定轨道；截至 2024 年上半年，已完成 7 次发射任务，6 次成功。"长征七号甲"火箭的成功研制，有效填补了中国地球同步转移轨道 5.5~7 t 运载能力的空白（"长征三号甲"系列火箭只能达到 5.5 t），已成为中国未来高轨大中型有效载荷发射的主力火箭。

(a) "长征七号"   (b) "长征七号甲"

图 3.7 "长征七号"系列火箭

8. "长征八号"系列运载火箭

"长征八号"是由中国运载火箭技术研究院研制的新一代中型中低轨道液体运载火箭（图 3.8）。该火箭采用绿色环保液体推进剂，采取两级半构型，捆绑 2 个助推器，火箭总长 50.3 m，芯一级、芯二级直径分别为 3.35 m 和 3 m，单个助推器直径为 2.25 m，火箭起飞质量约为 356 t，起飞推力约为

480 t,近地轨道、700 km 太阳同步轨道及地球同步转移轨道运载能力分别为 8.1 t、4.5 t 和 2.8 t。芯一级安装 2 台 YF-100 液氧煤油发动机,芯二级安装 2 台 YF-75 氢氧发动机,具备二次启动能力,助推器各安装 1 台 YF-100 液氧煤油发动机。

2020 年 12 月 22 日,"长征八号"火箭在中国文昌航天发射场点火升空,顺利将 5 颗卫星送入预定轨道,首飞任务取得圆满成功。值得一提的是,在首飞火箭上实现了发动机推力调节技术的首次工程应用,提升了运载火箭的任务适应性,为火箭的可重复使用奠定了坚实基础。

2022 年 2 月 27 日,"长征八号"火箭在中国文昌航天发射场升空,随后成功将 22 颗卫星送入约 500 km 高的太阳同步轨道,刷新了我国当时"一箭多星"发射纪录。不同于首发任务,在本次发射中,"长征八号"去掉了两枚助推器,由两级半变为两级串联构型[图 3.8(b)]。

(a) 无助推构型　　　　　　(b) 有助推构型

图 3.8　"长征八号"系列火箭

2024 年 3 月 20 日,"长征八号"火箭在中国文昌航天发射场成功将"鹊桥二号"中继星送入地月转移轨道,以协助"嫦娥六号"探测器实现月球背面无人采样返回任务,后续还将为"嫦娥七号""嫦娥八号"等任务继续提供中继通信服务。此次任务也是"长征八号"火箭首次执行探月轨道发射任务。

"长征八号"进一步完善了中国运载火箭型谱,提升了火箭的太阳同步轨道运载能力,为航天强国建设增添新动能。目前,在"长征八号"基础上改进的"长征八号甲"(又称"长征八号 A")火箭正在研制中,采用新概念设计将"长征八号"两个助推器扩大到 3.35 m 直径,再搭载先进低温上面级,其运载能力更大,运载效率更高。

9."长征十一号"系列运载火箭

为适应快速发射小卫星的需要,中国运载火箭技术研究院研制了中国第一枚全固体运载火箭"长征十一号"(图 3.9)。这是一款四级小型固体运载

火箭,采用"三平一垂"冷发射方式,即水平对接、水平测试、水平运输、整体起竖后垂直冷发射。于 2015 年 9 月 25 日首次发射成功,将 4 颗小卫星送入预定轨道。火箭总长约 21 m,起飞总质量约为 58 t,起飞推力为 120 t,箭体最大直径为 2 m,可把 500 kg 的有效载荷发射到 500 km 高的太阳同步轨道,200 km 低轨运载能力可达 700 kg。跟其他长征火箭相比,作为"长征"家族中唯一一型固体火箭,"长征十一号"具有快速、可靠、便捷、低成本的优势,完成了我国运载火箭 24 h 快速发射的跨越,因此也有"快响火箭"的称号。主要用于 1 000 km 以下太阳同步轨道和近地轨道中小型航天器的单星和多星组合发射,满足自然灾害、突发事件等应急情况下微小卫星发射需求,现已投入商业发射。

(a)"长征十一号"　　　　　　(b)"长征十一号H"海射型

图 3.9 "长征十一号"系列火箭

2019 年 6 月 5 日,我国在黄海海域的海上平台用"长征十一号 H"(海射型)火箭,将技术试验卫星"捕风一号 A、B 星"及 5 颗商业卫星顺利送入预定轨道,实现了我国首次在海上实施运载火箭发射,"一箭七星"任务取得圆满成功,填补了我国运载火箭海上发射空白,为我国快速进入空间提供了更加安全、灵活、经济、高效的新型发射模式。在海上发射运载火箭,既能降低发射成本、提高运载能力,还可有效解决火箭航区和残骸落区安全性问题,避免大规模人员疏散。截至 2023 年底,"长征十一号"及"长征十一号 H"共计完成 12 次陆地发射任务和 5 次海上发射任务,创造了 17 连胜佳绩。

"长征十一号"研制成功,标志着中国在固体运载火箭领域关键技术上取得重大突破,对于完善中国运载火箭型谱、提升进入空间能力具有重要意义。目前正在研制直径为 2.64 m,运载能力更大(500 km 太阳同步轨道运载能力达 1.5 t)的四级固体火箭"长征十一号甲"(又称"长征十一号 A")。

现役新一代"长征"系列火箭参数统计表见表 3.2。

表 3.2 现役新一代"长征"系列火箭参数统计表

相关型号	现役新一代火箭							
	长征五号	长征五号乙	长征六号	长征六号甲/改	长征七号	长征七号甲/改	长征八号	长征十一号
对应简称	CZ-5 或 LM-5	CZ-5B 或 LM-5B	CZ-6 或 LM-6	CZ-6A 或 LM-6A	CZ-7 或 LM-7	CZ-7A 或 LM-7A	CZ-8 或 LM-8	CZ-11 或 LM-11
全箭高度	56.97 m	53.66 m	29.287 m	约50 m	53.075 m	60.13 m	50.3 m	20.8 m
箭体最大直径	5 m			3.35 m				2 m
火箭级数	2.5	1.5	3	2.5	2.5	3	2/2.5	4
不同轨道运载能力（t）	GTO/14，TLI/8.2，TMI/5	LEO/22+	SSO/0.5	LEO/8，SSO/4	LEO/14，SSO/7.5	GTO/7+	LEO/7.6+，SSO/4.5+，GTO/2.5	LEO/0.7，SSO/0.35+
发动机	2×YF-77（一级）2×YF-75D（二级可选）2×YF-50D（上面级可选）8×YF-100（助推器）	2×YF-77（一级）8×YF-100（助推器）	1×YF-100（一级）1×YF-115（二级）1×YF-50E（三级）	2×YF-100（一级）1×YF-115（二级）4×FG-112（助推器）	2×YF-100（一级）4×YF-115（二级）1×YF-50D（上面级可选）4×YF-100（助推器）	2×YF-100（一级）4×YF-115（二级）2×YF-75（三级）4×YF-100（助推器）	2×YF-100（一级）2×YF-75（二级）2×YF-100（助推器）	—

续表3.2

相关型号	现役新一代火箭							
	长征五号	长征五号乙	长征六号	长征六号甲/改	长征七号	长征七号甲/改	长征八号	长征十一号
火箭燃料	液氧/煤油（助推器）液氧/液氢（一级/二级）	液氧/煤油（助推器）液氧/液氢（一级）	液氧/煤油（一级/二级）四氧化二氮/偏二甲肼（三级）	固体燃料（助推器）液氧/煤油（一二级）	液氧/煤油（全箭）	液氧/煤油（除三级外）液氢/液氧（三级）	液氧/煤油（除二级外）液氢/液氧（二级）	端羟基聚丁二烯复合固体推进剂
使用发射场	中国文昌航天发射场		太原卫星发射中心		中国文昌航天发射场			酒泉卫星发射中心/西昌卫星发射中心/黄海 & 东海海域
首次发射日期	2016年11月3日	2020年5月5日	2015年9月20日	2022年3月29日	2016年6月25日	2020年3月16日	2020年12月22日	2015年9月25日
发射次数/成功次数	8/7	4/4	11/11	6/6	8/8	7/6	3/3	17/17

备注:1. 轨道缩写对照:LEO-近地轨道;SSO-太阳同步轨道;GTO-地球同步转移轨道;TLI-地月转移轨道;TMI-地火转移轨道。

2. 发射次数统计截止到2024年8月。

小贴士

1. 何为"冷发射"与"热发射"？海上发射可以采取什么方式？

"热发射"是火箭最常用的发射方式,是指火箭直接从发射平台上点火起飞,我国绝大多数火箭都采取这种发射方式。而"冷发射"是指先用发射筒之类的装置将火箭弹射出来,随后在半空中点火起飞,以避免高温尾焰烧坏发射平台。这两种发射方式均可以应用于海上发射。海上"冷发射"时,可以通过发射筒支撑火箭的稳定;而海上"热发射"时,火箭则依靠导向式框架把火箭扶住,不会因为海况原因让火箭失稳翻倒。"长征十一号 H"火箭在海上的 4 次发射采取的都是"冷发射"方式。

2. 为何要在海上发射火箭？什么火箭适合海上发射？

海上发射火箭有以下几个主要优势:首先,选择靠近赤道海域实施发射,可以最大限度利用地球自转推力减少火箭升空所需燃料,进而增加火箭运载能力;其次,无遮挡的海平面有利于快速、准确地进行测控信号的传输;最后,海上发射可远离人口稠密区,发射后的助推器及一、二级残骸可直接落入海中。固体火箭因其发射准备时间普遍比液体火箭短而更适合在海上发射。目前我国进行过海上发射的"长征十一号""捷龙三号"都是固体火箭。

10."长征二号 F"载人运载火箭

"长征二号 F"是由中国运载火箭技术研究院研制的一款大型两级捆绑助推器火箭,是我国目前唯一用于发射"神舟"系列载人飞船到近地轨道的载人运载火箭。"长征二号 F"运载火箭采取两级半并联构型,芯一级、芯二级直径均为 3.35 m,分别采用 4 台和 1 台 75 t 级 YF-20K 发动机,推进剂为四氧化二氮/偏二甲肼,4 个助推器直径均为 2.25 m,每个助推器上安装 1 台 75 t 级发动机。火箭全长 58.3 m,起飞质量约为 480 t,起飞推力约为 604 t,近地轨道运载能力约为 8.2 t。"长征二号 F"创造性地采用垂直总装、垂直测试、垂直转运、远距离发射的"三垂一远"测发模式,有效保证了测试状态和发射状态的一致性。该系列火箭自 1992 年开始研制,1999 年 11 月 20 日首次发射并

成功将我国第一艘载人试验飞船"神舟一号"送入太空。2003年10月15日，"长征二号F"将中国飞天第一人杨利伟送入太空，使中国成为继苏联和美国之后世界上第三个掌握载人航天技术的国家，这是我国航天发展史上的第二个里程碑。截至2024年上半年，该系列火箭共实施发射23次，将18艘"神舟"飞船和22名航天员送入太空，飞行成功率高达100%，因此也被誉为"神箭"。关于新一代载人运载火箭的研制规划，见后面的"运载火箭展望"小节。

11．其他系列运载火箭及可重复使用技术

除了上述"国家队"主导研制的"长征"系列运载火箭外，我国的一些民营或非民营商业火箭公司还研制了"朱雀""天龙""双曲线""力箭""捷龙""谷神星""引力""星云"等众多系列运载火箭。这些商业火箭公司包括蓝箭航天空间科技股份有限公司(简称蓝箭航天)、北京天兵科技有限公司(简称天兵科技)、星际荣耀航天科技集团股份有限公司(简称星际荣耀)、广州中科宇航探索技术有限公司(简称中科宇航)、中国长征火箭有限公司、北京星河动力航天科技股份有限公司(简称星河动力航天)、东方空间(山东)技术有限公司(简称东方空间)等，它们的相关发展情况按顺序一一介绍如下。

(1)蓝箭航天的"朱雀"系列火箭。

蓝箭航天成立于2015年6月，是中国首家民营运载火箭企业，主要研制"朱雀"系列火箭。2018年10月27日，由蓝箭航天研制的小型三级固体运载火箭"朱雀一号"[图3.10(a)]在酒泉卫星发射中心发射升空。火箭一、二级和整流罩分离成功，然而三级在飞行过程中，由于姿态控制力的异常，"朱雀一号"未能正常入轨，坠入印度洋。虽未能实现成功首飞，但作为中国首枚民营运载火箭，在全流程独立设计、独立研发等方面有着巨大的示范引领作用。蓝箭航天在接下来的几年里，转而全力研发"朱雀二号"[图3.10(b)]，这是一款中型两级液体运载火箭，全长49.5 m，直径为3.35 m，500 km太阳同步轨道和200 km近地轨道运载能力分别为4 t和6 t。发动机方面，一级火箭采用4台"天鹊-12"80 t级液氧甲烷发动机并联，推力达到216 t；二级采用1台"天鹊-12"80 t级和1台"天鹊-11"10 t级游标发动机组合而成，"天鹊"系列发动机都是由蓝箭航天自主研制完成的，也是世界上第三款完成全系统试车考核的大推力液氧甲烷发动机。此外，"朱雀二号"采用的甲烷燃料成本比其他运载火箭低1～2个数量级，且燃料比冲高，相较于液氧煤油燃料来说，甲烷不容易积碳和结焦，减少了对发动机的污染，火箭复用更加便利，因此意义重大。

2022年12月14日，"朱雀二号"遥一运载火箭在酒泉卫星发射中心发射。遗憾的是，发射过程中由于火箭二级工作异常，发射任务再次失利。2023

年 7 月 12 日，"朱雀二号"遥二运载火箭在酒泉卫星发射中心成功发射，在经历首发失利后，终于成为世界首枚成功入轨的液氧甲烷运载火箭，填补了我国液氧甲烷火箭技术路线的空白，开启了运载时代新纪元。同年 12 月 9 日，"朱雀二号"遥三运载火箭在酒泉卫星发射中心发射升空，将搭载的 3 颗卫星顺利送入预定轨道，标志着"朱雀二号"成为全球首款连续成功发射的液氧甲烷运载火箭，其技术成熟度和稳定性得到进一步验证，可靠性达到了商业化发射交付要求。2024 年 6 月，蓝箭航天荣获"国家科技进步奖"二等奖，是中国民商火箭公司首次获得国家最高级别的科技奖励。"朱雀二号"的成功，为后续"朱雀三号"可重复使用液氧甲烷运载火箭的研制奠定了坚实基础。"朱雀三号"也是中国首款不锈钢液体火箭，全长 76.6 m，直径为 4.5 m，起飞质量约为 660 t，起飞推力为 900 t，450 km 近地轨道运载能力一次性任务达 21.3 t、航区回收任务达 18.3 t、返厂回收任务达 12.5 t。

2024 年 1 月 19 日，蓝箭航天为验证"朱雀三号"火箭垂直返回关键技术，在酒泉卫星发射中心成功发射了一枚 VTVL-1 试验箭[图 3.10(c)]。首次垂直回收试验的飞行时间约 1 min，飞行高度约为 350 m，着陆位置精度为 2.4 m，着陆速度为 0.75 m/s，着陆姿态角约为 0.14°，火箭着陆平稳，落点准确，状态良好，试验任务取得圆满成功。2024 年 9 月 11 日，"朱雀三号" VTVL-1 试验箭在酒泉卫星发射中心圆满完成 10 km 级可重复使用垂直起降返回飞行试验。该试验箭为单级液氧甲烷火箭，是一枚全尺寸发动机搭建的工程样机，全箭主结构采用高强度不锈钢材料，箭体直径为 3.35 m，长度为 18.3 m；火箭装备一台 80 t 级液氧甲烷发动机，具备空中二次点火能力；火箭配置 3 套着陆缓冲支腿。本次试验的成功标志着中国商业航天在可重复使用运载火箭技术上取得重要突破，向将来实现大运力、低成本、高频次、可重复使用的航天发射迈出了关键性一步。该型火箭计划于 2025 年执行首飞，2026年实现一子级回收复用。

（2）天兵科技的"天龙"系列火箭。

天兵科技成立于 2015 年 6 月，是中国商业航天领域开展新一代液体火箭发动机及中大型火箭研制的企业，主要研制"天龙"系列液体火箭及"天火"系列发动机。"天龙一号"是天兵科技计划研制的首款两级液体火箭，原计划 2021 年首飞，后项目取消。"天龙二号"[图 3.11(a)]是一款三级液体火箭，箭体直径为 3.35 m，火箭总长 32.8 m，起飞质量和推力分别为 153 t 和 193 t，500 km 太阳同步轨道和近地轨道运载能力分别为 1.5 t 和 2 t。

2023 年 4 月 2 日，"天龙二号"在酒泉卫星发射中心成功首飞，一举打破全球 20 多年来私营航天液体火箭首飞失利的"世界魔咒"，一举开创了国际

(a)"朱雀一号"   (b)"朱雀二号"   (c)"朱雀三号"VTVL-1试验箭

图 3.10 "朱雀"系列运载火箭

和国内航天多领域新纪录。"天龙二号"首飞采用的是 85 t 级 YF-102 液氧煤油发动机,后续将由天兵科技自主研制的"天火-11"发动机替代。

(a)"天龙二号"火箭   (b)"天火-12"发动机

图 3.11 "天龙二号"火箭与"天火-12"发动机

"天龙三号"是一款大型可回收火箭,总长 71 m,直径为 3.8 m,芯一级并联 9 台"天火-12"发动机[图 3.11(b)],可重复使用 10 次,起飞推力为 770 t,近地轨道及 500 km 太阳同步轨道运载能力分别为 17 t 和 14 t。"天龙三号"对应 3 种系列型谱:"天龙三号""天龙三号重型""天龙三号载人"。2024 年 6 月 30 日,"天龙三号"进行了一级火箭动力试车,不幸的是,由于火箭与试车台连接件失效,导致一级火箭起飞后火箭发动机关机并落入 1.5 km 外深山爆炸,所幸未造成人员伤亡。

天兵科技于 2024 年 4 月入选胡润研究院《2024 全球独角兽榜》。

(3)星际荣耀的"双曲线"系列火箭。

星际荣耀成立于 2016 年 10 月,主要研制"双曲线"系列火箭[图 3.12(a)]及"焦点"系列可重复使用液氧甲烷发动机。

2019 年 7 月 25 日,由星际荣耀研制的"双曲线一号"遥一运载火箭在酒泉卫星发射中心成功发射,将多颗卫星及有效载荷精确送入预定轨道,开创了我国民营商业航天首次成功入轨的纪录。这是一款采用垂直热发射方式的四级小型固体商业运载火箭,箭体最大直径为 1.4 m,全长约 20.8 m,起飞重量约为 31 t,700 km 太阳同步轨道运载能力为 150 kg。

2021 年 2 月 1 日,"双曲线一号"遥二火箭发射,在飞行过程中出现故障,发射任务失败;截至 2023 年底,"双曲线一号"共执行 6 次发射任务,3 次成功 3 次失败。"双曲线二号"是一款可重复使用液氧甲烷火箭,全长 28 m,一级直径为 3.35 m,二级直径为 2.25 m,近地轨道运力为 1.9 t,一级和二级各安装 9 台和 1 台"焦点一号"发动机[图 3.12(b)]。2023 年 11 月 2 日,"双曲线二号"验证火箭在酒泉卫星发射中心首发升空,约 1 min 后,火箭平稳着陆于目标着陆点,飞行试验任务取得圆满成功;2023 年 12 月 10 日,在其开展的第二次飞行试验任务中,飞行高度约为 343 m,飞行时间约为 63 s,目标横向位移 50 m,着陆位置精度约为 0.3 m,着陆速度约为 1.1 m/s,着陆姿态角约为 1.2°,火箭着陆平稳精确,飞行任务取得圆满成功,为该公司正在研发的中大型可重复使用运载火箭"双曲线三号"的研制提供了有力支撑。"双曲线三号"火箭基本型全长 69.6 m,直径为 4.2 m,起飞质量为 490 t,一次性使用运载能力为 12.9 t,未来还有两助推器和四助推器等扩展型。目前,"双曲线三号"已经完成了总体技术方案论证,计划于 2025 年完成总装总测及首飞。

(4)中科宇航的"力箭"系列运载火箭。

中科宇航成立于 2018 年 12 月,是中国首家混合所有制商业航天企业,主要从事"力箭"系列中大型火箭研制及太空旅游等业务。

2022 年 7 月 27 日,由中科宇航研发的"力箭一号"运载火箭(图 3.13)在酒泉卫星发射中心首发成功,将 6 颗卫星送入预定轨道。"力箭一号"是一款四级固体运载火箭,总长 30 m,芯级直径最大为 2.65 m,起飞质量为 135 t,起飞推力为 200 t,近地轨道和 500 km 太阳同步轨道运载能力分别为 2 t 和 1.5 t,在运载能力、入轨精度、设计可靠性、性价比等方面迈入世界固体运载火箭领域先进列;截至 2024 年上半年,"力箭一号"运载火箭在酒泉卫星发射中心通过 3 次发射,共计将 37 颗卫星成功送入预定轨道,发射成功率达 100%。此外,在"力箭一号"基础上,该公司正在研制"力箭二号""力箭二号重型""力箭三号"及"亚轨道飞行器"。"力箭二号"液体火箭总长 52 m,芯级

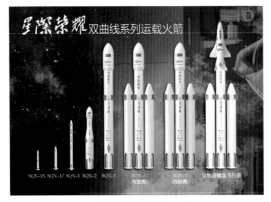

(a) "双曲线"系列火箭

(b) "焦点一号"发动机

图 3.12 "双曲线"系列火箭与"焦点一号"发动机

图 3.13 "力箭一号"运载火箭

直径为 3.35 m,起飞质量和起飞推力分别为 625 t 和 766 t,一级采用三枚通用芯级助推器,每枚配备 3 台 YF-102 液氧煤油发动机,近地轨道及 500 km 太阳同步轨道运载能力分别为 12 t 和 8 t,可重复使用次数大于 20 次,计划于 2025 年实现首飞。"力箭二号重型"总长 56 m,芯级直径为 3.35 m,捆绑 4 个通用芯级模块作为助推器,起飞质量和起飞推力分别为 913 t 和 1 300 t,近地轨道及 500 km 太阳同步轨道运载能力分别为 22 t 和 15 t,可重复使用次数大于 20 次;"力箭三号"大型全回收液体火箭全长 91 m,芯级直径为 6 m,起飞质量和起飞推力分别为 1 800 t 和 1 950 t,近地轨道运载能力为 40 t,可重复使用次数大于 100 次;"亚轨道飞行器"全长 21 m,起飞质量为 79 t,单次飞行可搭乘 7 名乘客,最大飞行高度为 100 ~ 120 km,可重复使用次数大于 30 次,计划于 2027 年进行首次飞行,并于 2028 年开始载人太空边缘旅游。

（5）中国长征火箭有限公司的"捷龙"系列火箭。

中国长征火箭有限公司于 2016 年 10 月在北京正式揭牌,公司隶属于中国航天科技集团有限公司旗下的中国运载火箭技术研究院。主要研制"捷龙"系列运载火箭(图 3.14)。2019 年 8 月 17 日,由中国长征火箭有限公司研制的"捷龙一号"运载火箭在酒泉卫星发射中心发射成功,标志着"捷龙"系列商业运载火箭正式登上航天舞台。"捷龙"系列包括"捷龙一号"~"捷龙三号"三型固体运载火箭。"捷龙一号"火箭是面向商业航天市场打造的一款微小型固体运载火箭,也是我国固体火箭中体积最小、质量最轻的火箭。火箭为四级固体发动机串联的总体构型,全箭总长约 19.5 m,箭体直径为 1.2 m,起飞质量约为 23.1 t,500 km 高度太阳同步轨道运载能力不低于 200 kg;"捷龙二号"火箭项目已终止,被"长征十一号"固体火箭替代。"捷龙三号"火箭是"捷龙"系列中箭体直径最大、运载能力最强、整流罩包络空间最大的一型火箭。火箭采用四级固体串联构型,箭体最大直径为 2.64 m,起飞质量为 140 t,500 km 太阳同步轨道运载能力为 1.5 t,可同时适应海上、陆地两种发射方式,可在 72 h 内完成星箭技术准备和发射任务,已于 2022 年 12 月 9 日成功实现首次海上飞行试验,以"一箭 14 星"方式将 14 颗卫星精准送入预定轨道。

(a) "捷龙一号"

(b) "捷龙三号"

图 3.14　"捷龙"系列运载

本次发射是我国完成的首次海上"热发射"。此前,我国已进行了 4 次海上发射,均由"长征十一号"火箭完成,且均采用了"冷发射"方式。

2023 年 12 月 6 日,"捷龙三号"在广东阳江附近海域点火升空,顺利将卫星互联网技术试验卫星送入预定轨道。截至 2024 年上半年,"捷龙三号"完成 3 次发射任务,成功率达 100%。

（6）星河动力航天的"谷神星"系列火箭。

星河动力航天成立于 2018 年 2 月，主要研制"谷神星"系列火箭（图 3.15）。"谷神星一号"是一款四级运载火箭，一、二、三级均采用固体发动机，四级为先进液体上面级。火箭全长 19 m，直径为 1.4 m，起飞质量为 30 t，近地轨道与 500 km 太阳同步轨道运力分别为 400 kg 和 300 kg。现有标准型和海射型两种型号。2020 年 11 月 7 日，由星河动力航天研制的"谷神星一号"固体运载火箭在酒泉卫星发射中心成功首飞，并顺利将天启星座 11 星送入预定轨道。2021 年 12 月 7 日，成功执行第 2 次发射任务，顺利将 5 颗小卫星送入预定轨道。

2023 年 9 月 5 日，"谷神星一号"海射型遥一运载火箭于山东海阳附近海域发射成功，顺利将 4 颗卫星送入 800 km 预定轨道，这也是中国民营火箭企业首次成功开展海上发射任务。区别于"发射筒弹射式"冷发射以及"导向框架式"热发射，本次海上发射采用的是陆上转运发射车热发射方式。海上发射意味着更高的技术要求和更大的实施难度。目前世界上仅有少数几个国家具备实施海射能力。截至 2024 年上半年，"谷神星一号"共执行 14 次发射（含 2 次海射），成功 13 次，星河动力航天也成为目前中国成功发射火箭次数最多的民营火箭公司。"智神星一号"是由星河动力航天自主研制的两级液体加先进上面级的中大型可重复使用运载火箭。火箭全长约 50 m，直径为 3.35 m，起飞质量为 283 t，近地轨道及 700 km 太阳同步轨道运载能力分别为 8 t 和 3 t，芯一级、芯二级均安装由星河动力航天自主研制的"苍穹"液氧煤油可重复使用 50 次的火箭发动机。该火箭计划于 2025 年前后首飞。

(a) "谷神星一号"   (b) 研制中的"智神星一号"

图 3.15 "谷神星"系列火箭

（7）东方空间的"引力"系列火箭。

东方空间成立于 2020 年 6 月，主要研发"引力"系列运载火箭（图 3.16）和"原力"系列火箭发动机。

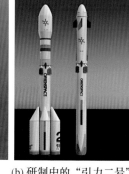

(a)"引力一号"　　　　(b) 研制中的"引力二号""引力三号"

图 3.16　"引力"系列火箭

2024 年 1 月 11 日，由东方空间自主研制的"引力一号"遥一运载火箭在山东海阳附近海域首次发射成功，并将 3 颗卫星顺利送入预定轨道。"引力一号"是一款三级半构型且全球首创全固体捆绑式运载火箭，高度约为 30 m，芯级和助推器直径同为 2.65 m，是迄今全球最大固体运载火箭，中国运力最大的民营商业火箭，也是中国首枚捆绑式民商火箭。其起飞质量与推力分别为 405 t 和 600 t，整流罩直径为 4.2 m，近地轨道运载能力为 6.5 t，500 km 太阳同步轨道运载能力为 4.2 t。"引力一号"的首飞成功，标志着我国商业运载火箭自主创新取得重大进展，也填补了捆绑型固体火箭海上发射的技术空白。

"引力二号"是东方空间正在研制的一款中大型可回收复用液体火箭。芯一级采用 9 台由东方空间研制的"原力-85"液氧煤油发动机，可实现不少于 30 次的回收复用，芯二级采用 1 台"原力-85"真空版液氧煤油发动机。全箭总长 70 m，芯级直径为 4.2 m，拥有光杆及加助推两种构型，近地轨道运载能力在不回收任务中达到 21.5 ~ 29 t，500 km 太阳同步轨道运载能力则为 15 ~ 20 t，计划于 2026 年首飞。"引力三号"是一款运载能力更大的两级半液体火箭，近地轨道和 500 km 太阳同步轨道运载能力分别为 61 t 和 38 t，该型火箭计划于 2027 年首飞。

另外，发展火箭重复使用技术，也是我国航天未来重要发展规划之一，深圳市翎客航天技术有限公司（简称翎客航天）于 2015 年 6 月最早启动可回收火箭的研制并开展了数百次地面试验和飞行试验。2019 年 3 月 27 日，翎客航天在位于山东龙口的火箭回收试验场完成了公里级可回收火箭自由状态下

的低空飞行回收试验,并取得圆满成功,实现了中国新一代可回收火箭技术的"第一跳";2019 年 8 月 10 日,翎客航天"RLV-T5 型"火箭在青海省冷湖火箭基地进行第三次可回收飞行试验并取得圆满成功(图 3.17)。遗憾的是,有关翎客航天近 5 年的业务进展鲜有报道。

图 3.17　翎客航天开展火箭回收试验

　　由"国家队"研制的"长征二号丙"火箭于 2019 年 7 月 26 日成功进行了一次技术试验,通过在火箭上安装栅格舵,实现了一子级落点的精确控制,距离火箭可重复使用前进了重要一步。此外,我国还通过伞降回收技术实现了"长征三号乙"火箭的助推器回收(图 3.18)。但无论是伞降回收方式,还是栅格舵回收方式,目前最大的问题是火箭落地后发动机也随之报废,与真正意义的重复使用还有不小的差距。目前,全球只有美国 SpaceX 的"猎鹰"火箭实现了真正意义的火箭的重复使用,采用的方式是垂直起降回收。

图 3.18　"长征三号乙"火箭助推器回收

我国在火箭的垂直起降回收方面也做了不少尝试。

2020 年 12 月 22 日,首飞成功的"长征八号"围绕火箭一级回收开展了不少技术尝试,以垂直起飞和垂直降落为目标,在着陆缓冲机构、低空低速的返回段制导、自主控制等回收技术领域开展了相关试验,后续还将对回收关键技术进一步攻关。

2024 年 6 月 23 日,由上海航天八院研制的 3.8 m 直径可重复使用火箭验证箭圆满完成我国首次 10 km 级垂直起降飞行试验。本次试验是目前国内最大规模火箭的飞行试验,也是我国自主研制的变推力液氧甲烷发动机在10 km 级返回飞行中的首次应用。后续,还将开展 70 km 级垂直起降飞行试验,并计划于 2025 年实现火箭的轨道级首飞。

此外,我国民营商业航天公司也围绕火箭垂直回收做了不少工作。

2021 年 7 月,江苏深蓝航天有限公司(简称深蓝航天)完成了首次 10 m级"蚱蜢跳"的垂直起飞和垂直降落自由飞行;同年 10 月 13 日,该公司成功完成了百米级垂直回收试验。2022 年 5 月 6 日,深蓝航天自主研发的"星云-M"试验箭[图 3.19(a)]成功进行了 1 km 级垂直回收试验验证,宣告了其在中国可回收复用火箭历史上攀登上了新高度,向成功实现火箭入轨及回收又迈进了坚实一步,深蓝航天也因此成为当时继 SpaceX 之后全世界第二家完成该飞行试验的民营航天公司。"星云-M"试验箭使用一台由深蓝航天自主研发的"雷霆-5"泵压式液氧煤油发动机,可实现 50% ~100% 推力调节。在千米级垂直回收飞行试验中,飞行速度达到 0.2 Ma,飞行高度近 1 km,这是当时国内开展的飞行高度最高、飞行速度最快、飞行时间最长的垂直回收试验。2024 年 9 月 22 日,深蓝航天实施了"星云-1"火箭[图 3.19(b)]首次高空垂直回收飞行试验,遗憾的是,一子级箭体在最后着陆阶段发生异常,试验任务未能取得完全成功。"星云-1"火箭的箭体直径为 3.35 m,芯一级高度约为 21 m,并联 9 台深蓝航天自主研发的"雷霆-R1"国内首个针栓式液氧煤油发动机,可回收重复使用,近地轨道运载能力为 2 t。该任务或将拉开中国可回收运载火箭商业化运行大幕,推动我国火箭垂直回收步入新阶段。

12. 运载火箭展望

对于"长征"系列运载火箭,为满足未来航天发展的更多需求,我国还在研制"长征九号""长征十号""长征十二号"等更多型谱的新型火箭。

预计到 2028 年前后,新一代重型运载火箭"长征九号"(图 3.20)将实现首飞,"长征九号"芯一级、芯二级最大直径均达到 10.6 m,三级直径为7.5 m,起飞质量为 4 122 t(相当于一艘中型驱逐舰或者 1 000 头大象的质量),芯一级火箭安装 16 台 YF-135 液氧煤油发动机,芯二级火箭采用 4 台推力为 120 t的氢氧发动机,芯三级火箭采用 1 台推力为 120 t 的氢氧发动机,总起飞推力高达 5 873 t,高度为 108 m,近地轨道运载能力将达到 150 t,地月转移轨道运

(a)"星云-M"试验箭

(b)"星云-1"火箭

图 3.19　深蓝航天火箭垂直回收试验

载能力为 53 t,地火转移轨道运载能力为 45～50 t。

图 3.20　"长征九号"重型运载火箭效果图

　　目前,负责研制任务的中国运载火箭技术研究院已突破一系列关键技术,实现多个"国内第一"和"世界首次"。未来,重型运载火箭综合性能指标将达到国际运载火箭先进水平,可以满足较长一段时期国内深空探测及载人登月登火等重大航天工程的任务需求。

　　"长征十号"是我国为发射新一代载人运载飞船而全新研制的更可靠、更安全的新一代载人运载火箭(图3.21)。它是由助推器、芯一级、芯二级、芯三级、逃逸塔及整流罩组成,芯一级～芯三级直径均为 5 m(与"长征五号"火箭一致),各安装有 7 台、2 台和 3 台发动机,火箭全长约为 90 m(比"长征五号"高近 1/3),起飞质量约为 2 200 t,可以将 27 t 有效载荷直接送入地月转移轨道,或将 70 t 有效载荷送入近地轨道(是"长征五号"火箭运载能力的 3 倍左右）。新一代载人运载火箭按照载人飞行的最高安全标准设计,在后期可以用于载人月球探测工程中的绕月、登月等演示验证及飞行任务,快速推动我国运载火箭技术和进出空间能力的重大提升与跨越。未来,还可以和重型运载火箭"长征九号"组合使用建立月球基地,实现月球可持续开发利用。

图 3.21 "长征十号"新一代载人运载火箭效果图

"长征十号"火箭预计于 2027 年首飞,可以发射新一代载人飞船、月面着陆器,及其他大型舱段至月球轨道。首飞之后的下一次发射就可以用于载人登月任务,届时可先期发射月面着陆器至环月轨道,再发射新一代载人飞船至环月轨道,两器在环月轨道交会对接,航天员进入月面着陆器开展载人登月。

"长征十二号"运载火箭是由中国航天科技集团有限公司八院抓总研制的我国首型 3.8 m 直径两级构型液体运载火箭,火箭全长约 62 m,一子级采用 4 台推力 1 250 kN 的液氧煤油发动机,二子级采用 2 台推力 180 kN 的液氧煤油发动机,近地轨道运载能力不小于 12 t、700 km 太阳同步轨道运载能力不小于 6 t。2024 年 11 月 30 日,"长征十二号"在海南文昌我国首个商业航天发射场首飞成功。"长征十二号"已做好高密度发射准备,将有效提高我国太阳同步轨道入轨能力和低轨星座组网能力,助力我国航天运输体系高质量发展。

"长征十二号"为何首创3.8 m箭体直径?

"长征"系列火箭的芯级直径通常为3.35 m,固体运载火箭的直径普遍在3 m以下,而"长征十二号"开创性地采用了3.8 m箭体直径。据悉,这是根据我国新一代主力液氧煤油发动机YF-100系列的改进研制情况,经反复论证研究试验的结果,既能铁路运输至各内陆发射场,又可实现箭体直径与发动机数量的最佳适配,实现一箭通用,并为未来可重复使用火箭奠定基础。

在可重复使用运载火箭方面,我国正在加速研制直径为4 m级和5 m级火箭,目前已完成垂直起降悬停试验,取得了可重复使用火箭关键技术突破。据悉,两型火箭分别计划于2025年和2026年首飞。预计到2035年前后,运载火箭将实现完全重复使用,以智能化和先进动力为特点的未来一代运载火箭将实现首飞;到2040年前后,未来一代运载火箭将投入应用,组合动力两级重复使用运载器将研制成功,核动力空间穿梭机将出现重大突破。

此外,在民营运载火箭的可回收复用技术研制方面,蓝箭航天的"朱雀三号"、天兵科技的"天龙三号"、星际荣耀的"双曲线二号""双曲线三号"、中科宇航的"力箭二号""力箭三号"、星河动力航天的"智神星一号"、东方空间的"引力二号""引力三号"、深蓝航天的"星云-1"等众多系列民营火箭正在呈现百花齐放的态势,可以预见,商业航天,未来可期。

中国工程院龙乐豪院士设想,预计到2030年,我国将拥有由"小、中、大、重"约10型组成的完整的新一代"长征"系列运载火箭,近地轨道、地球同步转移轨道、地月转移轨道、地火转移轨道最大运载能力将分别达到140 t、66 t、50 t和44 t级,有力支撑航天强国战略。

3.3　航天器

3.3.1　人造卫星

我国的卫星研制工程始于 20 世纪 50 年代末。继 1970 年 4 月 24 日我国第一颗人造地球卫星"东方红一号"在酒泉卫星发射中心成功发射后,经过半个多世纪的艰苦奋斗,我国的人造卫星事业蓬勃发展,创造了一个又一个新的里程碑事件。从累计发射卫星总量来看,在世界各国名列前茅(2.3.1 节已有叙述)。从卫星发射的种类来看,涵盖了遥感卫星、通信卫星、气象卫星、导航卫星等主要类型。下面简要介绍有代表性的系列卫星研制情况,包括遥感卫星、通信卫星、气象卫星、导航卫星、中继卫星及科学实验卫星等。

1. 遥感卫星

遥感,遥远的感知,泛指一切无接触的远距离探测。我国遥感系列卫星是指利用遥感技术和遥感设备,对地表覆盖和自然现象进行观测的人造卫星,其遥感影像主要应用于国土资源勘查、环境监测与保护、土地测绘、城市规划、农作物估产、防灾减灾、应急响应和空间科学试验等领域,与人们生活也息息相关。遥感卫星主要有气象卫星、陆地卫星和海洋卫星三种类型。

2006 年 4 月 27 日,"遥感卫星一号"在太原卫星发射中心首次发射成功。截至 2024 年 10 月,中国已经成功发射 42 组遥感系列卫星("遥感一号"至"遥感四十三号",其中"遥感三十三号"卫星发射失利)。"遥感"系列卫星正逐步形成网络服务平台,在促进航天科技研究、提高人们科技生活质量等方面发挥了重要作用。特别是在抗击汶川大地震、舟曲特大泥石流等重大自然灾害中,"遥感"系列卫星通过实时对地成像观测,为地面指挥、抗灾救助、灾情核实、恢复重建等提供了海量信息支持。

此外,"吉林一号"卫星星座也是我国重要的光学遥感卫星星座,由中国长光卫星技术股份有限公司自主研发,也是该公司在建的重要核心工程之一,是目前全球最大的亚米级商业遥感卫星星座。截至 2023 年底,"吉林一号"共有 108 颗卫星在轨运行,组成了我国规模最大的商用遥感卫星"天团",并逐渐发展成为全球重要的航天遥感信息来源。此前,首批"吉林一号"商用光学遥感卫星于 2015 年 10 月 7 日成功发射,标志着我国商业遥感卫星领域迈出了重要一步,同时也拉开了我国商业航天大幕,开创了我国商业卫星应用的

先河。该星座目前具备全球一张图一年更新三次、全国一张图一年更新九次的能力。预计 2025 年前后,"吉林一号"将实现 138 颗卫星组网,形成全天时、全天候、全谱段数据获取能力,实现全球任意地点 10 min 重访,可提供全球最高时空分辨率的遥感信息和产品服务。

2. 通信卫星

通信卫星是卫星通信系统的空间部分,是可以作为无线电通信中继站的人造地球卫星,它可以传输电话、电报、传真、数据和电视等信号。一颗地球静止轨道通信卫星大约能够覆盖 40% 的地球表面,使覆盖区内的任何地面、海上、空中的通信站能同时相互通信。在赤道上空等间隔分布的 3 颗地球静止轨道通信卫星可以实现除两极部分地区外的全球通信。通信卫星是世界上应用最早、应用最广的卫星之一,美国、苏联/俄罗斯和中国等众多国家都发射了通信卫星。

通信卫星像一个国际信使,收集来自地面的各种"信件",然后再"投递"到另一个地方的用户手里。由于它是"站"在 36 000 km 的高空,所以它的"投递"覆盖面特别大,一颗卫星就可以负责地球表面 1/3 的通信。当卫星接收到从一个地面站发来的微弱无线电信号后,会自动把它变成大功率信号,然后发到另一个地面站,或传送到另一颗通信卫星上后,再发到地球另一侧的地面站上,这样,我们就收到了从很远的地方发出的信号。

截至目前,中国共发射了五代通信卫星。第一代通信卫星由 3 颗卫星组成。1983 年 1 月 29 日,第一颗"东方红二号"地球静止轨道试验通信卫星发射。1984 年 4 月 8 日,第二颗"东方红二号"地球静止轨道试验通信卫星的成功发射标志着中国成为世界上第五个能独立研制和发射地球静止轨道通信卫星的国家,以及第三个掌握先进低温火箭技术的国家;1986 年 2 月 1 日,第三颗"东方红二号"实用通信广播卫星的成功发射,标志着中国卫星通信由试验阶段进入实用阶段。

第二代通信卫星是分别于 1988 年 3 月 7 日、1988 年 12 月 22 日和 1990 年 2 月 4 日成功发射的载有 C 波段转发器的"东方红二号甲"实用通信卫星,它能使全国当时几亿人通过数千个地面接收站收看电视节目,大大改善了我国的通信和广播电视传输条件;第三代通信卫星是 1997 年 5 月 12 日发射的"东方红三号"地球静止轨道通信卫星,这是一颗中容量广播通信卫星,该卫星改善了中国的国际通信以及西部边远山区的通信状况,扭转了我国依赖国外通信卫星的不利局面。

进入 21 世纪初,随着通信卫星市场的迅猛增长,我国快速研发"东方红四号"卫星平台。截至 2019 年底,共计 25 颗采用该平台的通信卫星在轨稳定运行且表现优异,覆盖了全球 80% 的人口。该平台适用于大容量通信广播卫星、大型直播卫星、远程教育和医疗等公益卫星。

2017 年 4 月 12 日,我国首颗高轨道高通量通信卫星——"实践十三号"(图 3.22)于西昌卫星发射中心成功发射。该卫星最高通信总容量达 20 Gb/s,超过了我国之前研制的所有通信卫星容量总和,带动了中国卫星通信技术的跨越式发展。近年来我国充分利用高通量通信卫星组成高宽带移动通信系统覆盖大部分地区和近海海域,在飞机机舱内、高速运行的高铁上,甚至偏远的山区,已实现了便捷高速上网。卫星在轨测试期间完成了多项科学试验,其中首次高轨道卫星对地高速激光双向通信试验的成功,标志着中国在空间高速信息传输领域跻身世界前列,为后续天地一体化信息网络国家重大科技工程的顺利实施奠定坚实基础。

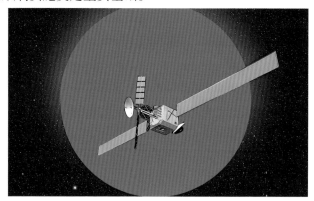

图 3.22　"实践十三号"通信卫星效果图

"实践十三号"在完成多项试验验证后,已正式纳入"中星"卫星系列,命名为"中星 16 号",使我国成为继美、欧等少数发达国家和地区后掌握 Ka 频段宽带通信这一先进技术的国家。截至 2023 年底,我国已初步建成第一张由"中星 16 号""中星 19 号""中星 26 号"等高通量卫星组成的高轨卫星互联网,完整覆盖我国国土全境。

值得一提的是,"实践十三号"卫星验证了一种先进的推进技术——电推进,这也是我国首颗采用电推进的卫星。与常规的化学推进方式相比,其工作效能可以提高 10 倍以上,这就可以显著减轻卫星携带的推进剂质量,从而可以有效减小卫星质量或增加有效载荷,这种提升卫星性能的重要手段,正逐渐成为世界各国卫星推进系统的主流。该卫星的电推进系统采用的是氙离子推力器,首先把卫星太阳帆板转化来的电能做高电压处理,用上千伏的电压将氙气在真空中电离,然后通过加速栅极发射出来从而获得调整卫星轨道的推力。

2019 年 12 月 27 日,"实践二十号"卫星在中国文昌航天发射场由"长征五号"运载火箭成功发射。该卫星重达 8 t,是当前世界上最重的通信卫星,同时也是目前中国技术含金量最高的卫星。"实践二十号"(图 3.23)的成功发射及在轨运行,使"东方红五号"平台技术得以充分验证,为"东方红五号"平台的全面推广与应用奠定了坚实基础。同时还可用于研制大吨位宽带通信卫星,从而增强我国在这一领域的国际竞争力。

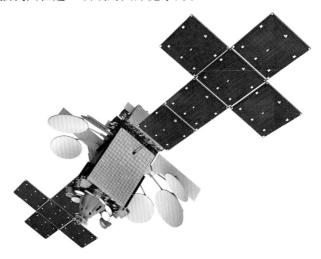

图 3.23 "实践二十号"通信卫星

2016 年 8 月 6 日,我国在西昌卫星发射中心成功发射了首颗移动通信卫星"天通一号",标志着我国正式进入了移动通信卫星时代。"天通一号"由 01 星、02 星、03 星组网,是我国首个自主可控的卫星移动通信系统,实现了对亚太区域覆盖,提供了语音、短信、数据、视频回传等业务,提升了我国卫星通信服务和应急通信保障能力。"天通一号"由唯一的运营商中国电信运营。移动通信卫星的最大特点就是可以为移动用户之间提供通信服务,不但能为车辆、船舶及飞机等大型移动用户提供通信服务,还可以使个人终端直接进行卫星通信,已发射的"铱星"和"全球星"就是典型。2019 年,我国南方地区遭遇严重的洪涝灾害,广西多地通信电力中断,卫星电话作为唯一对外联络工具,在抗洪救灾工作中发挥了重要作用。

3.气象卫星

气象卫星,一般指从太空对地球及其大气层进行气象观测的人造地球卫星。1969 年 1 月,周恩来总理作出明确指示,应该搞我们自己的气象卫星。从此,我们拉开了气象卫星研制的序幕。半个多世纪过去了,我国成功研制了"风云一号"~"风云四号"共四个系列的气象卫星。

（1）"风云一号"系列气象卫星。

1977 年是中国气象卫星界不可忘却的一年。这一年著名的"7711 会议"召开,中国气象界由此正式踏入"风云"纪元。这一年 11 月,在上海召开第一次气象卫星大总体方案论证会,会议统一了对气象卫星研制工作的认识和指导思想,并确定了我国第一代太阳同步轨道气象卫星(又称"极轨气象卫星",它们通过南北两极围绕地球飞行,能够进行全球观测)命名为"风云一号"系列,由四颗星组成。

1988 年 9 月 7 日,我国在太原卫星发射中心由"长征四号甲"运载火箭成功将第一颗气象卫星"风云一号"A 星送入预定轨道,使中国成为世界上第三个能够独立发射太阳同步轨道卫星的国家。遗憾的是,该星在升空仅 39 天后便发生了意外,卫星失控结束了短暂的"生命",这一事件在中国气象卫星研制工作者心中成为难以抹去的"39 天之痛"。

1990 年 9 月 3 日,"风云一号"B 星由"长征四号甲"运载火箭成功发射,但 10 多 d 过后,卫星开始出现异常,在同年的除夕夜晚上,危险到达了顶峰——卫星云图发生扭曲,卫星自身也因控制系统出现问题而不停翻滚,随后的 75 d 里伴随着一场世界航天史上罕见的卫星地面营救。尽管科研人员奋力一次次地挽救卫星,但它的寿命最终还是大打折扣。

1999 年 5 月 10 日,中国驻南联盟大使馆被轰炸后的第三天,"风云一号"C 星由"长征四号乙"运载火箭成功发射。在那个满是阴霾的时局下,这颗卫星被国人捧为"争气星",铭刻在北京中华世纪坛上。

2002 年,"风云一号"D 星由"长征四号乙"运载火箭发射升空,该卫星第一次实现了遥感卫星的长寿命业务运行,成为国内长寿命的在轨遥感卫星之一。

（2）"风云二号"系列气象卫星。

"风云二号"系列卫星是我国第一代地球静止轨道气象卫星(它们始终和地面保持相对静止,用于对我国及周边区域进行气象观测),共发射 8 颗,即"风云二号"A/B/C/D/E/F/G/H 星,前两颗为试验星,后六颗为业务星。两颗试验星分别于 1997 年和 2000 年发射成功,但均运行时间不长,最终未能实现业务化。

2004 年,首颗业务星"风云二号"C 星成功定点,后来该星被评价是当时国内应用最为广泛的业务应用卫星,世界气象组织对该星给出高度评价,"达到了美国和日本 20 世纪 90 年代气象卫星的水平,图像质量甚至超过了美国",并将其列为全球气象卫星观测网的重要业务卫星之一。之后的十多年时间,陆续成功发射了后续的五颗业务星。

（3）"风云三号"系列气象卫星。

"风云三号"气象卫星（图3.24）是为了满足我国天气预报、气候预测和环境监测等方面的迫切需求而建设的第二代极轨气象卫星，由七颗星（A/B/C/D/E/F/G星）组成。2008年5月27日，我国在太原卫星发射中心成功发射"风云三号"A星，该星与"风云二号"同步轨道气象卫星实现多星并行观测，使中国气象探测能力达到国际先进水平。此后十余年中，"风云三号"B星、C星、D星、E星、F星和G星相继发射成功，并与A星实现七星组网。组网后的"风云三号"实现了对大气的三维探测、全球高分辨率观测和全天候、全天时工作。其中，作为我国第二代极轨气象卫星的第五颗卫星——"风云三号"E星，于2021年7月5日发射，是世界首颗民用晨昏轨道气象卫星，被誉为开启新征程的"黎明星"，其成功发射和在轨运行，填补了全球晨昏时段大气探测信息空白，有力提升了我国乃至全球天气预报发布的准确性。

图3.24 "风云三号"气象卫星

（4）"风云四号"系列气象卫星。

2016年，"风云"家族再度传来喜讯，我国第二代地球静止轨道气象卫星正式诞生。同年12月11日，"风云四号"（图3.25）A星（首发试验星）发射成功，目标是在观测能力和指标上大大超越第一代静止轨道气象卫星"风云二号"，该星的观测效率提升20倍、探测通道提升3倍、空间分辨率提升4倍、时间分辨率提升2倍、观测数据量增加160倍，在世界上首次实现了成像观测和红外高光谱大气垂直探测综合观测，使我国具备了在静止轨道上保持稳定、高效、连续的天气观测能力，也实现了气象卫星技术从"跟跑""并跑"转向"并跑""领跑"的新局面，成为世界气象卫星发展史的重要里程碑。2018年5月8日，全部国家级气象业务平台完成"风云二号"到"风云四号"A星的业务切换,中国及亚太地区用户已可正式接收"风云四号"A 星数据,标志着"风云四号"A 星已正式投入业务运行,开创了首颗试验星直接投入业务运行的先河。2022 年 1 月,"风云四号"A 星正式成为空间与重大灾害国际宪章的值班卫星。

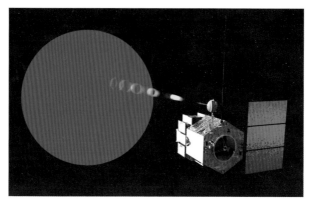

图 3.25　"风云四号"气象卫星

2021 年 6 月 3 日,"风云四号"B 星成功发射,这是我国第二代静止轨道气象卫星的首发业务星,与"风云四号"A 星试验星相比,卫星整体的可靠性、稳定性和探测精度都得到了提高。目前,"风云四号"A 星、B 星双星组网,东西相守,可提供更加及时、准确的观测数据。

2017 年 5 月 17 日,世界气象组织执行理事会认定中国气象局为世界气象中心之一,是目前设在发展中国家的唯一的世界气象中心。我国的气象卫星成为世界气象中心(北京)的重要支撑。

截至 2023 年,我国已发射两代四型共计 21 颗风云气象卫星,其中 9 颗在轨稳定运行(图 3.26),持续为全球 129 个国家和地区提供百余种数据产品和服务,是世界上在轨气象卫星数量最多、种类最为齐全的国家,同时也是世界上继美国、俄罗斯之后第三个同时拥有地球静止轨道和太阳同步轨道气象卫星的国家。中国气象卫星的崛起,改写了世界气象卫星版图,促成了中、美、欧三足鼎立的格局,让大写的中国屹立在风雨之巅。

展望未来,我国将于 2035 年前建成第三代风云气象卫星综合观测体系,建立支撑精细预报的智慧观测业务系统,实现星地-星间协同智慧观测,全球观测数据获取和处理时效达到 1 h 以内。气象多变,且看"风云"!

4. 导航卫星

卫星导航系统离不开导航卫星。北斗卫星导航系统(BeiDou Navigation Satellite System,简称北斗系统/BDS),是中国着眼于国家安全和经济社会发

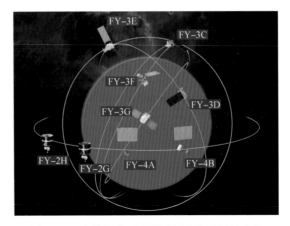

图 3.26　在轨气象卫星示意图(截至 2023 年)

展需要、自主研制、独立运行的全球卫星导航系统(图 3.27),是为全球用户提供全天候、全天时、高精度定位、导航和授时(PNT)服务的国家重要时空基础设施,同时也是继美国 GPS、俄罗斯 GLONASS 之后的第三个成熟的全球卫星导航系统,是全球四大卫星导航(含欧盟 GALILEO)核心供应商之一,截至 2023 年 12 月,我国共成功发射 58 颗北斗导航卫星。

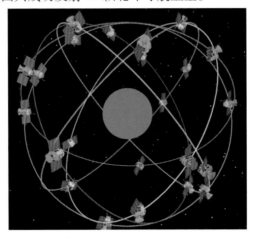

图 3.27　北斗卫星导航系统示意图

　　我国高度重视北斗导航系统建设发展,自 20 世纪 80 年代开始探索适合国情的卫星导航系统发展道路,并形成了"三步走"发展战略。

　　第一步,1994 年启动"北斗一号"系统工程建设。北斗卫星导航试验系统是我国自主建设、独立运行的第一代卫星导航系统。2000—2003 年,我国成功发射了 3 颗地球静止轨道北斗卫星,构建了"北斗一号"导航试验系统,向中国自身提供服务,极大地改善了我国长期缺乏自主有效的高精度导航定位手段的被动局面,使我国成为继美国、俄罗斯之后世界上第三个拥有自主卫星导航系统的国家。"北斗一号"系统现已退役。

第二步,2004 年启动建设"北斗二号"系统。2007 年 4 月 14 日,我国成功发射了第一颗"北斗二号"导航卫星,正式开始独立自主建设我国"北斗二号"卫星导航系统。截至 2012 年 10 月底,完成 16 颗卫星发射组网。2012 年 12 月 27 日,国务院新闻办公室召开新闻发布会,宣布"北斗二号"区域导航系统全面建成,正式向中国及亚太周边地区提供定位、测速、授时和短报文通信服务。

小贴士

为什么 2007 年是北斗系统建设过程中的关键之年?

发射导航卫星的前提是要有合法的轨道位置和频率资源。几经波折,国际电联终于辟出资源给中国作为导航卫星合法使用频段,但规定必须在 7 年内发射导航卫星并成功接收传回信号,逾期则自动失效。为保住 2007 年 4 月 17 日这一最后发射窗口,北斗人夜以继日攻关。然而发射前卫星上的应答机突现异常,北斗团队经过三天三夜不眠不休的努力,成功排除了故障。2007 年 4 月 14 日,这颗肩负重大使命的卫星成功发射,3 d 后成功接收到来自这颗卫星发回的信号。那一刻,距离频率时效最后期限不到 4 h,可谓惊心动魄,扣人心弦!

第三步,2009 年启动建设"北斗三号"系统。2020 年 6 月 23 日,随着第 55 颗北斗导航卫星(也是"北斗三号"的第 30 颗卫星)顺利入轨,我国提前半年完成了"北斗三号"全球卫星导航系统星座部署目标,并向全球提供基本导航(定位、测速、授时)、短报文通信、国际搜救等服务,标志着北斗卫星导航系统"三步走"发展战略圆满收官。值得一提的是,2022 年开始,中国新生产的手机,使用的全部都是"北斗三号"导航卫星。在野外没有网络信号的情况下,还能使用北斗短报文功能实现紧急救助,这是美国 GPS 导航卫星所不具备的功能。北斗导航系统的成功是我国从航天大国迈向航天强国的重要标志,也是"十三五"期间我国实现第一个百年奋斗目标过程中航天领域完成收官的首个国家重大工程。无疑是中国航天事业发展过程中的又一具有重大意

义的里程碑。

在 2022 年 4 月 14 日召开的中国卫星导航年会新闻发布会上获悉,"北斗三号"卫星导航系统开通服务以来,系统运行稳定,服务性能稳中有升,全球范围定位精度实测优于 4.4 m,与美国 GPS 精度相当,亚太地区性能更优,为全球用户提供优质可靠的定位导航设施。……北斗系统已广泛进入大众消费,共享经济和民生领域,持续影响并改变着人们的生产生活方式,逐步成为经济和社会发展的重要时空基石。

另有统计数据显示,截至 2022 年 11 月,北斗卫星在民用导航的日均使用量已超 2 100 亿次。在每次导航定位调用的卫星数量中,北斗卫星最多,较排名第二的 GPS 多出 30%,已超越 GPS 全面主导我国的导航应用定位。2022年 12 月,北斗卫星导航系统入选由中国工程院院刊 *Engineering* 发布的"2022全球十大工程成就"。2023 年 11 月,北斗系统正式加入国际民航组织标准,成为全球民航通用的卫星导航系统,此举对于推动民航高质量发展和交通强国建设具有重要意义,有利于推进北斗系统在民航领域的市场化、产业化及国际化应用。

北斗工程历时 26 年,由 55 颗卫星完成组网,总投资超 700 亿元人民币,累计调动 30 余万科研人员参与其中,所以又被形象地称为"五千万工程"——"调动了千军万马,经历了千难万险,付出了千辛万苦,走进了千家万户,造福了千秋万代"。

目前,全球已有 200 余个国家和地区使用北斗系统,全球服务可用性优于 99%。这意味着,在一整年中,用户可在超过 99% 的时间内,享受到由北斗系统提供的服务。随着全球组网的成功,北斗卫星导航系统未来的国际应用空间将会不断扩展。

 小贴士

北斗卫星导航系统采用了什么样的标识?

它是由正圆形、写意的太极阴阳鱼、北斗星、网格化地球和中英文文字等要素组成(图 3.28)。圆形象征中国传统文化中的"圆满";深蓝色的太空和浅蓝色的地球代表航天事业;太极阴阳鱼蕴含了中国传统文化;北斗星是自远古时起人们用来辨识方位的依据;网格化地球和中英文文字代表了北斗卫星导航系统开放兼容、服务全球。

图 3.28　北斗卫星导航系统标识

　　展望未来,BDS 将与 GPS、GLONASS 和 GALILEO 系统兼容、互操作,真正做到"中国的北斗,世界的北斗,一流的北斗"。此外,按照计划,该系统还将于 2035 年建成以北斗为核心的更加泛在、更加融合、更加智能的综合定位、导航、授时体系,届时,从室内到室外、从深海到深空,用户均可享受全覆盖、高可靠的导航定位授时服务,北斗卫星导航系统必将以更强的功能和更优的性能,服务全球、造福人类。

5.中继卫星

　　中继卫星是通信卫星的一种,全称是跟踪与数据中继卫星,主要用于大传输量的数据传输。随着航天器种类和数量日益增多,航天器的跟踪和控制任务越来越重,数据传输量也越来越大,单靠地面测控站难以胜任。为及时有效地完成对航天器的管理和数据收集工作,中继卫星应运而生,可为卫星、飞船、空间站等航天器提供数据中继和测控服务(可以简单理解为"卫星的卫星"),极大地提高各类卫星使用效益和应急能力。例如,我国在执行天地通话、太空授课、交会对接、出舱活动等重要任务的通信时就是以"天链"中继卫星为主来完成的。

　　"天链",顾名思义就是"天上的信息链"。目前,我国已经成功研制了两代地球同步轨道数据中继卫星系统。第一代已成功发射"天链一号 01 星"~"天链一号 05 星"五颗卫星,第二代已成功发射"天链二号 01 星"~"天链二号 03 星"三颗卫星。

　　2008 年 4 月 25 日,我国在西昌卫星发射中心成功将首颗地球同步轨道数据中继卫星"天链一号 01 星"送入预定轨道,填补了我国卫星领域的数据中继和天基测控领域的空白,它的成功发射,使我国测控覆盖率由原来的

12% 大幅提高到 60% 左右；2011—2012 年，"天链一号 02 星""天链一号 03 星"陆续成功发射升空，实现"天链一号"卫星全球组网运行（图 3.29），使我国的航天测控范围达到近 100%，标志着我国第一代中继卫星系统正式建成，成为世界上第二个实现中继卫星系统三星组网、全球覆盖的国家。

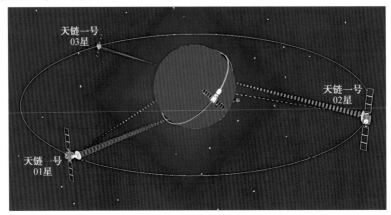

图 3.29　"天链一号"中继卫星系统

2013 年 6 月 20 日，"神舟十号"航天员王亚平在"天宫一号"上进行我国首次太空授课，此次太空授课就是在"天链一号"数据中继卫星的支持下，让公众看到更稳定、更清晰的实时画面。

2016 年 11 月 22 日，我国又成功发射了"天链一号 04 星"，它与之前发射的三颗星再次全球组网运行，进一步提高了我国中继卫星系统的稳健性，持续维持我国第一代中继卫星系统的完整性，为我国"神舟"飞船、空间实验室、空间站提供数据中继与测控服务，支持空间交会对接任务，同时为我国中、低轨道资源卫星提供数据中继服务，为航天器发射提供测控支持。2021 年 7 月 6 日，我国在西昌卫星发射中心使用"长征三号丙"运载火箭，成功将"天链一号 05 星"发射升空，卫星顺利进入预定轨道。至此，我国第一代数据中继卫星"天链一号"圆满收官。

2019 年 3 月 31 日，我国在西昌卫星发射中心将"天链二号 01 星"成功送入地球同步轨道。顾名思义，这是我国第二代数据中继卫星系统的首颗卫星，将为载人航天器、卫星、运载火箭以及非航天器用户提供数据中继、测控和传输等服务。

2021 年 12 月 14 日，我国在西昌卫星发射中心成功将"天链二号 02 星"发射升空。2022 年 7 月 13 日，我国在西昌卫星发射中心成功将"天链二号 03 星"送入预定轨道，完成测试后，与"天链二号 01 星""天链二号 02 星"实现全球组网运行，可具备满足中、低轨道航天器全球覆盖能力，并提供 24 h 无间断通信。"天链二号03 星"的成功发射标志着我国第二代数据中继卫星系统正式建成。

"天链二号"中继卫星系统在任务规划、系统管理、业务运行上相比"天链一号"中继卫星系统取得显著进步，数据传输速率和多目标服务能力也有较大提升，将对提高、中、低轨道卫星与载人航天器信息回传时效性，在轨运行安全性和任务实施灵活性发挥重要作用。

1. 其他国家中继卫星系统建设情况如何？

1983 年 4 月 4 日，美国在"挑战者"号航天飞机上发射了世界首颗中继卫星"TDRS-1"，开创了天基测控新时代。在之后的 10 余年间，直到 1995 年 7 月其第 7 颗应急备用中继卫星成功发射，完成了其第一代中继卫星系统建设工作。目前，美国正发展第三代中继卫星系统，其第一代中继卫星系统中有 3 颗卫星已失效，其余 4 颗仍在轨服役，第二代和第三代各 3 颗卫星均正常运行，共计 10 颗中继卫星在轨，建成了世界上系统最完备、应用规模最大的中继卫星系统，实现了全球覆盖，用户航天器接入系统日均近千次。

俄罗斯中继卫星系统目前有 3 颗第二代"射线"卫星在轨服役，实现准全球覆盖，用户航天器接入系统日均近百次。

ESA 中继卫星系统由 2 颗地球同步卫星和地面系统组成，实现区域覆盖，用户航天器接入系统日均数十次。

日本有 1 颗中继卫星在轨，达到区域覆盖，用户航天器接入系统日均数十次。

2. 专用中继卫星典型应用有哪些？

"嫦娥四号"探测器实现了人类首次月球背面软着陆，"鹊桥"中继星功不可没。2018 年 5 月 21 日，"鹊桥"中继星发射升空，进入绕地月 L_2 点的 Halo 轨道，该轨道位于距地球 40 多万 km、距月球 6.5 万 km 的地月延长线上，地月两大天体的引力和离心力在此达成巧妙平衡，"鹊桥"仅用少量燃料，即可保持平稳，同时"看见"月背与地球。

2019 年 1 月 3 日，在"鹊桥"的支持下，"嫦娥四号"顺利着陆在月球背面，并把月背近景和"玉兔二号"月球车的工作影像传回地面。在此过程中，"鹊桥"为"嫦娥四号"搭建起地月通信"传话筒"，确保通信和数据传输链路畅通，并将大量科学探测数据传回地球。

在中国首次火星探测任务中，"天问一号"探测器的环绕器通过配置 2.5 m 口径的高增益天线，实施为期约 3 个月的中继通信任务，构建起着陆巡视器与地球测控站的通信链路，向地面传回火星表面图像。

2021 年 11 月，中国和 ESA 火星探测器开展在轨中继通信试验，由"祝融号"火星车经由"天问一号"环绕器向 ESA"火星快车"轨道器发送测试数据，再由"火星快车"将数据转发给 ESA 深空测控站，转发至北京航天飞行控制中心，试验取得圆满成功。

6. 科学实验/天文观测卫星

科学卫星是指为科学研究服务的人造卫星。1971 年 3 月 3 日，我国第一颗科学卫星"实践-1 号"发射成功，开启了我国科学实验卫星发展的序幕，经过半个世纪的发展，尤其是进入新世纪以来科学实验卫星得以快速发展壮大，相继发射了多颗有代表性的科学卫星，包括"悟空号""墨子号""慧眼""碳卫星""张衡一号""太极一号"等。

2015 年 12 月 17 日，我国在酒泉卫星发射中心发射了世界上观测能段范围最宽、能量分辨率最优的暗物质粒子探测卫星——"悟空号"（Dark Matter Particle Explorer，DAMPE，图 3.30）。这是中国科学院空间科学战略性先导科技专项中首批立项研制的 4 颗科学实验卫星之一，也是我国首颗空间天文卫星。"悟空号"其实是一个空间望远镜，卫星整体质量为 1.85 t，有效载荷为 1.4 t，它拥有"火眼金睛"，可以探测高能伽马射线、电子和宇宙射线。它的主要科学目标是以更高的能量和更高的分辨率来测量宇宙射线中正负电子之比，让暗物质信号"无处遁形"。"悟空号"的成功发射无疑将我国的暗物质探测技术提高到新的水平，工作两个月内便观测到超大质量黑洞 CTA 102 正经历新一轮活跃期，工作三个月便探测到 4.6 亿个高能粒子，完成三分之二天区的扫描，它的后续工作有望推动我国科学家在暗物质探测领域取得重大突破，对促进我国空间科学领域的创新发展具有重大意义。暗物质粒子的探测目前是国际科学前沿竞争最为激烈的研究领域。暗物质和暗能量被科学家称为"笼罩在21世纪物理学上空的两朵乌云"。因此,中国和世界各国正在筹建或实施多个暗物质探测实验项目,其研究成果或将带来基础科学领域的重大突破(图3.30)。

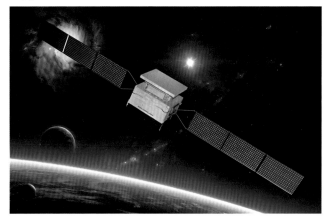

图3.30 "悟空号"效果图

目前,"悟空号"科研团队正开展下一代暗物质探测项目"甚大面积伽马射线空间望远镜(VLAST)"的关键技术攻关。VLAST对伽马射线的探测能力将大幅提升50倍以上,有望助力人类追踪到暗物质的具体行踪,还可以高效研究宇宙天体变化。

小贴士

1. 何为暗物质?

在浩瀚无垠的宇宙中,有一种物质,它既不能发光,也不吸收光,同时也不发出电磁波,因此我们无法采用任何光学或电磁观测设备直接观测到它,这种物质,就是暗物质,也被形象地称为"宇宙魅影"。虽然无法直接观测,但人类通过研究它对宇宙演化的影响有望揭开它的神秘面纱。

2. 发现暗物质有何重大意义?

主流科学界认为,人类已经发现的普通物质只占宇宙中总物质量的不足5%,它们组成了包括地球在内的星系、恒星、行星等发光和反光物质,而其余部分则由暗物质和暗能量等构成。时至今日,人类对暗物质、暗能量知之甚少。

因此揭开暗物质之谜,被认为是继哥白尼的日心说,牛顿的万有引力定律,爱因斯坦的相对论、量子力学之后,人类认识自然规律的又一次重大飞跃。

3. 有哪些探测暗物质的手段?

一种是间接探测,主要是通过宇宙射线和伽马射线探测器以期探测暗物质粒子湮灭或衰变后产生的粒子。通常是通过强磁场设备开展天上暗物质探测。目前国际知名的相关研究项目除了我国的"悟空号",还包括美国费米卫星,日本量能器型电子望远镜,以及著名物理学家丁肇中主持的阿尔法磁谱仪等。相比之下,"悟空号"在"高能电子、伽马射线的能量测量准确度"和"区分不同种类宇宙射线的本领"这两项关键技术指标方面国际领先,尤其适合寻找暗物质粒子湮灭过程中产生的一些异常尖锐的信号。

另一种是直接探测,其实验原理是,如果暗物质粒子和普通物质粒子发生碰撞,虽然暗物质粒子并不直接"可见",但它们施加在普通物质粒子上的影响(如动量交换)可以被精密的实验手段记录下来,从而推断暗物质粒子的质量、碰撞截面等基本物理属性。开展地下暗物质探测实验,是暗物质探测的重要手段之一。地下实验以"锦屏地下实验室"项目著称,该实验室位于四川省雅安市的锦屏山隧道深处,距离地面超过 2 km,堪称世界最深的实验室之一。在这里,科学家通过精密的实验装置捕捉暗物质粒子与普通物质的相互作用,从而揭示暗物质的存在和性质。

2016 年 4 月 6 日,我国首颗微重力科学实验卫星——"实践十号"卫星[图 3.31(a)]在酒泉卫星发射中心成功发射。它是中国科学院空间科学战略性先导科技专项首批立项研制的 4 颗科学实验卫星中唯一一颗返回式卫星,也是我国首颗专用微重力实验卫星,专门用于微重力科学和空间生命科学的空间实验研究,其科学目标是研究、揭示在微重力条件和空间辐射条件下物质运动及生命活动的规律,并取得创新科技成果。同年 4 月 18 日,"实践十号"卫星回收舱[图 3.31(b)]与留轨舱成功分离,回收舱于 15 min 后准确降落在内蒙古四子王旗预定着陆区,留轨舱继续在轨飞行 3 d 完成后续空间科学实验后自行坠入大气层烧毁。

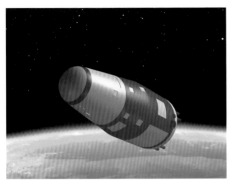

(a)"实践十号"返回式卫星　　　　　　　(b)"实践十号"卫星回收舱

图 3.31　"实践十号"效果图

1."实践十号"卫星为何没有太阳能帆板?

这颗卫星的形状是独特的,在发射过程中无须整流罩,其星体就承担了整流罩的作用。由于飞行时间短,卫星主要采用的是化学电池,而没有采用常见的太阳能帆板供电方式,所以该卫星形状类似于"弹头"。

2."实践十号"取得了什么样的重要科研成果?

"实践十号"发现了来自太空的生命繁衍迹象,实现了哺乳动物胚胎在太空中发育,这在世界范围内改写了人类科学史,创造了世界首次,预示着包括人类在内的哺乳动物的生命有望在太空中得以延续。

2016 年 8 月 16 日,我国在酒泉卫星发射中心将世界首颗量子科学实验卫星——"墨子号"(Micius Satellite for Quantum Science Experiments,QUESS)送入太空轨道,预示着人类将首次完成卫星与地面之间的量子通信,意义非凡。"墨子号"(图 3.32)是中国科学院空间科学战略性先导科技专项首批立项研制的 4 颗科学实验卫星之一,其主要科学目标是借助卫星平台,进行星地高速量子密钥分发实验,并在此基础上进行广域量子密钥网络实验,以期在空间量子通信实用化方面取得重大突破。量子卫星首席科学家潘建伟院士介绍说:"如果说地面量子通信构建了一张连接每个城市、每个信息传输点的'网',那么量子科学实验卫星就像一杆将这张网射向太空的'标枪'。当这张纵横寰宇的量子通信'天地网'织就,海量信息将在其中来去如影,并且'无条件'安全。""墨子号"的重大意义在于,它于 2017 年 8 月在国际上首次成功实现了百万米级的星地双向量子通信。同年 9 月,世界首条量子保密通信干线"京沪干线"与"墨子号"卫星进行天地链路,让我国成功实现了洲际量子保密通信,标志着我国已在全球构建出首个天地一体化广域量子通信网络雏形,为未来实现覆盖全球的量子保密通信网络迈出了坚实的一步。2018 年 1 月,在中国和奥地利之间首次实现距离达 7 600 km 的洲际量子密钥分发,并利用共享密钥实现加密数据传输和视频通信,标志着"墨子号"已具备实现洲际量子保密通信的能力。鉴于此,2019 年 1 月 31 日,美国科学促进会宣布,由中国科学技术大学潘建伟院士领衔的"墨子号"量子科学实验卫星科研团队获得2018 年度"美国科学促进会纽科姆·克利夫兰奖",以表彰该团队通过实现百万米级星地双向量子纠缠分发推动大尺度量子通信实验研究作出的突出贡献。值得一提的是,这是该奖项设立 90 多年来首次授予在本土完成的科研成果的中国科学家。

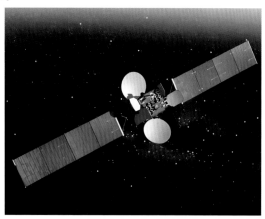

图 3.32 "墨子号"卫星效果图

"墨子号"的成功发射和在轨运行,开启了全球化量子通信时代的大幕,必将有助于我国在量子通信技术实用化整体水平上保持和扩大国际领先地位,实现国家信息安全和信息技术水平跨越式提升,有望推动我国科学家在量子科学前沿领域取得重大突破。

1. "墨子号"卫星研制背景是怎样的?

在众多通信方式中,量子通信技术被称为"史上最难破译"加密技术。其最大的优越性在于保密性高,许多经济、科技、军事信息都需要高度保密。量子通信的安全性基于量子物理的基本原理。作为光的最小粒子,每个光量子在传输信息的时候具有不可分割和不可被精确复制两大特性,如果存在窃听,就一定会被信息发送者察觉并规避,所以量子通信可以很好地保证信息安全。

在外太空,真空环境对光的传输几乎没有衰减,因此,若能将单光子或纠缠光子对传出大气层,配合星载平台技术和光束精确定位技术,就有可能实现自由空间的远距离量子通信。

在此背景下,"墨子号"应运而生,以期建立星地远距离量子科学实验平台并完成空间大尺度量子科学实验,从而促进广域乃至全球范围量子通信的最终实现。

2. 量子通信的未来何去何从?

我国后续还计划发射"墨子二号""墨子三号"等量子通信卫星。要实现高效的全球化量子通信,还需要形成一个卫星网络。按照规划,一个由几十颗量子卫星组成的"璀璨星群",将与地面量子通信干线"携手",支撑起天地一体的量子通信网。到 2030 年前后,中国力争率先建成全球化的广域量子保密通信网络,并在此基础上,构建信息充分安全的"量子互联网",形成完整的量子通信产业链和下一代国家主权信息安全生态系统。

2017 年 6 月 15 日,我国成功发射了第一颗空间天文卫星——硬 X 射线调制望远镜(hard x-ray modulation telescope,HXMT),又名"慧眼"(Insight,图3.33)卫星(为了纪念推动中国高能天体物理发展的已故科学家何泽慧)。"慧眼"既可以实现宽波段、大视场 X 射线巡天,又能够研究黑洞、中子星等高能天体的短时标光变和宽波段能谱,同时也是具有高灵敏度的伽马射线暴全天监视仪。与国外已经发射的很多 X 射线天文卫星相比,"慧眼"是世界上探

测能区覆盖范围最广的天文望远镜之一,可以进行很宽谱段的 X 射线和伽马射线观测。"慧眼"卫星不仅"看"得勤,还"看"得清。中国科学院高能物理研究所研究团队利用"慧眼"卫星开展了 X 射线脉冲星导航实验,定位精度达到10 km之内,进一步验证了航天器利用脉冲星自主导航的可行性,为未来在深空的实际应用奠定了基础。这一成果于 2019 年 8 月 21 日在美国《天体物理杂志》正式刊出。"慧眼"具有比欧洲"国际 γ 射线天体物理实验台"、美国"雨燕"等更强大的成像能力和独一无二的定向观测能力,能以最高灵敏度和分辨率发现大批被尘埃遮挡的超大质量黑洞和其他未知类型高能天体。"慧眼"肩负着开拓我国空间天文领域的重要任务,它的成功发射和运行,显著提升了中国大型科学卫星研制水平,填补了中国空间 X 射线探测卫星的空白,实现了中国在空间高能天体物理领域由地面观测向天地联合观测的跨越,推动了中国在国际竞争激烈的高能天体物理观测领域快速发展。

图 3.33 "慧眼"效果图

2016 年 12 月 22 日,由我国自主研制的首颗全球大气二氧化碳观测科学实验卫星(简称"碳卫星")在酒泉卫星发射中心发射成功。"碳卫星"(TanSAT)是"十二五"期间国家 863 计划设置的"全球二氧化碳监测科学实验卫星与应用示范"重大项目,旨在监测全球二氧化碳浓度,进而监测世界各国二氧化碳排放量,以实现减少碳排放、控制全球变暖的目的。"碳卫星"[图 3.34(a)]是继 2009 年日本发射的温室气体观测卫星"呼吸号"(GOSAT)和 2014 年美国发射的"在轨碳观测台 2 号"(OCO-2)之后,全球第三颗具有高精度温室气体探测能力的卫星。目前,这颗碳卫星对二氧化碳监测精度优于 2×10^{-6},已达到高光谱大气痕量气体探测方面的国际先进水平,同时,二氧化碳光谱数据已经面向全球开放共享。2022 年 11 月,"碳卫星"首次成功用于城市二氧化碳排放的定量监测,充分表明我国具备城市级别碳排放监测能力。

　　事实上,在碳监测领域,中国一直在不懈努力。2018 年 5 月 9 日,我国再次成功发射"高分五号"卫星,其搭载的温室气体监测仪的主要功能是定量监测二氧化碳和甲烷的全球浓度分布变化;2022 年 4 月 16 日,我国成功发射"大气环境监测卫星",以激光监测二氧化碳浓度变化,为进一步提升我国大气环境综合监测,全球气候变化研究和农作物估产、农业灾害监测等应用能力提供数据支撑;同年 8 月 4 日,成功发射"句芒号"卫星[图 3.34(b)],这是世界首颗森林碳汇主被动联合观测的遥感卫星,能够实现对森林植被生物量、气溶胶分布、叶绿素荧光等的高精度定量遥感测量,进而计算出森林碳汇,即"森林植被吸收并存储的二氧化碳量"。

(a)"碳卫星"效果图

(b)"句芒号"效果图

图 3.34　"碳卫星"与"句芒号"效果图

　　2020 年 9 月,我国在第 75 届联合国大会上正式提出,二氧化碳排放力争于 2030 年前达到峰值,努力争取 2060 年前实现碳中和(简称"双碳"目标)。从我国首颗"碳卫星"到世界首颗"句芒号",必将助力我国早日实现"双碳"目标,提高我国应对全球气候变化的话语权和主导权。

　　中国"碳卫星"研究团队表示,我国下一代碳卫星的论证设计工作已经开始,卫星研制工作也即将启动。下一代碳卫星将是一个天基系统,希望每天可

多次覆盖一个城市或者碳排放点源,以更好地用于对人为碳排放量进行独立核算,从而更好地服务于全球和我国"双碳"目标。

2018 年 2 月 2 日,我国在酒泉卫星发射中心成功发射首颗电磁监测试验卫星——"张衡一号"(图 3.35)。电磁监测卫星是研究地球电磁环境的重要手段,在空间天气预警、通信导航环境监测和地震监测等方面都有重要的应用前景。地震监测是世界性难题,各国科学家尝试了诸多方法,其中包括通过电磁监测推演地壳运动,从而获取地震信息。"张衡一号"是中国地球物理场探测卫星计划的首发星,也是中国天、空、地一体化地震立体监测体系下的首个天基观测平台,运行在 500 km 的太阳同步轨道上。顾名思义,"张衡一号"以我国古代发明候风地动仪的伟大科学家张衡的名字命名,一方面揭示了它的使命就是对全球震级 7 级以上和中国 6 级以上地震的电磁信息进行监测分析,以期发现其中机理,为地震预测探索增添新手段;另一方面也是为了纪念张衡在地震观测方面作出的杰出贡献,传承以张衡为代表的中国古代科学家群体崇尚科学、追求真理的高尚品质。

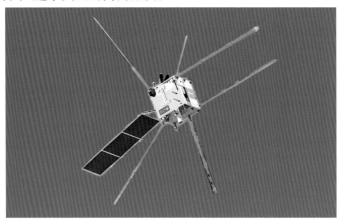

图 3.35 "张衡一号"效果图

"张衡一号"的成功发射和运行,使我国在卫星地震电磁空间探测领域进入了世界先进行列,目前,随着俄罗斯、法国、美国、乌克兰等国家同类卫星的相继退役,我国已成为唯一拥有在轨运行的多载荷、高精度地震监测卫星的国家,这势必会推动我国地震预测技术的发展。"张衡一号"创造了中国卫星研制领域的多项首次,总体技术指标达到国际先进水平,部分技术指标达到国际领先水平。该星在国内首次实现低地球轨道卫星高精度电磁洁净度控制,达到国际先进水平,弥补了中国天基科学探测领域发展的一大空白,对后续空间探测任务的发展具有重要意义。国内首次实现在轨精确磁场探测,卫星装载高精度磁强计、感应式磁力仪载荷,有望使中国第一次获取十分宝贵的全球地磁场数据。目前,中国和意大利两国科学家正密切合作开发"张衡二号"卫星。两国太空合作必将不断取得更多成果。

2019 年 8 月 31 日,我国在酒泉卫星发射中心成功发射首颗空间引力波探测技术实验卫星"太极一号"。引力波是指宇宙中发生大质量天体相撞等天文事件时在时空中形成的向宇宙各个方向传播的涟漪。对其进行探测是众多世界级难题之一。早在 2008 年,中国科学院开始前瞻论证中国空间引力波探测的可行性,经过多年科学前沿研究,提出了中国空间引力波探测"太极计划",确定"单星、双星、三星"的"三步走"发展战略和路线图;2018 年 8 月,"太极计划"单星工程任务正式立项实施;2019 年 9 月 20 日,"太极一号"顺利完成第一阶段在轨测试任务,数据分析结果表明,激光干涉仪(高精度的空间激光干涉仪是实现空间引力波探测任务的关键技术)位移测量精度达到百皮米量级(约为一个原子直径),引力参考传感器测量精度达到地球重力加速度的百亿分之一量级(相当于一只蚂蚁推动"太极一号"产生的加速度),微推进器推力分辨率达到亚微牛量级(约为一粒芝麻质量的万分之一),实现了中国迄今为止最高精度的空间激光干涉测量,成功进行了中国首次在轨无拖曳控制技术试验,率先实现了中国两种无拖曳控制技术的突破(所谓的"无拖曳技术"就是为了消除空间环境中太阳风、太阳辐射、宇宙射线等外部环境的扰动,利用微推进器产生推力进行实时抵消,使得卫星平台成为一个高精度光学平台),并在国际上首次实现了微牛级射频离子和双模霍尔电推进技术的在轨验证,为中国开展空间引力波探测奠定了坚实基础。

与美国在地面上建设的激光干涉引力波天文台(LIGO)不同,中国自主研发的引力波探测星组将由位于边长为 300 万 km 的等边三角形顶点处的三颗卫星组成,并对中低频波段($1 \times 10^{-4} \sim 1.0$ Hz)引力波开展直接探测。"太极计划"的实施开启了引力波物理和天文学以及量子宇宙物理的新纪元,推进了精密测量、超高灵敏度惯性传感器、卫星无拖曳控制、超稳超静卫星平台等下一代高端空间技术的飞速发展。展望未来,组成"太极二号"的两颗卫星计划于 2024 年前后发射(该计划已推迟);组成"太极三号"的三颗卫星将于2033 年部署,引力波探测未来可期。

2021 年 10 月 14 日,我国在太原卫星发射中心采用"长征二号丁"运载火箭,成功发射了首颗太阳探测科学技术试验卫星"羲和号"(图 3.36),开启了我国太阳探测破冰之旅。这颗以中国神话中太阳女神"羲和"命名的探测卫星,24 h不间断"盯梢"太阳,并对其低层大气实施"CT扫描",实现了国际上首次对太阳H-α(氢阿尔法)波段光谱的扫描成像。值得一提的是,"羲和号"卫星在整体结构设计上创造性地采用了超高指向精度、超高稳定度的"双超"卫星平台构型,通过磁悬浮控制方式使得卫星的两个舱体——平台舱和载荷舱"动静隔离、主从协同",从而实现了载荷舱的"双超"控制效果,这也是"羲和号"最大的技术创新所在。"羲和号"的成功开创了许多"首次":国际上首次开展太阳H-α波段光谱成像空间探测;首次采用"动静隔离非接触"总体设计新方法;首次提出"载荷舱主动控制、平台舱从动控制"新方法;首次实现卫星大功率、高可靠、高效无线能源传输技术的应用。"羲和号"任务填补了太阳爆发源区高质量观测数据的空白,提高了我国在太阳物理领域研究能力,对我国空间科学探测及卫星技术发展意义深远。

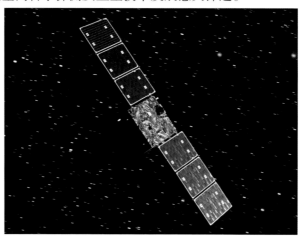

图3.36 "羲和号"效果图

在"羲和号"卫星成功发射的基础上,"十四五"期间我国将重点推动实施"羲和二号"日地L_5太阳探测工程,并计划于2026年前后发射至日地L_5点,对太阳进行立体探测。值得一提的是,日地L_5点尚为国际探测空白,在该区域实施探测具有重大科学意义和较好的工程可行性,可实现太阳活动现象的三维重构并能实时追踪面向地球的太阳爆发,有望为空间天气预报带来革命性突破。

2022年10月9日,我国在酒泉卫星发射中心采用"长征二号丁"运载火箭,成功将先进天基太阳天文台(advanced space-based solar observatory,简称ASO-S,中文名称"夸父一号",图3.37)发射升空,卫星顺利进入预定轨道,现代"夸父"开启了它的逐日之旅。"夸父一号"是由中国太阳物理学家自主提出的综合性太阳探测专用卫星,是中国科学院空间科学战略性先导科技专项继"悟空""墨子""慧眼""实践十号""太极一号""怀柔一号"之后,研制发射的又一颗空间科学卫星,实现了我国天基太阳探测卫星跨越式突破。"夸父一号"以"一磁两暴"为科学目标,对太阳两类最剧烈的爆发现象——太阳耀斑和日冕物质抛射,以及太阳磁场同时开展观测,以期在太阳活动第 25 周峰年(预计 2024—2026 年间)时,对"一磁两暴"的形成、相互作用及彼此关联开展研究,这也是国际上首次在一颗近地卫星平台上对这三者同时实施观测。同年 12 月 13 日,"夸父一号"卫星首批科学图像新闻发布会在北京召开,这些科学观测图像实现了多项国内外首次,在轨验证了其安装的三台有效载荷的观测能力和先进性。下一阶段,"夸父一号"将转入在轨科学运行阶段,早日实现"一磁两暴"科学目标,为太阳活动第 25 周峰年观测和研究作出更多中国贡献。

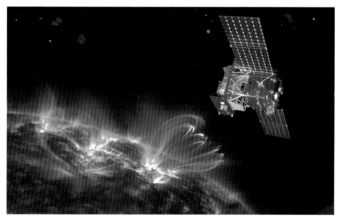

图 3.37　"夸父一号"效果图

　　未来,我国的空间科学探测必将更加精彩。2018 年 3 月,增强型 X 射线时变与偏振探测空间天文台(eXTP)研究工作启动会在中国科学院国家空间科学中心举行。eXTP 的主要科学目标可以概括为"一奇二星三极端",即基于对一奇(黑洞)和二星(中子星、夸克星)的观测,研究极端引力条件下的广义相对论、极端磁场条件下的量子电动力学和极端密度条件下的量子色动力学等理论,为终极回答"黑洞附近会发生什么、真空量子涨落产生什么、中子星内部是什么物质状态"等重大科学问题作出前所未有的贡献。eXTP 是由中国科学家发起和领导的重大国际合作空间科学项目,合作组成员来自中国、意大利、德国、西班牙、英国、法国、荷兰、瑞士等 20 多个国家、地区和组织的

100 多个研究单位。eXTP 预计总重约 4.5 t,计划于 2025 年前发射,重点研究黑洞和中子星等极端天体的核心科学问题,成为 2025—2035 年间在该领域国际领先的旗舰级 X 射线空间天文台。

7. 卫星星座

(1)"GW 星座"。

"GW 星座"(又称"国网星座")是由中国卫星网络集团有限公司(简称中国星网,成立于 2021 年)主导运营的近地轨道宽带互联网卫星星座,旨在构建以空天一体为概念的天地一体化 6G 卫星互联网网络。该星座包含两个子星座:"GW-A59"子星座,计划发射卫星 6 080 颗,分布在 500 km 以下的低轨道;"GW-A2"子星座,计划发射卫星 6 912 颗,分布在 1 145 km 的近地轨道。2024 年 12 月 16 日,"国网星座"01 组共计 10 颗卫星搭乘"长征五号乙"运载火箭在海南商业航天发射场发射升空,卫星顺利进入预定轨道,拉开了我国构建低轨卫星互联网系统的序幕,预计到 2035 年完成全部约 1.3 万颗卫星的发射,形成覆盖全球的卫星互联网星座。

(2)"千帆星座"。

"千帆星座"是由上海垣信卫星科技有限公司(简称垣信卫星,成立于 2018 年)运营的低轨互联网宽带通信卫星星座。2024 年 8 月 6 日,"千帆星座"首批 18 颗商业组网卫星搭乘"长征六号甲"火箭顺利升空,截至 2024 年年底成功发射三批共计 54 颗卫星;按计划 2025 年发射 648 颗卫星(卫星分别来自上海微小卫星工程中心和上海格思航天科技有限公司);2027 年前完成一期 1 296 颗卫星组网建设;2030 年前完成约 1.5 万颗卫星组网发射,为全球用户提供卫星互联网宽带通信服务。

(3)"鸿鹄-3 星座"。

"鸿鹄-3 星座"为蓝箭航天旗下的鸿擎科技有限公司(简称鸿擎科技,成立于 2017 年)自主研发的宽带卫星互联网星座,计划通过在未来数年内向低轨的 160 余个近地轨道平面上发射 1 万颗卫星完成组网。此前,"鸿擎科技"已于 2023 年 12 月通过蓝箭航天的"朱雀 2 号"火箭成功将"鸿鹄号""鸿鹄 2 号"实验卫星发射升空,值得一提的是,两颗卫星在轨成功开展了由"鸿擎科技"自主研发的金乌-200 霍尔推进器点火试验,成为我国首个在轨应用的氪气和氪气工质霍尔推进器。

(4)"金紫荆星座"。

"金紫荆星座"是由洲际航天科技集团有限公司(USPACE,香港第一家从事商业航天业务的上市公司)在香港启动的首个遥感卫星星座,旨在形成不受云雨等天气条件影响的全天时全天候准实时动态监测服务体系,面向全球提供卫星遥感服务和智慧城市整体解决方案,并优先服务于粤港澳大湾区。该星座计划发射 112 颗卫星,对地观测空间分辨率为 3 m,目前,"金紫荆星座"已完成 12 颗卫星部署且全都在轨正常运行,预计 2026 年前完成剩余卫星在轨部署工作。

(5)"天启星座"。

"天启星座"是由北京国电高科科技有限公司(简称国电高科,成立于 2015 年)自主建设运营的我国首个低轨卫星窄带物联网星座,计划于 2024 年底前完成 38 颗卫星组网,形成 70% 陆地、全部海洋覆盖的准实时全球物联网数据服务能力。2018 年 10 月 29 日,"天启 1 号"卫星成功发射入轨,正式开启卫星组网建设。截至 2024 年 5 月,共计发射 25 颗组网卫星。目前,"天启星座"已形成包括智慧农业、物流运输、电网监控、海事船舶、海洋生态等八大行业的解决方案。

(6)"吉利未来出行星座"。

"吉利未来出行星座"是由吉利汽车旗下的时空道宇科技有限公司(简称时空道宇,成立于 2018 年)运营的我国首个也是全球首个服务于未来出行生态的通信、导航、遥感一体化低轨卫星星座。该星座致力于为汽车与消费电子行业提供卫星通信、导航等服务,已应用于吉利旗下的极氪、银河品牌以及睿蓝汽车旗下部分车型。截至 2024 年 9 月,该星座已经完成 3 个轨道面、30 颗在轨卫星组网,预计 2025 年将完成一期 72 颗卫星入轨,实现全球实时数据通信,并计划通过二期拓展至 168 颗卫星完成星座部署,以实现全球厘米级高精度定位服务。

(7)"灵鹊星座"。

"灵鹊星座"是由北京零重空间技术有限公司(简称零重力实验室,成立于 2016 年)、华讯方舟集团和中国人民解放军火箭军工程大学联合设计研制的我国首个高时间分辨率的低轨遥感卫星星座,该星座的数据将应用于土地资源、灾害预警、国土安全、环境保护、智慧城市等多个领域。"灵鹊星座"一期将由 132 颗"灵鹊一号",30 颗"灵鹊二号",以及 4 颗"灵鹊三号"共计 166 颗卫星完成组网。2019 年 1 月 21 日,"灵鹊一号 A 星"成功发射,"灵鹊星座"正式进入在轨部署阶段,截至 2024 年 5 月,已成功发射 2 颗"灵鹊一号"和 1 颗"灵鹊三号",未来,"灵鹊星座"计划将组网卫星数量增至 378 颗,以期实现对热点区域分钟级重访的准实时观测效果。

(8)"吉林一号"。

"吉林一号"星座是由长光卫星技术股份有限公司(简称长光卫星,成立于 2014 年)建设运营的我国重要的光学遥感卫星星座,也是目前全球最大的亚米级商业遥感卫星星座,主要为国土安全、地理测绘、农林生产、智慧城市等领域提供高质量的遥感信息和产品服务。"吉林一号"星座一期工程计划由138 颗高性能光学遥感卫星完成组网,且具备 0.5 m 超高分辨率。2015 年 10 月 7 日,"吉林一号"组星在酒泉卫星发射中心以"一箭四星"方式成功发射,开创了我国商业卫星应用的先河。截至 2024 年 4 月,在轨组网卫星数量已有 108 颗,累计覆盖面积超过 1.33 亿 km^2,预计 2025 年实现 300 颗在轨卫星组网。

(9)"银河 Galaxy"卫星星座。

"银河 Galaxy"是由银河航天科技有限公司(简称银河航天,成立于 2016 年,正式运营于 2018 年)运营的低轨宽带通信卫星星座,旨在建立一个覆盖全球的天地融合 5G 通信网络,以填补地面基站无法覆盖的盲区,计划发射卫星数量 1 000 颗。2020 年 1 月 16 日,"银河 Galaxy"首发星搭载"快舟一号甲"运载火箭发射入轨,实测通信总容量达 48 Gbps,并成功完成了我国首次低轨卫星互联网的 5G 通信试验和卫星量产验证;2022 年,银河航天构建了我国首个星地融合 5G 试验网络"小蜘蛛网";2023 年成功发射了我国首款使用柔性太阳翼的平板式低轨通信卫星,为我国未来巨型低轨通信星座的快速部署提供了重要技术支撑。截至 2023 年,"银河 Galaxy"已经成功发射 12 颗在轨卫星。

3.3.2 宇宙飞船

中国载人航天工程于 1992 年 9 月 21 日由中央人民政府批准实施,代号"921 工程",是中国空间科学实验的重大战略工程之一,中央政治局常委会批准中国载人航天工程按"三步走"发展战略实施。

第一步,发射载人飞船,建成初步配套的试验性载人飞船工程,开展空间应用实验。

第二步,在第一艘载人飞船发射成功后,突破载人飞船和空间飞行器的交会对接技术,并利用载人飞船技术改装、发射一个空间实验室,解决有一定规模的、短期有人照料的空间应用问题。

第三步,建造载人空间站,解决有较大规模的、长期有人照料的空间应用问题。

中国载人航天工程由航天员、空间应用、载人飞船、运载火箭、发射场、测控通信、着陆场、空间实验室八大系统组成。截至 2022 年底,"三步走"战略圆满收官,载人空间站"天宫"建设完成。截至 2024 年,中国载人航天工程成功执行的重要飞行任务情况详见表 3.3。

表 3.3　中国载人航天工程已执行任务列表

飞行任务	时间	发射中心	任务描述
"神舟一号"	1999 年 11 月 20 日	酒泉卫星发射中心	第一次无人飞行试验,实现天地往返
"神舟二号"	2001 年 1 月 10 日	酒泉卫星发射中心	第一艘正样无人航天飞船
"神舟三号"	2002 年 4 月 1 日	酒泉卫星发射中心	第二艘正样无人航天飞船,搭载模拟人
"神舟四号"	2002 年 12 月 30 日	酒泉卫星发射中心	第三艘正样无人航天飞船,创低温发射纪录
"神舟五号"	2003 年 10 月 15 日	酒泉卫星发射中心	首位航天员杨利伟进入太空
"神舟六号"	2005 年 10 月 12 日	酒泉卫星发射中心	第二次载人航天"二人多天"飞行
"神舟七号"	2008 年 9 月 25 日	酒泉卫星发射中心	航天员翟志刚首次出舱进行太空行走
"天宫一号"	2011 年 9 月 29 日	酒泉卫星发射中心	与"神舟八号""神舟九号""神舟十号"完成对接任务的中国首个试验空间实验室
"神舟八号"	2011 年 11 月 1 日	酒泉卫星发射中心	与"天宫一号"顺利实现首次无人交会对接
"神舟九号"	2012 年 6 月 16 日	酒泉卫星发射中心	与"天宫一号"顺利实现首次载人交会对接
"神舟十号"	2013 年 6 月 11 日	酒泉卫星发射中心	首次应用性飞行
"天宫二号"	2016 年 9 月 15 日	酒泉卫星发射中心	我国自主研发的真正的空间实验室,并于 2019 年 7 月 19 日受控离轨
"神舟十一号"	2016 年 10 月 17 日	酒泉卫星发射中心	与"天宫二号"成功自动交会对接,首次实现太空中期驻留(30 d)
"天舟一号"	2017 年 4 月 20 日	中国文昌航天发射场	中国首个无人货运飞船,与"天宫二号"顺利完成首次自动交会对接

续表3.3

飞行任务	时间	发射中心	任务描述
"天和"核心舱	2021 年 4 月 29 日	中国文昌航天发射场	中国空间站发射入轨的首个舱段
"天舟二号"	2021 年 5 月 29 日	中国文昌航天发射场	空间站关键技术验证阶段的首发货运飞船
"神舟十二号"	2021 年 6 月 17 日	酒泉卫星发射中心	空间站关键技术验证阶段的首发载人飞船
"天舟三号"	2021 年 9 月 20 日	中国文昌航天发射场	关键技术验证阶段的第二发货运飞船
"神舟十三号"	2021 年 10 月 16 日	酒泉卫星发射中心	关键技术验证阶段的第二发载人飞船
"天舟四号"	2022 年 5 月 10 日	中国文昌航天发射场	中国空间站建造阶段的首发货运飞船
"神舟十四号"	2022 年 6 月 5 日	酒泉卫星发射中心	中国空间站建造阶段的首发载人飞船
"问天"实验舱	2022 年 7 月 24 日	中国文昌航天发射场	中国空间站建造阶段的首个科学实验舱
"梦天"实验舱	2022 年 10 月 31 日	中国文昌航天发射场	中国空间站建造阶段的第二个科学实验舱
"天舟五号"	2022 年 11 月 12 日	中国文昌航天发射场	中国空间站建造阶段的第二发货运飞船
"神舟十五号"	2022 年 11 月 29 日	酒泉卫星发射中心	中国空间站建造阶段的第二发载人飞船
"天舟六号"	2023 年 5 月 10 日	中国文昌航天发射场	中国空间站应用与发展阶段的首发货运飞船
"神舟十六号"	2023 年 5 月 30 日	酒泉卫星发射中心	中国空间站应用与发展阶段的首发载人飞船
"神舟十七号"	2023 年 10 月 26 日	酒泉卫星发射中心	中国空间站应用与发展阶段的第二发载人飞船

续表3.3

飞行任务	时间	发射中心	任务描述
"天舟七号"	2024 年 1 月 17 日	中国文昌航天发射场	中国空间站应用与发展阶段的第二发货运飞船
"神舟十八号"	2024 年 4 月 25 日	酒泉卫星发射中心	中国空间站应用与发展阶段的第三发载人飞船
"神舟十九号"	2024 年 10 月 30 日	酒泉卫星发射中心	中国空间站应用与发展阶段的第四发载人飞船
"天舟八号"	2024 年 11 月 15 日	中国文昌航天发射场	中国空间站应用与发展阶段的第三发货运飞船

上述飞行任务不再一一详述,感兴趣的读者可以自行查询详情。

由表 3.3 可以总结出,我国在 1999—2024 年的时间里,共成功发射 19 艘"神舟"系列无人和载人飞船、8 艘"天舟"系列货运飞船、2 个"天宫"系列空间实验室、1 个"天和"核心舱,以及 2 个大型科学实验舱"问天"和"梦天"。先后实现了从无人飞行到载人飞行、从一人一天到多人多天、从舱内实验到出舱活动、从单个飞行器飞行到多个航天器交会对接等一系列重大突破。

未来,我国将采用新一代载人飞船代替"神舟"系列飞船,新一代载人飞船是瞄准我国载人航天后续发展而论证的新一代天地往返运输系统。2016 年 6 月 25 日,缩比返回舱搭载"长征七号"遥一运载火箭成功发射入轨,稳定运行 19 h 后安全返回,成功完成了近地再入飞行试验。2020 年 5 月 5 日,新一代载人飞船试验船[图 3.38(a)]在中国文昌航天发射场搭载"长征五号乙"运载火箭成功发射,首次飞行试验不载人。在轨飞行 67 h 后,其返回舱[图 3.38(b)]于 5 月 8 日成功着陆在东风着陆场预定区域,飞行试验任务取得圆满成功。新一代载人飞船试验船,是新一代载人飞船的"试验版",由中国航天科技集团公司第五研究院研制。飞船"身高"近 9 m,身体最"胖"处直径约为 4.5 m,"体重"超过 20 t。本次发射成功验证了"群伞+气囊"的飞船着陆方式、飞船高速再入返回相关关键技术及部分可重复使用技术,获取了返回舱高速再入飞行气动力/热参数,以及试验船飞行全程的过载、冲击、噪声、温度等环境参数,为新一代载人飞船优化设计提供了数据支撑。经任务验证,新一代载人飞船试验船的主要技术指标已经达到国际先进水平,具备适应多任务需求能力、更大的轨道机动能力、兼顾陆上和水上着陆能力等,为最终实施载人飞行奠定了坚实基础,此外,还奠定了"长征五号"系列运载火箭运载能力在世界现役火箭第一梯队中的地位,标志着我国正式打通 25 t 级"天地运输走廊",成为极少数掌握"一级半"火箭大推力直接精确入轨技术的国家之一,具备了建设载人空间站等大型空间基础设施的能力。与传统"神舟"系列飞船相比,新一代载人飞船的重要特点见表3.4。

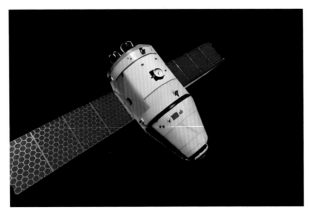

(a) 新一代载人飞船试验船

(b) 新一代载人飞船试验船返回舱

图3.38　新一代载人飞船试验船

表3.4　新一代载人飞船的重要特点

	新一代飞船	"神舟"飞船
任务	同时兼顾近地轨道和深空探测任务	近地轨道任务
功能	载货、载人,最多6～7人,3人乘坐时可搭载约500 kg货物	载人,最多3人
结构	"返回舱+服务舱"两舱设计	"返回舱+服务舱+轨道舱"三舱设计

续表3.4

	新一代飞船	"神舟"飞船
耐热	采用全新隔热材料和结构,耐热能力相当于"神舟"飞船的 3~4 倍	—
重复使用性	大部分设备可重复使用	不可重复使用

3.3.3　空间站

空间站建设是中国载人航天工程"三步走"战略的最后一步。2010 年 9 月,我国空间发展计划——载人空间站工程实施方案正式获批,中国空间站计划正式启动实施。中国载人空间站被正式命名为"天宫"。

初期的空间站将建造三个舱段,采用对称"T 形"构型,包括一个"天和"核心舱和两个实验舱("问天"和"梦天"),核心舱居中,"问天"和"梦天"实验舱分别连接于两侧,每个质量为 20 余 t。核心舱设有 5 个交会对接口,可以对接 1 艘货运飞船、2 艘载人飞船和 2 个实验舱,另有一个供航天员出舱活动的出舱口。核心舱全长 16.6 m,直径为 4.2 m,重 22.5 t,是空间站的主控舱段、管理和控制中心,也是航天员生活起居的主要场所,并支持一定的空间科学实验和技术试验。核心舱里供航天员工作生活的空间有大约为 50 m^3,加上两个实验舱可以达到 110 m^3。建设完成的空间站将重达 90 t,运行在 400~450 km 的轨道高度上,可供 3 名航天员长期在轨驻留,半年一轮换,可供 6 人短期驻留 10 d 左右,以便交接班,计划在轨运营 10 年以上。

我国"天宫"空间站的建造分为三个阶段:关键技术验证阶段、组装建造阶段、应用与发展阶段。在关键技术验证阶段,发射"天和"核心舱、载人飞船和货运飞船,对推进剂补加、机械臂在轨组装建造、航天员出舱活动等关键技术进行飞行验证和评估,对核心舱功能和长期驻留功能进行考核。"神舟十三号"载人飞行任务的圆满成功,标志着空间站关键技术验证阶段顺利收官。

在组装建造阶段,分别发射"问天"和"梦天"实验舱,并与"天和"核心舱在轨交会对接,完成空间站建造,其间发射载人飞船和货运飞船,支持完成建造任务,同步开展科学技术实验。"神舟十五号"载人飞行任务的圆满成功,标志着空间站建造阶段圆满收官。2023 年开始,空间站进入为期 10 年的应用与发展阶段,航天员乘组将长期在轨驻留开展空间科学技术研究和探索活动,同时,也将同步研制新一代载人运载火箭和新一代可重复使用载人飞船,大幅提高飞船的上行和下行载荷能力。"天宫"空间站的部分组合体构型如

图 3.39 所示。

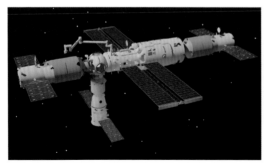
(a)"天宫"空间站四舱段组合体

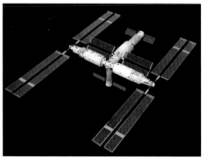
(b)"天宫"空间站五舱段组合体

(c)"天宫"空间站六舱段组合体

图 3.39 "天宫"部分组合体构型图

  值得一提的是,我国还计划于 2025 年前后单独发射"天宫"空间站的一个重要组成部分——"巡天号"空间望远镜(Chinese survey space telescope,CSST)(图 3.40),它将与空间站共轨飞行,运行时比空间站轨道略高,平时自己独立飞行与观测,在有需要时才会通过降轨与空间站对接,开展推进剂补加、设备维护和载荷设备升级等活动。它是我国第一部大口径空间光学望远镜(口径为 2 m,与哈勃空间望远镜口径相当),分辨率不低于哈勃空间望远镜(Hubble space telescope,HST),视场角是哈勃望远镜的 300 多倍(HST 属于"精测"望远镜,CSST 属于"巡天"望远镜),意味着只需一天多时间 CSST 便能完成 HST 一年的观测量。此外,CSST 的视星等上限可达 26 星等,高于 HST 的 23 星等,意味着 CSST 能够观测到宇宙中更黑暗、更遥远的星系。"巡天号"旨在对宇宙的构成与演化、黑洞、暗能量、暗物质等展开深入研究,以期获取国际原创性科学成果,提高我国在世界科学领域的地位。此外,"巡天号"还将突破空间天文望远镜不能用于对地观测的世界难题,实现对地观测和侦察,并且达到此前 HST 也未能实现的厘米级分辨率。

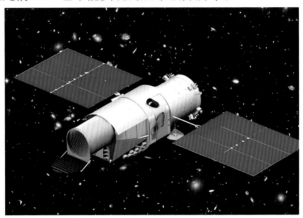

图 3.40　"巡天号"空间望远镜效果图

为什么要将望远镜搬上太空?

　　把望远镜送上太空的主要目的是避开大气层对天文观测的干扰。天文望远镜对天体发出的电磁波进行观测,而大气层对多数频段的电磁波都影响很大,比如在地面上进行 X 射线的天文观测几乎不可能实现。此外,将望远镜搬上太空还能避免人工光源干扰。因此,相较于同等口径大小的地面望远镜,空间望远镜能看得更清晰、更遥远。

　　据悉,中国空间站将面向全球开放,在核心舱和实验舱上均配备了具有国际化标准接口的科学实验柜,用于开展各类空间科学实验,空间站的舱内、舱外均可支持开展空间应用,而且载荷可在轨更换,此外,还将有国外航天员进驻中国空间站。此举有力地彰显了我国载人航天事业开放、包容的大国姿态。

　　2023 年 12 月,中国空间站入选由中国工程院院刊 *Engineering* 评选的"2023 全球十大工程成就"。作为我国航天史上规模最大、长期有人照料的空间实验平台,"天宫"空间站已然成为开展空间科学和新技术研究实验的国家级太空实验室,必将促进中国空间科学研究进入世界先进行列,为人类文明发展进步贡献更多中国智慧、中国方案和中国力量。

3.3.4　月球探测器

2000 年 11 月 22 日,国务院新闻办公室首次发表了航天白皮书——《中国的航天》,明确了发展目标中包括"开展以月球探测为主的深空探测的预先研究"。2004 年,中国正式开展月球探测工程,并命名为"探月工程"（又名"嫦娥工程"）。中国探月工程整体上可分为"无人探月""载人登月""长久驻月"三大阶段,简称为"探、登、驻"大三步。目前,我国正处于从"无人探月"初期阶段向"载人登月"中期阶段的过渡期中。在"无人探月"阶段,提出并实施了"绕、落、回"的小三步走战略:探月一期工程为"绕",由"嫦娥一号"实现对月球的环绕飞行;探月二期工程为"落",由"嫦娥二号"~"嫦娥四号"实施,其中,"嫦娥二号"为开展软着陆技术试验先导星,"嫦娥三号""嫦娥四号"相继实现了月球正面和月球背面软着陆;探月三期工程为"回",由"嫦娥五号"实现月球正面巡视勘察与采样返回。截至 2020 年底,我国已圆满完成探月三期工程。接下来对"无人探月"阶段中探月三期工程所取得的系列辉煌成就简要总结如下。

1."嫦娥一号"月球探测器

"嫦娥一号"任务是我国首次深空探测任务,旨在通过研制和发射我国第一颗月球探测卫星,掌握绕月探测的基本技术。"嫦娥一号"探测器（图 3.41）于 2007 年 10 月 24 日在西昌卫星发射中心由"长征三号甲"运载火箭成功发射,并于同年 11 月 7 日进入环月轨道并传回月球图像,标志着我国月球探测技术实现了历史性跨越,也使我国成为世界上继苏联、美国之后第三个独立掌握探月技术的国家,成为中国航天继"东方红一号""神舟五号"之后的第三个里程碑。"嫦娥一号"完成了在轨 1 年设计寿命期内的既定任务,其后又开展了多项拓展任务,于 2009 年 3 月 1 日受控撞月,准确撞击在月面丰富海区域预定撞击点结束了它的工作使命,虽悲壮但非常值得。"嫦娥一号"成功发射的意义在于,它实现了中华民族千年的奔月梦想,而且首次通过将电荷耦合器件(charge-coupled device,CCD)立体相机与激光高度计相结合的创新思路成功绘制了 120 m 分辨率全月球影像图以及三维立体全月图,是当时世界上公布的分辨率最高的全月图。而在此前,全世界没有一个国家获得过月球的三维立体全月图。

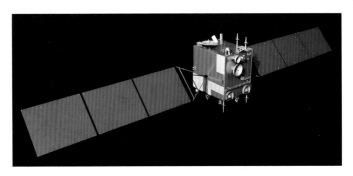

图 3.41　"嫦娥一号"月球探测器效果图

1. "嫦娥一号"是如何实现绕月飞行的?

"嫦娥一号"发射入轨后首先被送入一个地球同步椭圆轨道,飞行一圈后,通过地球引力场的助力加速后再进入一个更大的椭圆轨道,如此经过环绕地球飞行三圈后,不断加速,进入地月转移轨道,奔赴月球。到达月球时,通过火箭的反向减速制动实现"嫦娥一号"被月球引力捕获,实现环绕月球飞行,最终在距离月球表面 200 km 高度的极月圆轨道绕月飞行,并开展三维影像拍摄等工作。整个飞行过程类似于链球运动员的投掷动作,因此也把这一过程形象称为"甩链球"。

2. 奔月途中卫星轨道为何需要修正?

"嫦娥一号"进入地月转移轨道后,真正开启了奔月旅程。在人类探月活动史上,曾多次发生探测器未能实现月球引力捕获的事故,这大多是由于飞行过程中卫星姿态和速度控制不精确造成的。如果卫星在地月转移轨道近地点有 1 m/s 的速度误差或 1 km 的高度误差,飞到月球附近时都将产生几千 km 的位置误差。在高速飞行过程中,"嫦娥一号"必须在地面的指令下进行中途轨道修正。一般而言,至少需进行两次修正,第一次是在进入地月转移轨道的一天之内,第二次是在到达月球的前一天内。这些指令,都由北京航天飞行控制中心发出。

2."嫦娥二号"月球探测器

"嫦娥二号"是我国探月计划中的第二颗绕月飞行人造卫星,也是探月二期工程的技术先导星,旨在获取更高精度月球表面三维影像。2010年10月1日,"嫦娥二号"在西昌卫星发射中心由"长征三号乙"运载火箭发射成功,并于10月6日成功进入环月轨道。2011年5月底,获取了包括"嫦娥三号"预选着陆区高清晰图像在内的月球表面三维影像;同年8月25日到达了距离地球150万km的日地拉格朗日 L_2 点(简称日地 L_2 点),进行了为期10个月的科学探测,"嫦娥二号"准确进入日地 L_2 点的环绕轨道,是我国首次开展对拉格朗日点转移轨道的设计和控制,并成功实现150万km的远距离测控通信,标志着我国成为世界上第三个到访日地拉格朗日 L_2 点的国家,也是世界上第一个实现从月球轨道出发抵达该点的国家。2012年12月13日,"嫦娥二号"又实现了国际上首次近距离飞越探测一颗距离地球700万km的国际编号为4179的"图塔蒂斯"(Toutatis)小行星,最近距离仅为3.2km,飞掠时速度高达10.73km/s,标志着我国掌握了小行星探测技术;12月15日,"嫦娥二号"工程宣布收官。此后,"嫦娥二号"一直朝向更远的深空飞行,由探月卫星变为我国首颗太阳系人造小行星,围绕太阳做椭圆运动,这也意味着中国探月一期工程"绕"的圆满完成(图3.42)。

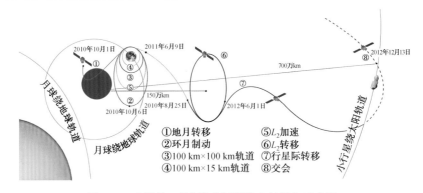

图3.42 "嫦娥二号"月球探测器飞行任务示意图

"嫦娥二号"在任务执行期间,成功拍摄虹湾着陆区的高清地形地貌图像,完成了全月球7m分辨率影像图的绘制,获得了备选着陆区分辨率优于1.5m的局部影像图,并在拓展任务中实现了日地拉格朗日 L_2 点飞行和"图塔蒂斯"小行星飞越探测,获取了大量的科学探测数据。该任务的圆满成功,标志着中国在深空探测领域突破并掌握了一大批新的具有自主知识产权的核心技术和关键技术,为后续实施探月二期、三期、四期工程,以及开展火星等深空探测奠定了坚实基础。

"嫦娥二号"为何执行"图塔蒂斯"小行星探测任务?

　　在人类已知的 60 多万颗小行星中,"图塔蒂斯"小行星被最终确定为"嫦娥二号"拓展探测目标。主要是由于这颗小行星运行时与地球距离较近,每四年就会近距离经过一次地球,被 NASA 列入"潜在危险小行星名单"。它的运行轨道很难预测,我国航天科技人员攻坚克难,通过光学天文望远镜对其进行测轨,提高了测量精度,推演出我国自己的"图塔蒂斯"小行星运行轨道,为此次交会飞行轨道设计提供了重要支撑,也为未来执行小行星防御计划积累了重要的技术储备。

3."嫦娥三号"月球探测器

　　2008 年,探月二期工程通过国家立项批复,工程目标是实现月球表面软着陆和月面巡视探测。"嫦娥三号"是探月二期工程任务的核心和关键,包括月球软着陆探测器(简称"着陆器")和月面巡视探测器(简称"巡视器",又被称为"玉兔号"月球车)两个部分(图 3.43)。它是我国第一个实施月球软着陆的无人登月探测器。"嫦娥三号"探测器于 2013 年 12 月 2 日在西昌卫星发射中心由"长征三号乙"运载火箭发射,并于当月 14 日在月球虹湾着陆区安全着陆,标志着我国成为世界上第三个有能力独立自主实施月球软着陆的国家。这一着陆点周边区域后来被国际天文学联合会命名为"广寒宫"。巡视器于当月 15 日与着陆器分离,驶抵月面,开展巡视探测,并实现了两器互拍。"玉兔号"成为自 1973 年苏联"月球−2"登月后再次踏上月球表面的无人驾驶月球车,已于 2016 年 7 月 31 日超额完成任务并停止工作,其在月球表面共计工作了 972 d,创造了当时全世界月球车在月面最长工作纪录。

　　"嫦娥三号"突破了月球软着陆和月面巡视核心关键技术,在航天器总体设计、制导导航和控制系统设计、推进系统设计和热控系统设计等方面取得了一系列的科研成果,实现了中国首次在地外天体上进行原位和巡视探测。

(a) "玉兔号"月球车   (b) "嫦娥三号"着陆器

图 3.43 "嫦娥三号"月球探测器

 1. "嫦娥三号"是如何实施落月的?

落月是从距离月面约 15 km 处开始的。因为月球没有大气层,故不能使用降落伞进行减速,只能采取一边降落,一边用变推力发动机使其减速的方式。"嫦娥三号"采用专门研制的 1 500 ~ 7 500 N 变推力发动机。7 500 N 是我国目前最大的变推力发动机,除用于软着陆,还能用于奔月过程中的轨道修正及进入月球轨道的轨道制动。同时,由于月面崎岖不平,为有效避开不宜降落之处,在距离月面 100 m 时,让"嫦娥三号"实施自主避障悬停,这在当时创造了世界记录。此外,通过在着陆器的 4 条着陆支腿上分别安装 2 根非液压装置拉杆缓冲器的方式,实现着陆时冲击能量的有效吸收,从而根据着陆支腿触月信号判断"嫦娥三号"完美着陆预定着陆区。整个落月过程持续约 11 min。

2. "嫦娥三号"是如何度过寒冷的月夜的?

探测器上安装的仪器设备一般最低耐受温度是 -40 ℃,而寒冷月夜温度能达到 -180 ℃,"嫦娥三号"是如何实现长寿命工作的呢?这主要是由于在探测器上安装了长寿命的同位素热源(也称为"核热暖宝宝"),同时还为探测器设计了一套高效的月夜生存系统。这些都助力"嫦娥三号"携带的"玉兔号"月球车挺过了很多寒冷的月夜,使其实际寿命远超设计寿命。相比之下,美国的"月球勘测者1号""月球勘测者5号"和"月球勘测者7号"探测器,虽然也配备了月夜生存技术,但采用的是银锌蓄电池供电加热技术(在20世纪60年代,人类还没有掌握锂离子电池技术),通过蓄电池加热,"月球勘测者"系列探测器成功在第二个月昼里苏醒了,但由于蓄电池性能衰退严重,第二个月夜未能平安度过。此外,值得一提的是,中国的月夜生存方案实现了月夜生存系统的小型化轻量化,苏联和美国的月夜生存设备分别约重150 kg和870 kg,而我国"嫦娥三号"的月夜生存设备只有15 kg。

4."嫦娥五号试验器"

2011年,探月三期工程正式立项,旨在实现月面无人采样返回。再入返回飞行试验是我国探月三期工程一次重要的验证飞行试验,主要目标是突破和掌握月球探测器再入返回的关键技术,为后续的"嫦娥五号"任务提供重要的技术支撑。"嫦娥五号试验器"又称"嫦娥五号再入返回飞行试验器""嫦娥五号探路星"或"嫦娥五号先导星",试验任务由飞行试验器、运载火箭、发射场、测控与回收四大系统组成。飞行试验器由中国空间技术研究院研制,由服务舱和返回器两部分组成。服务舱以"嫦娥二号"卫星平台为基础研制,具备留轨开展科研试验功能;返回器为新研产品,是"神舟"系列飞船的缩小版,具备返回着陆功能。

2014年10月24日,"嫦娥五号试验器"在西昌卫星发射中心由"长征三号丙"运载火箭成功发射,三日后绕月飞行并于11月1日成功返回地球,着陆于内蒙古四子王旗着陆场,实现了接近第二宇宙速度高速跳跃式再入返回。再入返回飞行试验任务的圆满成功,突破了一系列关键技术,为实现探月工程三期目标奠定了坚实基础。同时也使我国成为世界上继苏联、美国之后,第三个成功实施将航天器从月球轨道返回地球的国家。

小贴士

1."嫦娥五号试验器"是如何实现高速跳跃式再入返回的?

"嫦娥五号试验器"首次采用了俗称"打水漂"轨道的着陆技术。返回过程中,其返回器部分在远离着陆区位置约2万km处的南大西洋上空再入大气层,实施初次气动减速。由于速度接近第二宇宙速度,返回器被上层大气"弹"回太空,跳出大气层,随后再次进入大气层,实施二次气动减速。在降至距地面10 km高度时,返回器降落伞开伞,最终实现预定区域顺利着陆。

2."嫦娥五号试验器"的返回器部分返回了地球,其服务舱开展了哪些工作呢?

服务舱留在了地月空间,先后开展了包括运行于地月拉格朗日 L_2 点、连续三次近月制动后进入高度200 km圆形环月轨道、月轨虚拟交会对接远距离导引等一系列拓展试验任务,为后续顺利开展"嫦娥五号"任务进行了前期技术验证。

5."嫦娥四号"月球探测器

"嫦娥四号"任务的主要目标是实现国际上首次月球背面软着陆和巡视探测。该任务主要由中继星、着陆器和巡视器(又称月球车)组成。"鹊桥"中继星(图3.44)于2018年5月21日发射,于6月14日成功实施轨道捕获控制,进入环绕地月 L_2 点的Halo轨道,成为世界首颗运行在地月 L_2 点Halo轨道的卫星。2018年12月8日,"嫦娥四号"探测器成功发射,并于2019年1月3日成功着陆于月球背面的预选着陆区——冯·卡门撞击坑,并通过"鹊桥"中继星传回了世界上第一张近距离拍摄的月背影像图,成为世界上第一个在月球背面软着陆和巡视探测的航天器,并实现世界首次月背与地球的中继通信。2019年1月11日,"嫦娥四号"着陆器上的地形地貌相机完成了环拍。"嫦娥四号"着陆器与"玉兔二号"月球车工作正常,在"鹊桥"中继星支持下顺利完成互拍,"嫦娥四号"任务圆满成功,进入科学探测阶段。2019 年 2 月 15 日,中国国家航天局和国际天文学联合会联合发布"嫦娥四号"月球地理实体命名,将"嫦娥四号"着陆点命名为"天河基地",将着陆点周围 3 个小环形山分别命名为"织女""河鼓"和"天津",将冯·卡门撞击坑中最高的山峰命名为"泰山"(图 3.45)。2019 年 11 月 26 日,英国皇家航空学会将 2019 年度全球唯一的团队金奖颁发给了"嫦娥四号"任务团队,这是该学会成立 153 年来首次向中国项目颁发奖项。截至 2019 年底,"玉兔二号"成为在月球背面工作时间最长的月球车。迄今,"玉兔二号"仍在正常工作。

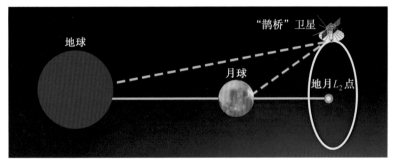

图 3.44　"鹊桥"中继星工作示意图

图 3.45　"嫦娥四号"月球地理实体命名

小贴士

"嫦娥四号"奔月途中的惊险时刻你了解吗?

　　"嫦娥四号"在发射不久后便遭遇了燃料泄漏危机,这一点与美国于2024年初发射的"游隼号"月球着陆器有着类似的遭遇。不同的是,"游隼号"未能进入地月转移轨道而被迫控制其返回并焚毁于地球大气层中,而"嫦娥四号"在最短的时间里避免了燃料的持续泄漏,通过优化飞行轨道方案,最终在燃料泄漏危机下,仍然创造了探测器首次登陆月球背面的历史壮举。

6."嫦娥五号"月球探测器

　　"嫦娥五号"是由中国空间技术研究院研制的我国首个实施无人月面取样返回的探测器,该任务是完成中国探月工程重大科技专项"绕、落、回"三步走发展战略中最后一步的关键任务。探测器由轨道器、返回器、着陆器和上升器四部分组成(图3.46)。其中,轨道器和返回器作为一个整体(又称轨返组合体)环绕月球飞行,等待与上升器完成交会对接和样品转移;着陆器和上升器作为又一个整体(又称着上组合体)一起降落到月面,完成月面钻取采样、表取采样及样品封装。

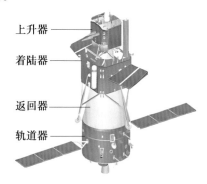

图3.46　"嫦娥五号"组成部分

　　这四部分又被形象称为月球"挖土"天团。

　　"嫦娥五号"主要飞行任务时间节点如下。

　　2020年11月24日,"嫦娥五号"由"长征五号"运载火箭成功送入预定轨道。

同年 11 月 28 日,"嫦娥五号"探测器成功"刹车"制动,顺利进入环月轨道。

同年 12 月 1 日,"嫦娥五号"着上组合体部分经过 8 d 昼夜不停地飞行后成功着陆于月球正面风暴洋的吕姆克山脉以北地区。

同年 12 月 2 日,"嫦娥五号"的着上组合体顺利完成月球表面及钻取自动采样,实现了我国首次在地外天体的自动采样及封装。

同年 12 月 3 日,"嫦娥五号"上升器搭载月球采集样品成功从月面起飞并精准进入预定环月轨道,实现了我国探测器首次在地外天体起飞。

同年 12 月 6 日,"嫦娥五号"上升器成功与轨返组合体交会对接,并将月壤容器安全转移至返回器中,实现了我国首次月球轨道自主交会对接及样品转移,此后,上升器按计划分离并受控撞月。

同年 12 月 13 日,"嫦娥五号"的轨返组合体成功进入月地转移轨道,并择机实施轨道器和返回器分离。

同年 12 月 17 日,返回器携带 1 731 g 月球样品在历经 23 d 接力远征后安全着陆于内蒙古四子王旗预定区域(图 3.47),成功完成我国首次地外天体采样返回任务,使我国成为世界上第二个月球无人自主采样返回的国家。2021 年 10 月 8 日,以"嫦娥五号"月球样品为研究对象的首篇学术成果发表在国际学术期刊 *Science* 上。

图 3.47　"嫦娥五号"返回器返回地球

至此,我国探月工程从一期到三期取得"六战六捷"的骄人成就。该任务是我国当时复杂度最高、技术跨度最大的航天系统工程,一举突破月面采样、月面起飞上升、月球轨道交会对接与样品转移、跳跃式高速再入返回等关键技

术,对于提升我国航天科技水平、完善探月工程体系、实施后续深空探测任务,具有里程碑式的重要意义。

鉴于"嫦娥五号"任务为世界月球探测作出的突出贡献,"嫦娥五号"研制团队于 2023 年荣获由国际宇航科学院主席舒马赫等科学家颁发的"劳伦斯团队奖"(图 3.48),该奖项是国际宇航科学院每年颁发的最高团队荣誉,旨在表彰在宇航领域取得突出成就的宇航项目团队。"嫦娥五号"在技术创新、科学发现、国际合作等方面取得的突出成就,赢得了国际同行的高度认可。

图 3.48 "嫦娥五号"团队获"劳伦斯团队奖"

1. "嫦娥五号"完成任务后,其轨道器去了哪里?

2021 年 3 月,轨道器在地面人员的精确控制下,成功被日地拉格朗日 L_1 点捕获,成为我国首颗进入该点实施探测的航天器。运行一段时间后,轨道器点火变轨离开日地 L_1 点,随后进入了一条非常有价值的远距离逆行轨道,该轨道能够为航天器提供长时间月球观测和科学实验的机会。

2. 截至 2020 年底,我国在实施探月工程中共在月面展示了几次国旗?

我国通过"嫦娥三号""嫦娥四号"及"嫦娥五号"实现了 3 次月面国旗展示,其中,"嫦娥五号"首次实现了国旗的月面动态展示。

3. 截至 2020 年,人类一共采集了多少月球样品?

从美国的"阿波罗 11 号"到苏联的"月球 16 号"再到中国的"嫦娥五号",人类共计完成了 10 次月球采样(图 3.49)。其中,美国通过 6 次载人登月采样共采集了 381.71 kg 月球样品;苏联通过 3 次无人月面采样共采集了 0.326 kg 月球样品;中国通过 1 次无人月面采样采集了 1.731 kg 月球样品,这些月球样品全都来自月球正面。

图 3.49　人类在月球正面的 10 次采样地点

2022 年 11 月 24 日,国家航天局(CNSA)公布了我国探月工程四期,按照规划,我国将在未来几年间相继完成"嫦娥六号""嫦娥七号"及"嫦娥八号"任务。

(1)"嫦娥六号"任务。

2024 年 5 月 3 日,"嫦娥六号"采样返回探测器由"长征五号"运载火箭从中国文昌航天发射场成功发射,随后于 5 月 8 日进入月球轨道。本次任务发射质量高达 8.35 t,是中国迄今发射升空的质量最大的空间探测器。同年 6 月 25 日,"嫦娥六号"返回器携带 1 935.3 g 月球背面样品准确着陆于内蒙古四子王旗预定区域(图 3.50),为这趟历时 53 d 的地月往返之旅画上了圆满句号。"嫦娥六号"任务的完成,使中国成为世界上唯一一个两次成功着陆月球背面的国家,并实现了人类历史上首次月背采样返回。鉴于在地球上无法与月球背面直接通信,我国于 2024 年 3 月 20 日先行发射了第二颗月球中继星——"鹊桥二号"（图3.51），为"嫦娥六号"着陆器搭建与地球之间的"通信桥梁"。

图3.50 "嫦娥六号"返回器返回地球

图3.51 "鹊桥二号"中继星

小贴士

1."鹊桥"中继星仍在服役，为什么还要发射"鹊桥二号"？

尽管"鹊桥"中继星的设计寿命为5年，但它至今仍在超期服役，为"嫦娥四号"任务提供通信支持。随着探月工程四期"嫦娥六号"任务启程，"鹊桥"已渐渐不能满足新的任务需求,因此需要一个功能更为强大的地月"通信桥梁",这一重任就交给了"鹊桥二号"。

2."鹊桥二号"肩负哪些使命?

该任务"鹊桥二号"除了助力"嫦娥六号"完成月背采样返回任务,还将接下前辈"鹊桥"的接力棒,继续为仍在月背工作的"嫦娥四号"着陆器及"玉兔二号"月球车提供通信服务。在未来执行的"嫦娥七号""嫦娥八号"乃至后续的月球探测任务中,也离不开"鹊桥二号"的辛勤付出。可以说,"鹊桥二号"是探月四期工程的"总开关",它的成功部署必将使我国后续"探月大戏"更加精彩。

(2)"嫦娥七号"任务。

该任务计划于 2026 年前后实施,计划开展月球南极的环境与资源勘查,并通过飞跃器飞跃到阴影坑中勘查可能的水资源,从而为国际月球科研站建设奠定基础。

(3)"嫦娥八号"任务。

该任务计划于 2028 年前后实施,该任务除了继续进行科学探测试验以外,还要进行一些关键技术的月面试验,比如基于月壤的 3D 打印技术等,试验能否在月球上利用月壤建造房屋等。

届时,"嫦娥七号"和"嫦娥八号"将共同组成我国月球南极科研站基本设施,包括月球轨道器、着陆器、月球车、飞跃器,以及若干科学探测仪器。

关于载人登月,中国载人航天工程办公室发言人表示,我国已经完成载人月球探测关键技术攻关和方案深化论证,突破了新一代载人飞船、新一代载人运载火箭、月面着陆器、登月服等关键技术,形成了具有中国特色的载人登月任务实施方案,为载人月球探测工程的顺利实施奠定了坚实基础。

2023 年 8 月,中国载人航天工程办公室面向社会公众开展了载人月球探测任务新飞行器名称征集活动,在全社会引起广泛关注和热情参与。经专家评审,将新一代载人飞船命名为"梦舟",将月面着陆器命名为"揽月"。新飞行器的名称具有鲜明的中国特色、时代特色和文化特色。"梦舟"寓意载人月球探测承载中国人的航天梦,开启探索太空的新征程,也体现了与"神舟""天舟"飞船家族的体系传承;新一代载人飞船包括登月版和后续执行空间站任务的近地版两个型号,其中,登月版采用"梦舟 Y"(飞船名称+"月"字拼音的大写首字母)。"揽月"取自毛主席诗词"可上九天揽月",彰显中国人探索宇

宙、登陆月球的豪迈与自信。此前,新一代载人运载火箭已被命名为"长征十号"。根据计划,我国将在 2030 年前实现中国人首次登陆月球,开展月球科学考察及相关技术试验等活动。

此外,中国还将联合其他国家或机构(俄罗斯、ESA、法国、意大利、瑞典、巴基斯坦等),在 2035 年前共同建成国际月球科研站。

小贴士

1. "梦舟"飞船和"揽月"着陆器有什么本领?

"梦舟"飞船是在"神舟"飞船基础上全面升级研制的新型天地往返运输飞行器,采用模块化设计,由返回舱和服务舱组成。主要用于我国载人月球探测任务,兼顾近地空间站运营,具有高安全、高可靠、多任务支持、可重复使用的特点,登月任务可搭载 3 名航天员往返于地面与环月轨道之间,近地轨道飞行任务可搭载 7 名航天员往返于地面与空间站之间。

"揽月"着陆器是我国全新研制的地外天体载人下降与上升飞行器,由登月舱和推进舱组成。主要用于环月轨道和月球表面间的航天员运输,可搭载 2 名航天员往返,并可携带月球车和科学载荷,具有高安全、高可靠、落月精度高、适应月面环境能力强等特点,是航天员登陆月球后的月面生活中心、能源中心及数据中心,支持开展月面驻留和月面活动。

2. 中国载人登月任务如何实施?

根据载人登月初步方案,在未来的载人登月任务中,主要过程概括如下。

发射和地月转移:采用两枚"长征十号"运载火箭先后将"揽月"着陆器、"梦舟"飞船送至地月转移轨道。

环月轨道交会对接:两个飞行器在环月轨道进行交会对接,航天员进入着陆器,并由着陆器将航天员送上月面,航天员在月面按计划开展科学考察和样品采集等任务。

> 　　上升、对接与返回:航天员完成既定任务后,乘坐"揽月"着陆器的上升舱上升到环月轨道,两个飞行器再次交会对接,航天员将采集的月球样品转移到"梦舟"飞船,最后经由月地转移轨道返回地球。

3.3.5　深空探测器

　　中国的深空探测起步于月球探测,按照探月工程"绕、落、回"三步走的任务规划,自2003年启动探月工程一期以来,截至2020年底,已成功实施了6次探测任务,顺利完成了三步走的任务。与此同时,行星探测工程也随着"天问一号"火星探测任务的圆满成功拉开了序幕。对于火星探测任务,"萤火一号"是我国的首颗火星探测器。2011年11月8日,"萤火一号"搭乘俄罗斯的"福布斯-土壤"(Phobos-Grunt)采样返回探测器,由俄罗斯"天顶号"运载火箭发射升空,遗憾的是,11月9日,俄方宣布"福布斯-土壤"火星探测器变轨失败,"萤火一号"的任务也不幸以失败告终。之后,我国规划自主发射火星探测器。

　　2016年1月,我国首次火星探测任务正式批复立项,任务目标是研制火星环绕器和着陆巡视器(巡视器又称火星车),其中,环绕器主要开展火星环绕探测,并为着陆巡视器提供中继通信服务,着陆巡视器主要开展就位和巡视探测。

　　2019年11月14日,首次火星探测任务着陆器悬停避障试验成功完成,此次试验是火星探测任务首次公开亮相,模拟了着陆器在火星环境下悬停、避障、缓速下降的过程,对其设计的合理性进行了综合验证。

　　2020年4月24日,中国首次火星探测任务在"中国航天日"启动仪式上被正式命名为"天问一号",后续行星探测任务依次编号。

　　2020年7月23日,"天问一号"火星探测器(图3.52)由"长征五号"遥四运载火箭在中国文昌航天发射场发射升空,之后精准进入地火转移轨道,开启火星探测之旅,旨在通过一次发射任务相继实现火星环绕、着陆和巡视(简称

为"绕、落、巡")。

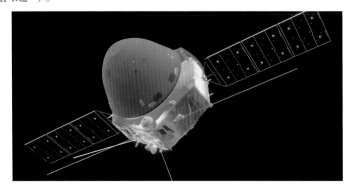

图 3.52　"天问一号"火星探测器效果图

2021 年 2 月 10 日,"天问一号"探测器实施近火捕获制动,环绕器 3 000 N 轨控发动机点火工作约 15 min,探测器顺利进入近火点高度约为 400 km,周期约为 10 个地球日,倾角约为 10° 的大椭圆环火轨道,成为我国第一颗人造火星卫星,实现"绕、落、巡"第一步"绕"的目标,环绕火星获得成功。在接下来的三个月时间里,"天问一号"环绕器通过遥感探测,进一步确定了着陆点的地形和气象条件,为着陆火星做好准备。

2021 年 5 月 15 日,"天问一号"着陆巡视器(图 3.53)成功实现火星表面软着陆,稳稳降落在火星乌托邦平原南部预选着陆区,我国首次火星探测任务着陆火星取得圆满成功!值得一提的是,整个着陆过程既短暂又复杂,地面完全无法人为干预,需要探测器自主决策完成(图 3.54)。

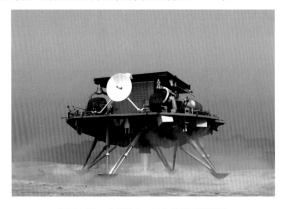

图 3.53　"天问一号"着陆巡视器

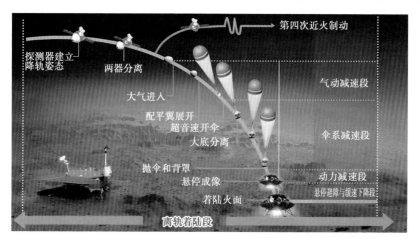

图 3.54　着陆巡视器自主着陆过程示意图

2021 年 5 月 22 日，"祝融号"火星车安全驶离着陆平台，正式踏向火星表面，开启火星表面巡视之旅，成为中国首辆火星车，也是人类历史上第 6 辆成功登陆的火星车（包括"旅居者号""勇气号""机遇号""好奇号""毅力号""祝融号"）。

"天问一号"任务的成功意义重大，它创造了世界首次通过一次发射任务便相继实现了对火星"绕、落、巡"的"三级跳"壮举，也使中国成为世界上第二个独立掌握火星着陆巡视探测这一关键技术的国家，并且从立项到成功实施仅用 5 年多时间便实现了航天强国数十年才完成的壮举，成为中国航天发展史中又一具有重大意义的里程碑。

"天问一号"任务在中国航天发展史上实现了 6 个"首次"。

一是首次实现地火转移轨道探测器发射；二是首次实现行星际飞行；三是首次实现地外行星软着陆；四是首次实现地外行星表面巡视探测；五是首次实现 4 亿 km 距离的测控通信；六是首次获取第一手的火星科学数据。

在世界航天史上，"天问一号"不仅在火星上首次留下中国印迹，而且首次实现通过一次任务完成火星环绕、着陆和巡视三大目标，而其他国家是从掠飞、环绕、着陆、再到巡视逐步实现的，这无疑是我国航天科技实力和航天人创新精神的充分体现，标志着我国在行星探测领域已跨入世界先进行列。鉴于"天问一号"为世界火星探测作出的突出贡献，其任务团队于 2022 年 9 月荣获国际宇航联合会颁发的最高奖项"世界航天奖"。

1."天问一号"的名称来源是什么？

"天问一号"的名称来源于中国古代爱国主义诗人屈原的长诗《天问》，表达了中华民族对真理追求的坚韧与执着，体现了对自然和宇宙空间探索的文化传承，寓意探求科学真理征途漫漫，追求科技不断创新永无止境。此外，首辆火星车被命名为"祝融号"，祝融是中国传统文化中最早的火神，象征着中华民族的祖先用火照耀大地，带来光明，以"祝融号"命名火星车，意味着星际探测火种已被点燃，指引人类不断探索浩瀚星空。

2."天问一号"是如何成功实施火星登陆的？

"天问一号"首先以约 1.7 万 km/h 的速度进入火星大气层，然后经过四个阶段完成火星登陆。第一阶段是气动减速段，火星大气的阻力基本可以将探测器的速度降到最初的 10% 左右；第二阶段是降落伞减速段，通过降落伞进一步减速至约 60 m/s；第三阶段是动力减速段，通过 7 500 N 变推力发动机继续减速，在离火星表面约 100 m 处悬停，确定最佳登陆位置；第四阶段是着陆缓冲段，通过安装在着陆平台底部的 4 个着陆缓冲支架完成火星登陆任务，整个过程历时约 9 min。这一过程非常困难，且成功率不足四成，被美国人称为"恐怖七分钟"。

3."祝融号"火星车还在继续工作吗？

截至 2022 年 9 月，"祝融号"在火星表面累计行驶 1 921 m，完成既定科学探测任务。之后，"祝融号"进入休眠状态，按计划，"祝融号"将于 2022 年 12 月开启自主唤醒，遗憾的是，至今未能被成功唤醒。

3.4 中国航天展望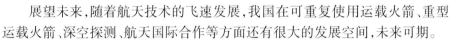

展望未来,随着航天技术的飞速发展,我国在可重复使用运载火箭、重型运载火箭、深空探测、航天国际合作等方面还有很大的发展空间,未来可期。

(1)我国新一代运载火箭采用液氧煤油、液氧液氢等航天动力,同时开展了液氧甲烷发动机的研发工作,具有实施重复使用的先天基础和优势。应进一步加大重复使用运载火箭研究力度,通过实施飞行演示试验尽快突破关键技术,提高技术成熟度,推动重复使用技术的应用,以适应我国未来低成本、高密度发射的任务需求。另外,为满足我国未来载人登月、登陆火星、建立月球基地等国家重大需求,还会瞄准重型运载火箭的研制。我国的重型运载火箭已正式立项,并命名为"长征九号"。其箭高约 110 m,箭体直径突破了 10 m,可以分别将 150 t 和 50 t 载荷送往近地轨道和月球轨道,这种运载能力达到了现役"长征五号"火箭的 5 倍以上,也达到了 SpaceX 研制的"猎鹰重型"的 2 倍以上,甚至不亚于美国的"SLS"以及 SpaceX 的"星舰"。此外,为深入推进载人航天工程建设,我国正在研制新一代载人运载火箭"长征十号",其箭体高度达到了 90 m,比目前正在服役的载人功勋火箭"长征二号 F"还要高出 30 多 m,可以分别将 70 t 和 27 t 载荷送入近地轨道和月球轨道,运载能力得到大幅提升,为实施载人登月甚至更远的深空任务奠定坚实的基础,"长征十号"预计于 2027 年执行首次飞行。

(2)随着我国航天科技水平的日益提升,深空探测的深度和广度也必将不断延展。我国月球与深空探测虽然起步较晚,但起点较高,正在努力实现从并跑到领跑的跃升。月球探测方面,在高质量完成探月工程三期的基础上,稳步推进探月工程四期,"嫦娥六号"圆满完成世界首次月背采样返回,拉开探月工程四期序幕,未来还要陆续实施"嫦娥七号""嫦娥八号"任务,为进一步开展载人登月乃至更长远的国际月球科研站建设奠定坚实基础。行星探测方面,首个火星探测器"天问一号"圆满完成了一次高质量高起点火星探测任务,未来还要陆续实施更多行星探测任务。计划 2025 年前后,通过"天问二号"任务,实施近地小行星和主带彗星探测任务,实现近地小行星的绕飞探测、附着和取样返回以及主带彗星绕飞;同时还要实施小行星防御计划,通过对某一颗有威胁的小行星进行抵近观测和就近撞击,以测试它的轨道改变效果。2030 年前后,通过"天问三号""天问四号"任务实现火星取样返回、木星系的环绕探测、行星际穿越探测,以及天王星飞越探测。到 2045 年前后实现太阳系边际探测、载人登陆火星等宏伟计划。所有这些即将开展的任务都必将持续带动我国航天技术进步,促进科学认知重大创新,有力推动空间科学、空间技术和空间应用全面发展,在建设航天强国的道路上更进一步,为人类福祉贡献中国智慧、中国方案、中国力量。

(3)航天国际合作将得到进一步加强。太空领域的国际合作,是打造人类命运共同体的重要组成部分。中国载人航天工程自1992年立项实施以来,始终坚持和平利用、共同发展的原则,与世界多个航天机构和组织签署了合作框架协议,开展了多种形式的合作与交流。此外,在月球和深空探测领域,中国也将继续开展更广泛深入的国际合作,凝聚全球更多科研人员的智慧以破解宇宙之谜。

在载人航天工程方面,2019年6月12日,中国载人航天工程办公室与联合国外层空间事务司(简称联合国外空司)联合宣布了联合国/中国围绕中国空间站开展空间科学实验的第一批项目入选结果,共有来自17个国家、23个实体的9个项目成功入选,联合国外空司称中国的这一举措有力促进了载人航天国际合作,使得更多的国家能够有机会参与载人航天技术研究,是对联合国2030年可持续发展目标的有力支持。目前中国空间站在轨建造阶段已大功告成,在接下来的常态化运营阶段,中国航天员也将与更多国家的航天员共同遨游太空。已有多个国家向我们提出了选派航天员参与中国空间站飞行任务的需求,我国与相关方面也正在开展对接协调,同时也在积极进行培训国外航天员的相关准备工作。中国已正式宣布:中国空间站不仅属于中国,也属于全世界,建成中国空间站将为人类经济社会发展作出更多"中国贡献"、提供更优"中国方案"!在月球探测方面,2019年4月18日,中国国家航天局向瑞典、德国、荷兰交接"嫦娥四号"载荷数据,并向全球发布"嫦娥六号"及小行星探测任务合作机遇公告;2021年4月23日,中俄联合发布《中国国家航天局和俄罗斯国家航天集团公司关于合作建设国际月球科研站的联合申明》,6月16日,两国共同举办了国际月球科研站路线图全球网络论坛,联合发布了《国际月球科研站路线图》和《国际月球科研站合作伙伴指南》。

在深空探测方面,被誉为"中国天眼"的500 m口径球面射电望远镜(FAST)是具有我国自主知识产权、世界最大单口径、灵敏度最高的射电望远镜。2021年3月31日,FAST正式向全世界开放,向全球科学家征集观测申请,最终,来自14个国家的27份国际项目获得批准,并于2021年8月启动了科学观测。此外,中国国家航天局和欧空局、法国国家空间研究中心、阿根廷空间活动委员会、奥地利研究促进局等4家航天机构,通过载荷搭载、测控支持等方式开展了广泛合作,同时还与法国、奥地利、俄罗斯等有关机构,就"天问一号"火星探测数据的应用合作保持沟通。为保证火星探测器在轨安全，与 NASA、ESA 开展了火星探测器轨道数据交换合作。

这些行动都是我国航天开展国际合作的重大开创性举措，是我国航天从独立发展迈向全球合作新时代的重要标志，必将推动我国航天国际合作大步向前迈进！

3.5　本章小结

纵观中国航天事业 60 余载，一个新的航天大国正逐渐崛起。"嫦娥工程"自实施以来实现了数战数捷，"嫦娥四号"率先在月球背面刻上了中国印记，北斗卫星导航系统已经完成部署并开始提供全球服务，"天问一号"成功完成登陆火星的壮举，接连不断的突破已然展现出我国强大的综合国力。"长征五号"新一代大型运载火箭的成功发射，也成为我国从航天大国迈向航天强国、进入大运载时代的重要标志。此外，中国还规划了后续包括"长征九号"重型火箭、"长征十号"新一代载人火箭，制订了月球、火星、木星、小行星等在内的一系列更为引人注目的深空探测计划，今后的任务更加艰巨，面临的挑战前所未有。所有这些重大航天工程的实施，必将增强中华民族的自信心、自豪感和凝聚力，激励中国人民的开拓、奉献和创新精神。诚然，我国在践行"探索浩瀚宇宙、和平利用太空"的承诺中，在奋力奔赴"星辰大海"的征途中，在决胜从航天大国向航天强国转型、实现航天强国梦想的征程中，任重而道远。

中国航天，已经不仅仅是国家军事安全的捍卫者，更是人民安全的守护神。我们要加快空间技术应用和空间科学的发展，到 2030 年我们要实现中国航天整体能力的跃升，要跻身世界航天强国之列，在部分领域，要引领世界航天的发展，在大部分领域，我们要跟世界先进航天大国并行发展。中国航天，必将在国家的坚定支持和一代代科技工作者的不懈努力下，实现一步步跨越、一次次突破，进一步助力国家实现高水平科技自立自强。

浩瀚宇宙，星汉灿烂。那里寄托着中国人数千年的梦想。

仰望星空，脚踏实地。中国航天人满怀对未来的无限憧憬，不忘初心、牢记使命、踔厉奋发、勇毅前行！

第 4 章　中国航天精神

万事须是有精神，方做得。

——朱熹

2016 年 4 月 24 日,习近平总书记在首个"中国航天日"之际作出重要指示:探索浩瀚宇宙,发展航天事业,建设航天强国,是我们不懈追求的航天梦。经过几代航天人半个多世纪的接续奋斗,我国航天事业不仅创造了巨大的物质财富——以"两弹一星"、载人航天、月球探测三大里程碑为标志的辉煌成就,让全世界看到了中国人的航天梦;还创造了巨大的非物质财富,这就是深厚博大、生生不息、独具特色的航天精神,正是这笔宝贵精神财富的代代传承,推动着我国航天事业蓬勃发展并取得了举世瞩目的辉煌成就。这种航天精神,主要包括航天传统精神、"两弹一星"精神、载人航天精神、探月精神,以及新时代北斗精神。它生动诠释了以爱国主义为核心的民族精神和以改革创新为核心的时代精神,既是传统中华民族精神的继承和变革、升华了的当代民族精神,又是党的优良作风和社会主义核心价值观在航天事业中的具体体现。本章将主要围绕这些航天精神的孕育历程、主体内容、内涵本质、时代特征、传承与发展等内容进行阐述。

4.1　航天传统精神

航天传统精神是在 20 世纪 50 年代末我国航天事业创建时期初步萌芽,六七十年代逐步形成,八九十年代逐渐丰富并提炼概括形成的。它是航天科技工作者思想境界和优良作风的宝贵精神成果,也是中国航天精神的基础底蕴。

1956 年 10 月 8 日,中国航天科技集团公司的前身——中华人民共和国国防部第五研究院正式成立,标志着中国航天事业的发展正式拉开了序幕。中华人民共和国国防部第五研究院的建院方针是"自力更生为主,力争外援和利用资本主义国家已有的科学成果"。这条方针孕育了我国最初的航天精神,其核心就是"自力更生"。1986 年底,当时的航天工业部党组对 30 年航天事业伟大实践中创造的航天精神进行了提炼和归纳,提出了"自力更生、大力协同、尊重科学、严谨务实、献身事业、勇于攀登"的航天传统精神。以后根据时任国务院副总理聂荣臻倡导的"自力更生、艰苦奋斗、大力协同、无私奉献"精神,结合航天科技工业的具体特点,对航天传统精神做了新的概括和提炼,最终表述为"自力更生、艰苦奋斗、大力协同、无私奉献、严谨务实、勇于攀登"。中国的航天事业起步阶段可谓举步维艰,当时的航天人住沙窝、喝碱水开始了中国的航天事业,但在较短的时间里,中国航天就走出了一条适合本国

国情和有自身特色的发展道路,并取得了一系列重要成就。而支撑航天事业和航天人一直稳步前行的,无疑就是广为称道的"航天精神",这是中国航天人在20世纪为中华民族创造的新的宝贵精神财富。正是在航天精神这一伟大民族精神的鼓舞下,亿万人民始终保持昂扬向上的精神状态,奋发图强,齐心协力,锐意进取,取得了一项又一项骄人的成绩,使伟大的祖国彰显出旺盛的生机与活力。

4.2 "两弹一星"精神

"两弹一星"精神是20世纪50年代末至70年代初,广大国防科技工作者在发展"两弹一星"事业中形成的精神集成,并于21世纪初概括形成。20世纪50年代末,我国面对严峻的国际形势,为打破核大国的讹诈与垄断,为了世界和平和国家安全,在条件十分艰苦的情况下,党中央高瞻远瞩,果断作出了研制"两弹一星"的战略决策。老一代科学家和广大研制人员发扬"自力更生、艰苦奋斗、大力协同、无私奉献、严谨务实、勇于攀登"的传统精神,风餐露宿,顽强拼搏,团结协作,克服了种种难以想象的艰难险阻,突破了一个又一个技术难关,取得了中华民族为之自豪的伟大成就。1964年10月16日,我国第一颗原子弹爆炸成功,成为继美国、苏联、英国、法国之后第五个拥有原子弹的国家;1966年10月27日,"两弹结合"的导弹核试验在东风航天城取得圆满成功,第二天,美国便在《华盛顿邮报》中发表评论说,"中国已经是一个核国家,这是西方必须承认的现实";1970年4月24日,中国第一颗完全自主研制的人造卫星"东方红一号"发射成功,一曲《东方红》唱响世界,成为继苏联、美国、法国、日本之后第五个把卫星送上天的国家。"两弹一星"精神,成为20世纪中国人民自强不息艰苦奋斗的可贵民族精神。

"两弹一星"研制成功,是新中国建设成就的一个辉煌标志,也是新中国科技发展的一座历史丰碑。正如邓小平同志曾说:"如果六十年代以来中国没有原子弹、氢弹,没有发射卫星,中国就不能叫有影响的大国,就没有现在这样的国际地位。这些东西反映一个民族的能力,也是一个民族、一个国家兴旺发达的标志。"

1999年9月18日,在新中国成立50周年前夕,中共中央、国务院、中央军委在北京隆重召开了表彰为研制"两弹一星"作出突出贡献的科技专家大会,会上提出并精辟阐述了在"两弹一星"研制过程中形成的"两弹一星"精神,即"热爱祖国、无私奉献、自力更生、艰苦奋斗、大力协同、勇于登攀"。这次表彰会共授予及追授 23 位科技专家"两弹一星"功勋奖章。

"热爱祖国、无私奉献"是"两弹一星"精神的鲜明底色。研制者自觉把个人理想与祖国命运紧密联系在一起。两弹元勋于敏说,一个人的名字,早晚是要消失的,留取丹心照汗青,能把自己微薄的力量融进祖国的事业之中,足以令人欣慰了;邓稼先临终前仍惦记着我国尖端武器发展;他们用热血和生命谱写了一部为祖国、为人民鞠躬尽瘁、死而后已的动人诗篇。

"自力更生、艰苦奋斗"是"两弹一星"精神的立足基石。研制者们运用有限的科研和试验手段,没有条件,创造条件;没有仪器,自己制造;缺少资料,刻苦钻研。他们所具有的惊人毅力和勇气,彰显了中华民族在自力更生的基础上屹立于世界民族之林的坚强决心和强大能力。

"大力协同、勇于登攀",生动诠释了我国集中力量办大事的制度优势。据统计,第一颗原子弹的研制,凝聚了几十个部委和几十个省份的近千家工厂、科研机构和大专院校的智慧。从第一颗原子弹爆炸到第一颗氢弹试验成功,中国仅仅用了两年零八个月时间,比美国、苏联、法国所用的时间要短得多。就这样,研制者们以惊人的毅力和速度,创造出"两弹一星"的惊人成就。

在"神舟"飞船总设计师戚发轫院士看来,"两弹一星"精神的核心是爱国,一个人只有有了爱,才会把最宝贵的东西奉献出来,而最大的爱,就是爱国家、爱团队、爱事业、爱岗位,没有爱的人是不会奉献的。在这 23 位"两弹一星"元勋中,有 21 位有留学经历(表 4.1)。对于他们中的大部分人来说,在国外学有所成,拥有优越的科研和生活条件,但是丝毫没有影响他们归国的决心,在当时国家积贫积弱、工作条件十分艰苦的情况下,毅然回国,甘于寂寞,自力更生,发愤图强,为我国的航天国防事业的发展作出巨大贡献,这种浓浓的家国情怀和深厚的科学素养在他们身上体现得淋漓尽致。

表 4.1 "两弹一星"元勋简历表

姓名	本科毕业院校	最终毕业院校	主要成就
王希季	西南联合大学	美国弗吉尼亚理工学院	中国卫星与返回技术专家
孙家栋	哈尔滨工业大学	苏联茹科夫斯基工程学院	火箭与卫星技术专家
任新民	国立中央大学(现南京大学)	美国密歇根大学	航天技术与火箭发动机技术专家
杨嘉墀	上海交通大学	美国哈佛大学	航天技术和自动控制专家
钱学森	国立交通大学(现上海交通大学)	美国加州理工学院	中国航天事业奠基人
屠守锷	清华大学	美国马萨诸塞州理工学院	火箭与导弹技术专家

续表4.1

姓名	本科毕业院校	最终毕业院校	主要成就
黄纬禄	国立中央大学（现南京大学）	英国伦敦大学帝国学院	火箭与导弹控制技术专家
赵九章	清华大学	德国柏林大学	地球物理和空间物理开拓者
姚桐斌	唐山交通大学（现西南交通大学）	英国伯明翰大学	航天材料及工艺技术专家
钱骥	国立中央大学（现南京大学）	国立中央大学（现南京大学）	空间技术和空间物理专家
于敏	北京大学	北京大学	著名核物理学家,中国氢弹之父
朱光亚	西南联合大学	美国密歇根大学	中国核事业主要开拓者之一
吴自良	西北工学院（现天津大学）	美国卡内·基梅隆大学	世界著名物理冶金学家
陈能宽	唐山交通大学（现西南交通大学）	美国耶鲁大学	金属物理学家,工程物理学家
周光召	清华大学	北京大学（苏联留学）	中国核武器研制的开拓者之一
程开甲	浙江大学	英国爱丁堡大学	建立发展了中国核爆炸理论
彭桓武	清华大学	英国爱丁堡大学	中国原子能科学事业开拓者之一
王淦昌	清华大学	德国柏林大学	中国核科学奠基人和开拓者之一
邓稼先	西南联合大学	美国普渡大学	原子弹氢弹开拓者之一
钱三强	清华大学	法国巴黎大学	中国原子能事业奠基人之一
王大珩	清华大学	英国帝国理工学院	中国光学工程奠基人和开拓者之一
陈芳允	西南联合大学	西南联合大学（英国留学）	研制原子弹爆炸测试仪器
郭永怀	北京大学	美国加州理工学院	原子弹氢弹研制

习近平总书记多次谈到"两弹一星"精神及其时代价值。2020年4月23日,习近平总书记给参与"东方红一号"任务的老科学家回信时强调,新时代的航天工作者要以老一代航天人为榜样,大力弘扬"两弹一星"精神,敢于战胜一切艰难险阻,勇于攀登航天科技高峰,让中国人探索太空的脚步迈得更稳更远,早日实现建设航天强国的伟大梦想。

"两弹一星"精神跨越时空,历久弥新,激励着包括航天人在内的广大科技工作者攻坚克难、勇攀高峰。赓续"两弹一星"精神，我们一定能够在全面建设社会主义现代化国家新征程中，不断战胜艰难险阻，奏响动人凯歌！

4.3　载人航天精神

载人航天精神是在20世纪90年代初至今，广大航天工作者奋战在载人航天工程一线，实现载人航天飞行圆满成功的过程中孕育形成的宝贵精神财富。

1992年9月21日，我国航天事业迎来了一个新的起点——中共中央政治局常委会扩大会议批准实施中国载人航天工程（代号"921工程"）。从那天开始，我国载人航天事业在极其艰苦和困难的条件下悄然起步。中国载人航天工程，是中国空间科学实验的重大战略工程之一，它汇集了当今世界最顶尖的高新技术，具有极高的风险性和挑战性，不仅需要雄厚的经济实力和强大的科技实力做支撑，还需要巨大的精神力量来推动，而这个精神力量正是在继承和弘扬航天传统精神的基础上铸就的载人航天精神。

2003年10月15日，中国通过"神舟五号"飞船首次实现了载人航天飞行，标志着中国成为继苏联和美国之后，第三个独立掌握载人航天技术并将航天员送上太空的国家，是中国航天事业在新世纪的一座新的里程碑。同年11月7日，在中共中央、国务院、中央军委召开的庆祝我国首次载人航天飞行圆满成功大会上概括了"特别能吃苦、特别能战斗、特别能攻关、特别能奉献"的载人航天精神。

在戚发轫院士看来，天天奉献，天天吃苦，不是精神的本质，这个精神的本质应该是"特别"，即当国家有特别需要的时候，每一个中国人、每一名航天人都要有这种特别的精神。

2005年11月26日，中共中央、国务院、中央军委在人民大会堂隆重举行庆祝"神舟六号"载人航天飞行圆满成功大会，会上将载人航天精神进一步概括为热爱祖国、为国争光的坚定信念，勇于登攀、敢于超越的进取意识，科学求实、严肃认真的工作作风，同舟共济、团结协作的大局观念和淡泊名利、默默奉献的崇高品质。

1. 载人航天精神的内涵之一 —— 热爱祖国、为国争光的坚定信念

20世纪40年代末，钱学森正处于个人发展的上升期。他37岁就在导师冯·卡门的推荐下成为美国加州理工学院最年轻的教授，被学界誉为现代航空科学与火箭技术的先驱和创始人。然而在祖国的需要面前，他没有丝毫犹豫,放弃了国外优厚的待遇、优越的工作和生活条件,冲破了重重阻力,毅然决然地回到了祖国。他在返回祖国时,庄严地说出自己回国的使命:"要竭尽全力建设自己的国家,使我们的同胞过上有尊严的幸福生活!"物理学家彭桓武被问到为什么要回国时说:"回国不需要理由,不回国才要理由!"罗健夫、杨敏达等一代又一代航天工作者胸怀报效祖国之心,始终不渝地把中国航天事业视为强国富民的崇高事业和神圣使命,把自己的一切奉献给了航天事业。他们把自己所从事的工作与祖国的兴旺发达和人民的幸福安康紧密地联系在一起,把航天事业作为报效祖国的舞台,在自己的工作岗位上忠于职守、尽职尽责,贡献智慧、心血与汗水。热爱祖国是他们最大的精神支柱,报效祖国是他们毕生的理想和信念。

祖国的需要和荣誉高于一切,这是广大航天人心中高扬的旗帜。航天人热爱祖国体现在为国争光的使命担当,体现在国家至上的无悔选择。航天人把对祖国的无限热爱,化作为国争光的雄心壮志,化作报效祖国的实际行动。

2.载人航天精神的内涵之二 —— 勇于攀登、敢于超越的进取意识

作为当时世界上最先进的载人航天飞船——俄罗斯"联盟-TM 号"飞船,性能优越、技术成熟,从最初的两舱段到后来的三舱段,中间经历了 30 多年的不断改型升级。然而在工程技术人员的艰苦努力下,我们很快制造出了自己的三舱段(轨道舱、返回舱、推进舱)载人飞船,使得原先航天员返回地球后只能废弃的轨道舱现在可以继续留轨待用。这项技术创新一次可以节约数亿元的发射资金,还能大大缩短飞船的发射周期,加快载人航天实验的进程。

勇于登攀、敢于超越,体现了广大航天科技工作者为了国防现代化事业披荆斩棘、锐意进取、勇往直前的英雄气概。航天事业的每一步前进,航天技术水平的每一点提高,都是航天人克服困难、锲而不舍地努力所取得的成果。一项项关键技术的突破,一道道科学难题的破解,一个个辉煌成就的取得,无一不是勇于登攀、敢于超越精神的最好体现。

3.载人航天精神的内涵之三 —— 科学求实、严肃认真的工作作风

中国航天人始终坚持把开拓创新与求真务实相结合,严格按照科学规律,以高度的责任心对待每一道工序、每一个部件、每一项操作,以严慎细实的作风为航天事业的发展奠定坚实基础。二十世纪五六十年代,在聂荣臻等老一辈革命家和钱学森等老一辈科学家的积极倡导下,中国航天人树立了"严肃的态度、严格的要求、严密的方法"的"三严"工作作风。在航天人多年的刻苦攻关下,中国载人飞船的可靠性水平堪称世界第一,发射飞船的"长征二号 F"火箭可靠性达到 0.97,而安全性更是高达 0.997,远高于世界上其他国家水平。尽管这样,任何微乎其微的疏忽和麻痹大意,都可能导致工程失败。我们的航天科技工作者时刻发扬求真务实的科学精神,居安思危,严慎细实,通过成百上千次试验、检查、论证,达到稳妥可靠,万无一失。航天员更是通过严格的几近残酷的训练,确保飞天成功。"严肃认真、周到细致、稳妥可靠、万无一失""一丝不苟、分秒不差""一滴不漏、一定安全、一次成功""严上加严、细上又细、慎之又慎、精益求精""格外精心、格外细心、格外小心"等一系列极高标准航天口号更是反映了中国航天人严谨求实的工作作风。1966 年提出的"严肃认真、周到细致、稳妥可靠、万无一失"十六字方针,其指导思想沿用至今,成为几代航天人的座右铭。

这种科学求实、严肃认真的工作作风,不仅是航天精神的一种具体表现,也是广大航天科技工作者贡献给全社会的宝贵精神财富,具有普遍的社会意义。无论哪个领域,无论什么工作,无论何种岗位,都离不开这样的工作作风。

4.载人航天精神的内涵之四 —— 同舟共济、团结协作的大局观念

中国载人航天事业的突破,靠的是发挥社会主义制度集中力量办大事的政治优势。作为一项规模宏大、高度集成的系统工程,载人航天工程包括载人飞船、运载火箭、发射场、着陆场、测控通信、航天员、空间实验室、空间应用八大系统,涉及力学、自动控制、微电子、地球科学、空间科学等众多学科领域。投入研制、试验和协调配合的单位达 3 000 多个,这项事业的发展无疑离不开全国各行各业的大力协同,正是他们的同舟共济、团结协作的大局观才得以汇聚成了助推神舟飞天的强大力量。这种跨地域、跨行业的配合,困难极大、风险极高,没有同舟共济、团结协作的航天精神,根本无法实现。比利时空间信息中心资深研究员泰奥·皮拉尔说:"中国航天事业的发展靠的是中国人民的伟大团结,这是欧洲和美国所无法企及的。"

团结就是力量,协作凝聚希望。万众一心,众志成城。同舟共济、团结协作的大局观念是中国航天事业不断取得突破的宝贵品质。

5.载人航天精神的内涵之五 —— 淡泊名利、默默奉献的崇高品质

淡泊名利,默默奉献,这是中国航天人 60 多年征程中表现出来的最难能可贵的品质之一。为了祖国的航天事业,中国航天人默默承受着常人难以承受的困难和压力,不计个人得失,不求名利地位,以苦为荣,以苦为乐,无怨无悔,甘当无名英雄。在位于甘肃酒泉的东风航天城工作过的许多航天工作者,以"死在戈壁滩,埋在青山头"的誓言,在茫茫戈壁滩上"献了青春献终身,献了终身献子孙";在 1966 年 10 月 27 日进行的导弹核试验中,高震亚、王世成、颜振清、佟连捷、徐虹、张其彬和刘启泉,立下了"死就死在阵地上,埋就埋在导弹旁"的铮铮誓言,最终圆满完成了指挥操作任务,直到 40 年后"两弹结合"试验解密后,"干惊天动地事,做隐姓埋名人"的"阵地七勇士",才渐为人

知。一代代航天人当年在"弱水河畔扎营房,天当帐篷地当床,三块石头架口锅,野菜盐巴当干粮"的艰苦生活条件下,书写了许许多多可歌可泣的感人事迹,涌现出许许多多可敬可佩的时代英雄,这种"我愿以身许国,何妨埋名半生"的崇高精神境界和无私奉献精神,无不令人动容。

作为我国火箭推进剂创始人之一的李俊贤院士,也是众多时代英雄中的一员。从他身上,人们看到了"先天下之忧而忧,后天下之乐而乐"的深厚情怀以及"干惊天动地事,做隐姓埋名人"的高远境界。他以最高的标准要求自己的研发,却以最低的标准要求自己的生活;他将最大的热情倾注于"两弹一星"事业,却以最淡泊的心态看待自身所得;他将一辆自行车用了几十年,却在人才培养和公益事业上不吝千金。言为士则,行为世范,终其一生为我国的"两弹一星"事业建功立业的老科学家,沉默低调、讷言敏行,无声地向社会展示了中国科学家群体的操守与境界,为整个中国社会树立了奉献的标杆。

当前,社会价值取向日益多元化,各种物质诱惑纷至沓来,我们更需要大力弘扬这种淡泊名利、无私奉献的精神,激励和引导各行各业的劳动者,把这种精神融入具体工作的点点滴滴,融入尽忠职守的方方面面。

载人航天精神,是中国航天人在建设科技强国征途中竖起的一座精神丰碑,是与"两弹一星"精神血脉赓续又极具鲜明时代特征的宝贵精神财富,将永远激励着中华民族踔厉奋发、勇毅前行。

4.4 探月精神

自2004年实施探月工程以来,迄今我国实现了九战九捷的辉煌成就。圆满完成"绕、落、回"探月三期工程,探月四期工程也已拉开序幕,为探索宇宙奥秘、增进人类福祉、推动世界航天事业发展,贡献了中国智慧、中国方案、中国力量。特别是"嫦娥四号"在世界范围内首次实现月球背面软着陆和巡视探测,"嫦娥六号"实现人类首次月球背面自主采样返回,成为人类太空探索新的里程碑。2019年1月11日,中共中央、国务院、中央军委致电祝贺"嫦娥四号"任务圆满成功,并在贺电中提出了"追逐梦想、勇于探索、协同攻坚、合作共赢"的探月精神。随着探月工程的深入实施,探月精神的内涵逐渐丰富,并发挥着巨大的引领作用。探月精神既是航天传统精神、"两弹一星"精神、载人航天精神的传承和延续,同时又具有鲜明的时代特征,成为我国航天事业在新时代再续辉煌的强大动力。

追逐梦想,是探月精神的活力源泉。中华民族是勇于追梦的民族,千百年来,我们的祖先就对宇宙充满着浪漫想象和探索激情。从绕月探测到落月探测,从正面巡视到月背探秘,从着陆月面到取样返回,月球探测的每一次成功实施,都生动诠释了梦想的力量。勇于追梦、敢于逐梦的探月精神,不仅托起了探月工程,也为服务经济社会发展、推动科技进步、增进人类福祉注入了强大动力。

勇于探索,是探月精神的关键核心。对未知领域的探索是推动人类进步的不竭动力。探月工程中一系列关键技术和科学难题的成功突破,都是中国航天人勇于探索、敢于创新的生动体现。伟大的事业都基于创新,创新决定未来。"嫦娥三号"圆满落月后,作为备份的"嫦娥四号",是继续实施一次类似"嫦娥三号"的任务,还是勇闯科学探索的"无人区"?探月工程总设计师吴伟仁院士说:"我们认为应该赋予'嫦娥四号'更强的生命力和更多功能,探索此前从未有人类探测器到达的月球背面。"最终,"嫦娥四号"实现了多个世界首次,率先揭开了月背的神秘面纱。正是这种勇于探索的精神,激励着探月工程不断向前、行稳致远。

协同攻坚,是探月精神的根本支点。探月工程由工程总体和探测器、运载火箭、发射场、测控与回收、地面应用等系统组成,是一项复杂的多学科高技术集成规模庞大的系统工程,是汇聚了全国数千家单位、数万名科技工作者直接或间接参与的重大科技工程。技术挑战多、实施难度大、任务风险高,从设计到生产、从研制到试验、从发射实施到飞行控制,技术的每一次突破、工程的每一步跨越,都是全国大力协同、密切配合、攻坚克难的结果,是中国特色社会主义制度新型举国体制优势的集中体现。

合作共赢,是探月精神的时代特征。中国探月坚持和平利用、合作共赢的基本原则,已成为全球航天合作中的中坚力量,为人类和平利用太空提供了中国方案。充分体现了我国的大国担当和大国胸怀,有力地支撑了国家政治外交,走出了一条探索浩瀚宇宙、和平利用太空的中国道路。

2024 年 9 月 23 日,习近平总书记在接见探月工程"嫦娥六号"任务参研参试人员代表时发表重要讲话。他强调,要在全社会大力弘扬追逐梦想、勇于探索、协同攻坚、合作共赢的探月精神,进一步增强全体中华儿女的民族自信心和自豪感,凝聚起以中国式现代化全面推进强国建设、民族复兴伟业的磅礴力量。探月精神不仅是探月工程的制胜法宝,也是我国后续推进深空探测事业、加快建设航天强国的精神密码。它不仅拓展了新时代航天精神的内涵,还丰富了中华民族的精神谱系,必将为实现航天梦、中国梦汇聚磅礴的精神力量。

4.5　新时代北斗精神

　　卫星导航系统是重要的空间基础设施,是事关国计民生的大国重器。我国已建成北斗卫星导航系统并于2020年面向全球正式开通,中国的北斗从此走上了服务全球、造福人类的时代舞台,相关内容已在上一章中进行了详细介绍。北斗卫星导航系统在20多年的建设过程中,孕育出了"自主创新、开放融合、万众一心、追求卓越"的新时代北斗精神。

　　自主创新,是北斗工程的核心价值。体现在几代北斗人在自力更生中攻克了星间链路、高精度原子钟等160余项关键核心技术,实现"北斗三号"核心器部件国产化率达100%,创造两年半时间高密度发射数十颗导航卫星并完成组网奇迹;坚持自主创新、自力更生,瞄准"卡脖子"难题,攻克关键核心技术。

　　开放融合,是北斗工程的世界胸襟。体现在中国北斗始终立足中国、放眼世界,从"北斗一号"服务我国及周边地区,到"北斗二号"服务亚太地区,再到"北斗三号"服务全球,相关产品出口120余个国家和地区,全球总用户数超20亿,让中国的北斗成为世界的北斗;坚持开放融合、共建共享,在开放包容中塑造发展优势。

　　万众一心,是北斗工程的制胜基因。体现在北斗系统建设过程中调动400多家单位、30余万名科研人员,以及2名"两弹一星"元勋和数十名两院院士集智攻关;坚持万众一心、凝心聚力,汇聚共筑中国梦的团结伟力。

　　追求卓越,是北斗工程的目标追求。体现在北斗系统不断提升的精度,如今,北斗系统全球范围定位精度优于10 m、测速精度优于0.2 m/s、授时精度优于20 ns;坚持追求卓越、精益求精,推进高水平科技自立自强。

　　新时代北斗精神是中国航天人在建设科技强国征途中竖起的又一座精神丰碑,是以爱国主义为核心的民族精神和以改革创新为核心的时代精神在航天领域的生动诠释,是"两弹一星"精神、载人航天精神在新时代的赓续传承,是中国共产党人精神谱系的重要组成部分,不断激励着新时代北斗人继续勇攀科技高峰。我们要继续大力弘扬新时代北斗精神,以奋发有为的精神状态和不负韶华的时代担当,不懈探索、勇毅前行,就一定能为全球卫星导航系统更好服务全球、造福人类贡献更多智慧和力量,为实现第二个百年奋斗目标、实现中华民族伟大复兴的中国梦作出新的更大贡献。

4.6　航天精神的时代特征

中国航天精神具有鲜明的时代特征,主要体现在为国担当、大力协同、自主创新、勇攀高峰等几个方面。

"为国担当"是航天精神的价值核心。对于航天人来说,祖国的需要就是人生的选择。我国航天事业在创立之初就吸引了一大批优秀科技人才,他们始终以献身航天、科技报国为己任,把强烈的爱国情怀体现在岗位上,落实在行动中,成就了一大批具有强烈爱国心、责任感和使命感的航天大家和科技帅才。在他们当中,有新中国成立后,放弃国外优厚条件,冲破种种阻挠辗转回国,投身新中国建设的我国航天事业奠基人,"中国航天之父""中国导弹之父"钱学森;有中华民族核武器事业的奠基人和开拓者,隐姓埋名 20 年成功设计了中国的原子弹和氢弹,把中华民族国防自卫武器引领到了世界先进水平的"两弹元勋"邓稼先;有中国导弹与航天技术的重要开拓者之一,为中国第一艘神舟号试验飞船的研制成功作出了巨大贡献的任新民;有埋头研究洲际导弹的中国导弹与航天技术的开拓者之一屠守锷;有中国导弹事业的开拓者之一,为中国第一枚导弹"东风一号"发射成功作出巨大贡献的黄纬禄;有以顽强毅力顶住各种压力,克服种种困难,研究出"中国飞鱼"导弹的中国海防导弹之父梁守槃;有"共和国勋章""两弹元勋""国家最高科学技术奖"获得者,先后主持北斗导航、月球探测等航天重大工程建设,在耄耋之年依然坚守在航天一线阵地的"中国卫星之父"孙家栋;有潜心钻研技术,夜以继日,最终积劳成疾、英年早逝的技术带头人罗健夫;有在火箭发射出现故障的危急关头,将生死置之度外,两次冲进残存剧毒燃料的火箭储箱排除故障、最后壮烈牺牲的技术工人魏文举;有年过百岁的中国核司令,"八一勋章""两弹元勋""国家最高科学技术奖"获得者,在垂暮之年回首往昔时吐露肺腑之言"我这辈子最大的幸福,就是自己所做的一切,都和祖国紧紧地联系在一起"的程开甲。一代代航天人视祖国的航天事业为生命,放弃优厚的生活待遇,舍弃成名成家的机会,不计较个人得失、不奢求名利地位,默默无闻、无怨无悔,献出了青春年华、聪明才智和热血汗水,其中还有无数英雄奉献于航天、长眠于大漠。航天人用无私的付出和杰出的智慧,在奉献祖国、服务人民的过程中实现了自己的人生理想和人生价值,将"一切为了祖国,一切为了成功"写在了浩瀚的宇宙里,也将自己的名字镌刻在了无垠的太空中。

"大力协同"是航天工程的显著特征。航天工程是多学科高度集成、参与人员和单位众多的系统工程。这种航天系统工程的特点决定了大力协同是保障成功的重要基础，决定了航天型号的研制需要各类人才充分发挥密切合作的团队精神。中国第一颗卫星的运载火箭"长征一号"技术方案提出者、"两弹元勋"王希季院士在被问道"'长征一号'运载火箭研制过程中最难忘的事是什么"时给出了这样的回答："研制'长征一号'不是我个人的行为，是一个很大团队的集体行为，在这个团队中每个人有每个人的贡献。在研制过程中，总会碰到很困难的事情，印象最深的就是我们那个时候大家都有忘我工作的热情，还有那个时候没有什么部门利益的概念，处处都体现了大协作的精神。"我国在发射第一颗人造卫星时，动用了全国 60% 的通信线路，仅守卫通信线路的群众就达 60 万人，在以酒泉卫星发射中心为中心，遍及全国的卫星测控网上，每一根电线杆下都站着一个值勤民兵。这样浩大的工程，没有团结协作，简直是不可想象的。再以载人航天工程为例，它是由 10 多个分系统、600 多台设备、50 多万个软件程序、300 多个电缆、8 万多个接点，还有 300 多个协作单位、10 多万科研大军参与组成的规模宏大的工程系统，涉及众多技术领域，没有团结协作、同舟共济，也就无法将最优势的力量、最宝贵的资源凝聚在一起。在航天事业发展的每一个历史阶段和重大转折关头，航天人都提倡讲大局、讲原则、讲风格、讲团结，提倡互谅互让、主动支援、主动担责，引导科研人员牢固树立整体观念、全局观念和"一盘棋"思想，培育形成了完备的系统工程管理思想、理论和方法。正是依靠大力协同、同舟共济的团队精神，我们才能在短时间内取得历史性突破，实现了"一代人干成了几代人的事"的壮举。

"自主创新"是航天精神的灵魂所在。创新是一个民族进步的灵魂，是一个国家兴旺发达的不竭源泉，也是中华民族最鲜明的民族禀赋。航天事业起步时，有人讥笑中国："中国人穷得连裤子都穿不上，还搞导弹！"然而，中国航天人"人穷志不短"，硬是靠自己的双手把导弹研制了出来。正是靠着航天人这种自强自信、勇于创新的精神，使我们取得了一个又一个航天辉煌成就。从"两弹一星"到"神舟飞天"再到"嫦娥奔月"，从无人飞行到太空行走，从"天神牵手"（天宫实验室与"神舟"飞船交会对接）到航天员驻留太空……通过坚持自力更生，不断自主创新，一系列关键核心技术被攻破，一项项创新成果应运而生。

航天技术是国家参与世界竞争的"国之利器"，尖端技术绝对不可能从国外直接拿来，想要真正在国际舞台中拥有不可替代的地位，必须坚持自力更生、自主创新。只有自己掌握核心技术，拥有知识产权，才能真正将祖国发展与安全的命运牢牢掌握在自己手中。中国航天从无到有，从小到大，从弱到强,从学习模仿到独立研制,从跟踪研发到创新驱动,越过一座座科学高峰,不断取得里程碑式的辉煌成就,靠的就是敢为天下先的创新精神。从这个意义上来说,自主创新托举着中国航天梦。

"勇攀高峰"是航天人的不懈追求。航天人勇于登攀的进取精神,体现在为了祖国的航天事业不畏艰险的顽强拼搏上,体现在刻苦攻关不断攀登世界航天技术的新高峰上,体现在开拓创新不断创造航天事业发展的新成就上。勇攀高峰是航天人远大的志向、顽强的精神和无所畏惧、勇往直前的英雄气概的彰显。众所周知,航天科技是技术密集度高、尖端科技聚集的高科技事业,难度大、风险大。我国航天事业之所以能够取得举世瞩目的伟大成就,与航天人勇于登攀的拼搏精神和进取意识密不可分。航天人面对科技高峰不畏艰难,面对尖端技术敢于攻关,以强烈的事业心和进取心,勇于创新,铸造一流,追求卓越,奋力占领航天科技的制高点。他们敢于走前人没有走过的路,在攀登过程中拼搏进取,不断创新;面对困难和挑战,他们知难而进,攻坚克难,锲而不舍;面对失败和挫折,他们百折不挠,从不气馁;面对成功和胜利,他们戒骄戒躁,再接再厉。习近平总书记强调,人类在浩瀚的宇宙面前是渺小的,但人类的探索精神是伟大的。希望广大航天人在航天事业发展的征程上勇攀高峰、不断前行,为建设航天强国和世界科技强国建功立业,为实现"两个一百年"奋斗目标、实现中华民族伟大复兴的中国梦不断作出新的更大的贡献。站在新的历史起点上,要想实现航天事业的不断跨越,就要勇于在世界科技发展前沿和重要领域实现"中国创造",勇于登攀,敢于超越,大力提高核心竞争力,扎实推进载人航天、月球探测、新一代大型和重型运载火箭等一大批国家重大航天工程,努力开创我国航天事业发展的新局面。

4.7　航天精神的传承与发展

风雨兼程一甲子,薪火相传六十载,几代航天人的接续奋斗,让中国航天事业开辟了一条自力更生、自主创新的发展道路,并取得了举世瞩目的辉煌成就。中国航天事业能取得今天的成就,离不开我们国家社会主义制度的优越性,离不开我国日益增长的综合国力,离不开全国人民的鼎力支持,离不开广大航天人拼搏奉献的精神气势,更离不开一代代航天人对航天精神的传承和发展。

今天的航天人,朝气蓬勃、富于活力;今天的中国航天事业,蒸蒸日上、后继有人。以中国空间技术研究院为例,院内技术团队平均年龄在 35 岁以下,型号研制一线人员,青年比例超过 70%,45 岁以下的型号总设计师或总工程师近半数,35 岁以下的主任设计师约占 30%。在国家重点研发项目中,目前已有 20% 以上的项目是由 40 岁以下的青年科学家牵头负责。在北斗导航、探月工程、中国天眼这些国家重大科技工程中到处都能看到年轻人的身影,许多项目团队的平均年龄刚过 30 岁,让许多国家羡慕不已。这些年轻的航天工程师时刻秉承着伟大的航天精神继古开今,担负着当代航天事业的艰巨使命。他们当中涌现出了扎根三线的以"大巴山八百壮士"为代表的模范典型,涌现出了"交会对接团队""嫦娥团队""北斗团队"等一批先进集体,更涌现出了一大批年龄不过三四十岁的型号将才。现如今,年轻一代航天人正坚定地沿着老一辈航天人的足迹,以国为重、前赴后继,就像他们创建这份事业时所秉承的信仰和追逐的梦想一样,不忘初心,砥砺前行。

党的十九大报告中提出的建设航天强国,以及党的二十大报告中提出的加快建设航天强国的战略目标都为我国航天事业发展指明了方向,同时也点燃了每一名航天人心底的激情,坚定了每一名航天人走好新时代长征路的信心和建设航天强国的时代担当。建设航天强国离不开强大的精神支撑。没有航天精神的引领,航天强国的目标就难以实现。如何以新时代的航天精神完成航天强国的建设,是摆在我们面前的一个重要战略课题。现如今,人民群众对中国航天成就赞不绝口,对中国航天精神敬佩不已。从这个意义上讲,继承和发扬新时代航天精神,无疑为建设航天强国提供了强有力的精神支撑。

航天精神在支撑我国航天事业奋勇向前的同时,也为服务经济社会发展、增进民生福祉提供了强大的精神动力。2016 年 3 月 8 日,国务院批复同意自 2016 年起,将每年 4 月 24 日设立为"中国航天日",以此纪念中国航天事业成就,传承中国航天精神。设立"中国航天日",就是要铭记历史、传承精神,激发全民尤其是青少年崇尚科学、探索未知、敢于创新的热情,为实现中华民族伟大复兴的中国梦凝聚强大力量。2021 年是中国共产党成立 100 周年,9 月 29 日,党中央批准了中共中央宣传部梳理的第一批纳入中国共产党人精神谱系的伟大精神,在中华人民共和国成立 72 周年之际予以发布。党领导航天人在实践中铸就的"两弹一星"精神、载人航天精神、探月精神、新时代北斗精神悉数纳入第一批伟大精神清单中,彰显了党和国家对这些宝贵航天精神的高度重视,激励着广大科技工作者不断攀登新的高峰。

伟大事业催生崇高精神,崇高精神推动伟大事业。放眼当下,航天强国的蓝图已经绘就,展望未来,航天事业发展任重道远。站在建设中国特色社会主义新的历史起点上,站在航天事业发展的重要战略机遇期,新一代航天人要义不容辞地肩负起建设航天强国主力军、建设世界科技强国排头兵的使命,铭记航天发展历史,大力弘扬航天精神,坚持创新驱动发展战略,全力推进各项航天重大工程实施,不断加快我国由航天大国迈向航天强国的步伐,为全人类探索宇宙、和平开发和利用外层空间作出应有的贡献。

第5章 哈工大与中国航天

　　哈工大始终与中国航天事业同频共振,始终与中国航天精神一脉相承,始终与中国航天协同创新。在逐梦星辰服务航天强国的征途中,哈工大人将踔厉奋发,勇毅前行,谱写新的卓越答卷。

　　哈尔滨工业大学(简称哈工大)隶属于工业和信息化部,学校住所地为黑龙江省哈尔滨市南岗区西大直街 92 号,同时在山东省威海市和广东省深圳市分别设有校区。

　　学校始建于 1920 年,1951 年被确定为全国学习国外高等教育办学模式的两所样板大学之一,1954 年进入国家首批重点建设的 6 所高校行列,被誉为"工程师的摇篮"。1996 年进入国家"211 工程"首批重点建设高校,1999年被确定为国家首批"985 工程"重点建设的 9 所大学之一,2000 年与同根同源的哈尔滨建筑大学合并组建新的哈工大,2017 年入选"双一流"建设 A 类高校名单,2022 年 8 个学科入选新一轮"双一流"建设名单。

　　学校拥有 9 个国家重点学科一级学科、6 个国家重点学科二级学科。在全国第四轮学科评估中,哈工大共有 17 个学科位列 A 类,学科优秀率(A 类学科占授权学科的比例)位列全国第六位,A 类学科数量位列全国第八位,工科 A 类数量位列全国第二位。材料科学、工程学、物理学、化学、计算机科学、环境与生态学、数学、生物学与生物化学、农业科学、临床医学、社会科学总论11 个学科领域进入 ESI 全球前 1% 行列,材料科学进入全球前 1‰行列,工程学学科连续多年进入 ESI 全球前 1‰行列。

　　学校坚持与国家重大战略同频共振,形成了"立足航天、服务国防、长于工程"的优势特色,创立了中国高校第一个航天学院,发射了中国第一颗由高校牵头自主研制的小卫星,在中国首次实现了星地激光链路通信,诞生了中国第一台会下棋能说话的计算机、第一部新体制雷达、第一颗由高校学子自主设计研制管控的纳卫星、第一支登上春晚舞台的大学生机器人舞蹈队,突破了世界最大口径射电望远镜的支撑结构系统关键技术、支持中国"天眼"成功"开眼",研制成功的空间机械手在"天宫二号"上实现了国际首次人机协同在轨维修科学试验,研制成功的新一代磁聚焦型霍尔电推力器在国际上首次实现空间应用,在国际上首次实现了形状记忆聚合物太阳能电池结构的在轨可控展开,多项技术成果支持"嫦娥五号"完成我国首次地外天体采样返回任务,参研参试团队受到习近平总书记亲切接见,多学科助力"嫦娥六号"实现世界首次月球背面采样任务,主持参研的火星车移动系统、转移坡道机构助力"祝融号"实现火星表面巡视探测,联合研制的小机械臂以单臂/组合臂的方式持续助力航天员出舱作业、完成全部既定任务,累计成功研制并发射小卫星 26颗,成功完成严重事故下"华龙一号"安全壳结构性能试验填补了国际试验空白,首次解析 T 细胞受体-共受体复合物结构、成为国际细胞适应性免疫研究领域的里程碑,牵头建设的东北地区首个、航天领域首个国家大科学工程"空间环境地面模拟装置"通过国家验收、开始正式运行,参与了探月工程等 14

个国家重大科技专项,荣获 2018 年度"国家最高科学技术奖",党的十八大以来累计 11 个项目入选"中国高等学校十大科技进展",独立完成数量居全国高校第一,数百项成果助力中国航天,曾获"中国载人航天工程突出贡献集体奖"等多个奖项。

哈工大与中国航天结缘 60 余载,在中国航天领域取得的一个又一个标志性成就,树立了其在航天领域的重要地位。从"两弹一星"到载人航天、嫦娥探月;从老一辈航天校友建立卓越功勋到今天风华正茂的学子积极投身航天事业;从航空工程系正式组建到中国高校第一个航天学院成立;从"试验一号"卫星遨游太空到"紫丁香二号"纳卫星飞天圆梦……一代又一代哈工大人心怀强国梦、航天梦执着前行,与祖国同骄傲,与航天共自豪;哈工大像展翅的鲲鹏,乘航天事业大发展的东风,扶摇直上九万里。

5.1　最早成立航天学院的中国高校

1958 年 9 月 15 日,时任中共中央总书记、国务院副总理的邓小平来哈工大视察,并在视察结束时意味深长地对李昌校长说:"大厂大校要关心国家命运,高等学校要成为突破科学技术的基石。"并特别强调:"不搞尖端,就是生产一个亿,也不算完成任务。"这段话深刻影响了哈工大的办学定位和哈工大人的人生定位,也因此拉开了哈工大与国防(航天)结缘的序幕。

1987 年 6 月 7 日,经国家航天工业部批准,中国高校第一个以培养高级航天专门人才和从事航天高技术研究为主的学院——哈工大航天学院诞生,开创了哈工大服务航天的新局面。30 余年来,航天学院几代师生一直为中国梦、航天梦而不懈努力,万余名毕业生投身中国航天事业主战场。从此,哈工大与中国航天的关系愈加密切。

哈工大航天学院现有 13 个系、研究所(中心),涵盖了控制科学与工程、航空宇航科学与技术、力学、电子科学与技术、光学工程、集成电路科学与工程等 6 个一级学科(均具有硕士、博士学位授予权),其中,科学与工程、航空宇航科学与技术、力学入选"双一流"建设学科名单。同时设有 5 个本科大类专业。在教育部第四轮学科评估中,学院 3 个一级学科位列 A 类,其中控制科学与工程学科位列 A+档。

经过几代学者的不懈努力,学院积淀了浓厚的学术底蕴,形成了一支以著名学者和知名专家为骨干、梯队结构合理、实力雄厚的高水平师资队伍,新时期高级知识分子的楷模、马祖光院士是这支队伍的杰出代表。截至 2024 年 6

月,学院现有教职工 509 人,其中正高职 224 人,副高职 147 人。教师中有两院院士 9 人,国家自然科学基金委杰出青年基金获得者 11 人、优秀青年基金获得者 14 人,国家级"高等学校教学名师奖"获得者 2 人,全国模范教师 3 人。学院还创建了国家自然科学基金委基础科学中心 1 个、国家自然科学基金委创新研究群体 2 个、教育部创新团队 4 个、科技部重点领域创新团队 2 个、国防科技创新团队 4 个。此外,一批教师及团队获得"全国创新争先奖""全国高校黄大年式教师团队""工人先锋号""全国专业技术人才先进集体"等荣誉。

学院以对接国家重大需求为方向,以发展关键技术为推动,主动承担高精尖项目,全面服务于探月工程、载人航天工程、高分辨率对地观测等国家重大科技专项工程,形成了鲜明特色和独特优势,在微小卫星、激光通信、复合材料、控制理论等领域享有盛誉,成为推动中国航天事业进步的重要力量。学院建有国家级重点实验室 2 个、国家地方联合工程实验室(研究中心)2 个、国际联合研究中心 1 个、省部级重点实验室 8 个。作为核心单位参与宇航科学与技术"2011"协同创新中心和国家重大科技基础设施"空间环境地面模拟装置"建设。近 5 年获省部级及以上科技奖励 36 项,承担省部级及以上纵向科研项目 1 000 余项,航天科研生产单位横向项目 1 500 余项,累计科研经费超过 25 亿元。

学院现有在读学生 4 500 余名,本科毕业生升学率一直保持在 70% 左右,一批学子步入麻省理工、斯坦福等世界一流大学深造。毕业生就业以高等院校、国家研究院所以及国内外知名企业为主。学院培养的人才很多已成为各领域的领军人物和骨干力量。还有早期曾在院内各专业就读的宋健、李继耐、胡世祥、栾恩杰、刘竹生等。

学院与中国航天科技集团有限公司、中国航天科工集团有限公司各研究院所建立了紧密的合作关系,联合创建了我国首批航天新专业,建立了学生联合培养和实习基地,聘请了孙家栋、王永志等几十位著名航天专家为兼职教授。此外,学院积极开展国际交流,与 20 多所世界著名大学建立了友好合作关系。

目前学院正在发挥实力强、起点高、发展快的优势,力争早日跻身于世界一流航天学院的行列。

5.2 哈工大与微小卫星

哈工大自 2004 年以来,20 年间从"试验一号"卫星到"紫丁香二号"卫星,从"龙江二号"卫星到"阿斯图友谊号"卫星,共计研制发射 27 颗卫星,创造了国内外多项"第一",成为国内研发小卫星数量最多的高校。一次又一次地飞天圆梦,助推了哈工大师生的强国梦、航天梦,凝聚了哈工大人的智慧和力量,彰显了哈工大在航天领域的研究实力和创新能力。20 余年来,由哈工大研制、发射的卫星总体情况见表 5.1。

表 5.1 哈工大研制发射的卫星情况一览表(2004—2024)

发射日期	卫星名称	运载火箭	发射地点
2004 年 4 月 18 日	"试验一号"	"长征二号丙"	西昌卫星发射中心
2008 年 11 月 5 日	"试验三号"	"长征二号丁"	酒泉卫星发射中心
2013 年 9 月 25 日	"快舟一号"	快舟小型固体火箭	酒泉卫星发射中心
2014 年 11 月 21 日	"快舟二号"	快舟小型固体火箭	酒泉卫星发射中心
2015 年 9 月 20 日	"紫丁香二号"	"长征六号"	太原卫星发射中心
2015 年 10 月 7 日	"吉林一号光学 A 星"	"长征二号丁"	酒泉卫星发射中心
2017 年 4 月 18 日	"紫丁香一号"	"宇宙神–5"	美国卡纳维拉尔角
2018 年 4 月 26 日	"珠海一号"02 组(5 颗)	"长征十一号"	酒泉卫星发射中心
2018 年 5 月 21 日	"龙江一号""龙江二号"	"长征四号丙"	西昌卫星发射中心

续表5.1

发射日期	卫星名称	运载火箭	发射地点
2019 年 9 月 19 日	"珠海一号"03 组(5 颗)	"长征十一号"	酒泉卫星发射中心
2020 年 2 月 20 日	"试验卫星"E 星	"长征二号丁"	西昌卫星发射中心
2022 年 9 月 6 日	"微厘空间"低轨卫星导航增强系统 S4 试验卫星	"快舟一号甲"	酒泉卫星发射中心
2023 年 6 月 9 日	"龙江三号"	"快舟一号甲"	酒泉卫星发射中心
2024 年 2 月 3 日	"威海壹号"	"捷龙三号"	广东阳江附近海域
2024 年 3 月 20 日	"天都二号"	"长征八号"	中国文昌航天发射场
2024 年 5 月 7 日	"微纳双星"	"长征六号丙"	太原卫星发射中心
2024 年 11 月 5 日	"阿斯图友谊号"	"联盟号"	俄罗斯东方航天发射场

2004 年 4 月 18 日,由哈工大牵头自主研制的"试验一号"卫星搭乘"长征二号丙"运载火箭,在西昌卫星发射中心顺利升空,开创了国内高校自主研制小卫星的先河。

"试验一号"卫星是我国第一颗由高校牵头自主研制的具有明确应用目标的微小卫星,也是我国第一颗新技术演示验证和传输型立体测绘小卫星,主要用于地理环境监测与科学实验,它采用了"一体化"的设计思想,探索了我国微小卫星技术发展的新途径,演示验证了小卫星一体化设计与研制、基于磁控和反作用飞轮控制的姿态捕获、卫星大角度姿态机动控制、微小卫星高精度高稳定度姿态控制、卫星自主运行管理、三线阵 CCD 航天摄影测量技术等多项微小卫星的前沿技术。它创建了跟踪前沿、自主设计、联合研制、优势互补、科技创新与人才培养并重的小卫星研制新模式。由哈工大航天学院曹喜滨院士负责的项目"'试验卫星一号'研制与飞行演示验证"成功入选 2004 年度"中国高等学校十大科技进展"。

2008 年 11 月 5 日，哈工大牵头研制的我国第三颗技术试验卫星"试验三号"在酒泉卫星发射中心一飞冲天。如果说"试验一号"是一颗"入门星"，尚停留在小卫星技术实验的层面上，此次"试验三号"卫星的意义则是建造一个成熟可靠、高水平的小卫星平台，有效地完成相关载荷和元器件的搭载试验任务，同时也在高校"基础创新–技术突破–工程应用"的协调发展方面树立典范。由曹喜滨院士负责的项目"先进微小卫星平台技术研究"成功入选 2012 年度"中国高等学校十大科技进展"。

2013 年 9 月 25 日和 2014 年 11 月 21 日，哈工大在酒泉卫星发射中心先后成功发射了"快舟一号"和"快舟二号"卫星，再一次吸引了世人的目光。这两颗卫星的研制依托"快舟星箭一体化飞行器技术及应用"国家重点支持项目，针对突发灾害应急监测和抢险救灾信息支持的迫切需求，在国际上首次提出并实现了星箭一体化设计的理念和方法，解决了飞行器快速研制、快速发射、快速应用的核心技术问题，实现了我国固体运载器机动发射卫星首次成功，刷新了我国遥感卫星最快成像纪录。该项目总体指标国内领先、国际先进，开辟了我国快速响应空间技术发展的新途径，取得了重大的经济和社会效益，成功入选 2014 年度"中国高等学校十大科技进展"。

"快舟"系列卫星在巴基斯坦阿瓦兰地震，中国台湾花莲地震、新疆于田地震、四川冕宁县森林火灾，所罗门群岛霍尼亚拉洪灾，马来西亚国际航空 MH370 客机失联等灾害发生后，及时实施了灾情监测，快速获取了灾害信息。作为我国首颗具有快速响应能力的卫星，"快舟一号"在我国云南鲁甸地震救援期间是唯一一颗实现针对灾区连续 15 天重访成像的高分辨率遥感卫星，及时提供了高分辨率的震区影像，为全面了解灾情、灾情评估、抢险救援指挥决策等提供了有力信息支撑。此外，"快舟"卫星还应用在工程建设、土地利用、采矿区开采、水文、环境等实时监测方面，成功为国内 20 余个省份 60 多家用户单位提供了高质量遥感影像。

2015 年 9 月 20 日，我国首颗由高校学子自主设计、研制、管控的纳卫星"紫丁香二号"在太原卫星发射中心发射成功。平均年龄不到 24 周岁的哈工大紫丁香学生微纳卫星研发团队成立于 2012 年，以学校创建的卫星技术研究所为技术依托，凝聚了哈工大航空宇航与科学技术、力学、计算机科学与技术、控制工程、机械工程、通信工程、电气工程、热能工程 8 个学科的本科生、硕士和博士研究生，是一支学科交叉研制的学生队伍。质量仅 12 kg 的"紫丁香二号"旨在构建飞行软件在轨试验平台，在空间环境中对 FPGA 软件的可靠性等进行验证；同时，基于星上电子设备，可以进行全球航班、船舶等状态信息的收集和大型野生动物踪迹跟踪等任务；卫星还携带了一个工业红外相机，可实现对森林火灾、极端天气等造成的地温变化进行成像与监测。作为试验平台,卫星还搭载了两组新型超轻高精度敏感器,先期开展在轨测试,确保该产品在后续其他型号的成功运用。2017 年 4 月 18 日,由这支学生微纳卫星团队自主研发的第二颗卫星"紫丁香一号"和参与国际 QB50 工程的其他 27 颗立方体卫星一起,作为定期运往国际空间站的货物,被装载在"天鹅座"货运飞船中,发射进入太空。这颗质量仅有 2 kg 的科学试验立方体卫星,搭载了离子与中性粒子质谱仪、业余无线电转发器、低分辨率 CMOS 相机 3 个有效载荷,用于开展大气低热层组成研究、业余无线电转发通信与空间摄影任务。有别于以往由哈工大教师研制的"试验一号""试验三号""快舟一号""快舟二号"等小卫星,"紫丁香一号"[图 5.1(a)]及"紫丁香二号"[图 5.1(b)]系列纳卫星是卫星技术研究所为了培养新一代复合型优秀航天人才所做的创新与尝试,学校通过组建学生微纳卫星研发团队,支持学生自主设计、研制、管控卫星,使学生获得最大历练,也是为建设世界一流大学作出的有益尝试。团队为哈工大小卫星的研制作出了突出贡献,曾荣获"中国青年五四奖章集体""小平科技创新团队""中国青少年科技创新奖""挑战杯"全国一等奖等荣誉和称号。

 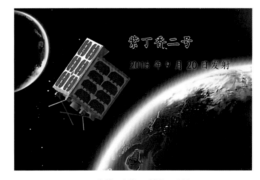

(a)"紫丁香一号"卫星　　　　　(b)"紫丁香二号"卫星

图 5.1　"紫丁香"系列卫星

2015 年 10 月 7 日,在酒泉卫星发射中心成功发射的"吉林一号光学 A 星"由中国科学院长春光机所、哈工大、长光卫星技术股份有限公司共同研制完成。这是我国首颗自主研发的商业高分辨率对地观测光学成像小卫星。该星的成功发射和在轨运营将迈出我国航天遥感商业化、产业化发展的重要一步,对于促进我国航天领域创新改革具有重大意义。该卫星的研制模式,是校所产学研结合、协同创新、多方参与、优势互补、加速航天高技术成果产业化的成功探索,这次成功对哈工大微小卫星技术面向经济建设主战场,提升学校自主创新能力、知识贡献能力和社会服务水平具有重要意义(图 5.2)。

(a) 哈工大参与设计研制的"吉林一号
光学A星"

(b) "吉林一号光学A星"拍摄图像——鸟巢和
水立方

图 5.2 "吉林一号光学 A 星"及拍摄图像

2018 年 4 月 26 日,哈工大师生联合设计研制的珠海欧比特控制工程股份有限公司"珠海一号"02 组 5 颗卫星[图 5.3(a)],由"长征十一号"运载火箭在酒泉卫星发射中心以"一箭五星"的方式成功发射升空,卫星全部进入预定轨道,本次发射的 5 颗卫星包括 4 颗高光谱卫星和 1 颗 0.9 m 分辨率视频卫星。2019 年 9 月 19 日,哈工大师生联合设计研制的"珠海一号"03 组 5 颗卫星再次成功发射[图 5.3(b)],多颗高光谱卫星多轨组网运行,将大幅度提高我国高光谱卫星数据采集获取能力,从而更好地为全球农林牧渔、水土资源、环境保护、交通运输、智慧城市、现代金融等行业提供卫星大数据服务。

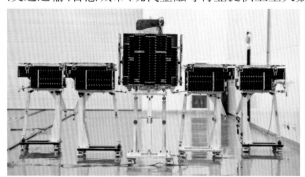

(a) "珠海一号"02组5颗卫星

图 5.3 "珠海一号"

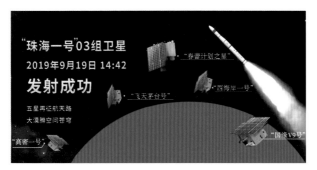

(b) "珠海一号" 03组卫星

续图 5.3

　　2018 年 5 月 21 日,哈工大研制的"龙江一号""龙江二号"月球轨道编队超长波天文观测微卫星,同探月工程"嫦娥四号"任务"鹊桥"中继星一起,由"长征四号丙"运载火箭在西昌卫星发射中心成功发射升空。火箭飞行25 min后,星箭分离,将"鹊桥""龙江一号""龙江二号"直接送入近地点高度200 km、远地点高度40 万 km的地月转移轨道,在轨运行状态正常。月球轨道编队超长波天文观测微卫星项目是世界上首次在月球轨道形成近距离编队飞行系统,世界上首个星间干涉射电天文观测系统,将在低于 30 MHz 的超长波段进行空间天文观测,进而打开人类认识宇宙的新窗口。遗憾的是,"龙江一号"在地月转移轨道飞行过程中出现控制异常,未能进入月球轨道,最终,"龙江二号"顺利进入环月轨道,成为全球首个独立完成地月转移、近月制动、环月飞行的微卫星,卫星技术研究所这支团队也使哈工大不仅成为世界上首个把微小型探测器发往月球轨道的高校,还成为世界上首个在月球轨道开展宇宙低频观测的高校(图 5.4)。

图 5.4 "龙江二号"卫星

2020年2月20日,我国在西昌卫星发射中心采取一箭四星方式,成功将新技术"试验卫星"C星、D星、E星、F星发射升空。卫星顺利进入预定轨道,任务获得圆满成功。其中新技术"试验卫星"E星由哈工大负责研制,运行状态良好,正在按计划开展各项任务,这是哈工大在航天领域的又一重大标志性工程。该项目是我国高分辨率重大专项支持的重点项目,具有创新性强、技术难度大、系统复杂等特点,对拓展我国新型对地观测技术具有重要意义。自2010年起,卫星技术研究所这支团队在曹喜滨院士带领下潜心攻关、攻坚克难,"十年磨一剑",终于取得创新与突破,这也是哈工大又一具有国际先进水平的创新性成果,对哈工大立足航天、强化航天特色与优势具有重要意义。

2022年9月6日,"快舟一号甲"固体运载火箭在酒泉卫星发射中心点火升空,以"一箭双星"方式,将"微厘空间"低轨卫星导航增强系统S3/S4试验卫星送入预定轨道,发射任务取得圆满成功。此次发射的S4试验卫星由哈工大与哈尔滨工大卫星技术有限公司联合研制,是我国正在研发的低轨卫星导航增强系统演示验证任务第四颗试验卫星。S4试验卫星是哈工大研制的首颗导航卫星,标志着哈工大小卫星研究跨入导航卫星领域,实现新的突破。

"微厘空间"低轨卫星导航增强系统是由160颗低轨卫星及地面系统构成的天地一体化星座系统,对中国北斗等卫星导航系统进行性能增强,可为全球大众消费、自动驾驶、地理信息、公共安全等泛在用户提供高精度、快收敛、低成本、高可靠的卫星定位增强服务,实现全球分米(厘米)级实时动态快速导航定位。

2023年6月9日,由哈工大和哈尔滨工大卫星技术有限公司联合研制的首颗新体制通信试验卫星"龙江三号"(图5.5)搭乘"快舟一号甲"固体运载火箭在酒泉卫星发射中心成功发射,卫星顺利进入预定轨道。"龙江三号"是我国首颗平板式新体制低轨宽带通信卫星,突破了再生式低轨星地高速通信、平板式卫星平台、在轨验证终端直连、星上再生处理、网络功能切片,以及星地融合通信等卫星通信技术,为我国卫星互联网建设提供重要技术支撑。

2024年2月3日,由哈工大威海校区牵头研制的通遥一体化卫星系统"威海壹号"01/02星搭乘"捷龙三号"运载火箭在广东阳江附近海域发射升空,卫星顺利进入预定轨道。作为国内首个面向海洋目标探测识别的卫星星座,每颗星重约95 kg,运行在轨道高度为520 km的太阳同步轨道。卫星星座突破了智能星上处理、高速星地/星间激光通信、双星协同遥感等关键技术,将星地激光通信速率提升到40 Gbps,达到国内领先水平。"威海壹号"将为海洋生态资源保护、海上维权执法、渔船管控和应急救援等应用提供重要支撑。

2024年3月20日,"天都一号""天都二号"通导技术试验星伴随探月工

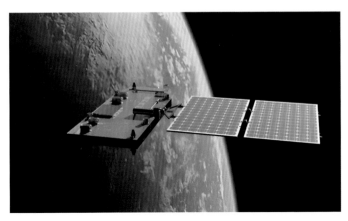

图 5.5　"龙江三号"效果图

程四期"鹊桥二号"中继星任务搭乘"长征八号"运载火箭从中国文昌航天发射场发射升空。其中"天都二号"卫星由哈工大研制,质量仅有 15 kg,这也是哈工大继成功发射"龙江二号"后,第二次成功发射月球轨道卫星。历经 13 天飞行后,"天都二号"成功与"天都一号"分离,并在月球轨道开展编队飞行,为后续月球轨道试验验证任务的实施奠定了基础。"天都二号"的成功进一步推动了基于微纳卫星的低成本深空探测技术的发展,为推动我国航天事业发展注入新活力。

2024 年 5 月 7 日,由哈工大、航天东方红卫星有限公司、哈尔滨工大卫星技术有限公司等联合研制的"宽幅光学卫星"和"高分视频卫星"(以下简称"微纳双星"),搭载"长征六号丙"运载火箭在太原卫星发射中心点火升空,发射任务取得圆满成功。"微纳双星"主要用于验证基于微纳卫星平台的新成像体制遥感和高分辨视频成像。哈工大通过与院所、企业一体联合新模式,助力新兴产业的产学研用融合发展。

2024 年 11 月 5 日,首颗由中俄高校联合研制的立方体卫星"阿斯图友谊号"在俄罗斯东方航天发射场发射成功。哈工大是该微卫星的中方牵头研制单位。该项目由哈工大紫丁香学生微纳卫星团队抓总,先后有约 50 名成员参与,卫星总设计师、分系统主任设计师全部由学生担任。该卫星重约 15.7 kg,将主要用于微纳卫星新技术验证与航天科普教育,是学生团队继"紫丁香一号""紫丁香二号"之后自主研制、发射的第三颗微卫星,更是一项中俄双方大学生深入交流、携手合作的标志性成果。

另一方面,由哈工大校友创办的具备卫星研制能力的商业航天公司也正在发挥着举足轻重的作用。代表性的商业航天公司包括银河航天、时空道宇科技有限公司(以下简称时空道宇)等。

银河航天,由成功登陆纽约证券交易所的猎豹移动联合创始人/前总裁徐鸣先生于2016年12月创办,并于2018年4月正式投入运营。2020年1月16日,银河航天自主研发的中国首颗低轨宽带通信卫星(也是银河航天首发星)在酒泉卫星发射中心成功发射,该星在轨一个月后成功开展通信能力试验,在国际上首次验证了低轨Q/V/Ka等频段通信;2022年3月5日,银河航天02批卫星(共6颗)在西昌卫星发射中心发射升空,与首发星共同构建我国首个低轨宽带通信试验星座,形成星地融合5G试验网络——"小蜘蛛网",旨在开展低轨互联网星座组网技术和服务能力验证;2023年7月23日,银河航天"灵犀03星"在太原卫星发射中心成功发射,这是我国首款使用柔性太阳翼的平板式卫星,也是首次对在轨多星堆叠发射技术实施验证,将对我国巨型低轨通信星座的快速部署提供技术支持。同年11月,中国首例地面终端到卫星终端通信测试在"灵犀03星"上成功实现。

如今,银河航天以快速的发展荣获"中国最具影响力的创业公司""物联网十大科技进展""中国商业航天领域最具商业潜力企业"等数十项荣誉。2023年,以110亿元人民币的企业估值荣登"胡润全球独角兽榜"。

时空道宇是吉利控股集团旗下的科技创新企业,由哈工大校友王洋博士于2018年11月创办。这是一家覆盖从卫星研发、制造到应用全产业链的航天信息与通信基础设施和应用方案提供商。成立至今,时空道宇发展迅速,由其建设并运营的"吉利未来出行星座",是全球首个低轨商用通信导航遥感一体化星座。该星座首个轨道面9颗星及第二个轨道面11颗星分别于2022年6月2日和2024年2月3日在西昌卫星发射中心成功发射,第三个轨道面10颗卫星于2024年9月6日在太原卫星发射中心成功发射。随着三个轨道面30颗卫星的成功部署,时空道宇成为继铱星(Iridium)、全球星(Globalstar)、轨道通信公司(Orbcomm)、一网(OneWeb)、SpaceX之后,具备独立建设并运营商业卫星星座能力的企业,同时也成为我国唯一实现星座整轨部署的商业航天企业。目前,30颗卫星可实现24 h全球90%区域覆盖,将正式为海外用户提供卫星通信服务。这也是中国商业航天企业首次面向全球用户提供低轨卫星通信服务。"吉利未来出行星座"预计2025年底完成一期72颗卫星部署,从而实现全球无缝覆盖。国内外部分卫星星座布局见表5.2。

表5.2　国内外部分卫星星座布局

商业航天公司	时空道宇	铱星	轨道通信	太空探索	一网
所属国家	中国	美国	美国	美国	英国

续表5.2

商业航天公司	时空道宇	铱星	轨道通信	太空探索	一网
星座名称	"吉利未来出行星座"	"铱星星座"（Iridium）	"轨道通信系统"（Orbcomm）	"星链"（Starlink）	"一网星座"（OneWeb）
整体规划	72 颗(一期) 168 颗（二期）	66 颗(一代) 66 颗(二代)	41 颗(一代) 18 颗(二代)	42 000 颗	618 颗（一代） 6 372 颗（二代）
部署方式	整轨部署（国内唯一）	整轨部署			
星座覆盖	全球覆盖				
轨道高度	600 km	780 km	800～975 km	340～550 km	1 200 km
载荷能力	通信、导航、遥感	通信			

如今,时空道宇完成了覆盖卫星研发、制造、测控、应用等方面的全产业链布局,成为我国首个实现商业闭环的民营航天企业。时空道宇凭借过硬实力快速崛起,企业估值超百亿元,正成长为我国商业航天的一股重要力量。

5.3　哈工大与载人航天

哈工大在中国载人航天发展进程中,为"神舟"系列飞船的研制及空间交会对接技术的突破攻克了多项技术难题,为中国载人航天工程的顺利实施保驾护航,作出的重要贡献如下。

（1）地面空间环境模拟器的研制为"神舟"飞船签发"通行证"。

在北京唐家岭工地上巍然矗立着一个高 22.4 m、直径为 12 m 的庞然大物,也是航天城的第一个巨人,它就是由哈工大研制的地面空间环境模拟器工程。这是我国最大的真空容器,也是世界上第三大真空容器,是一个非常艰巨而困难的工程。哈工大以其高超的焊接工艺技术解决了地面空间环境模拟器工程中的超大法兰盘、超大封头成形、焊接和大型构件现场精加工等多项技术难题,仅用 3 年时间,以最好的质量和最快的速度圆满完成了这项国家重大科

研项目,为"神舟"飞船的成功发射提供了坚实的保障。

(2)焊接技术为"神舟"飞船返回舱"整容"。

返回舱返回地面经过大气层时,会因摩擦而产生高温,所以必须在返回舱的金属压壳外加一层防热保护层。为此,金属壳体的焊接变形就必须控制在相当高的精度范围内。哈工大焊接专家提出了采用"逐点挤压焊缝法"来控制变形,设计并研制了多用途焊缝逐点挤压矫形机,有效地解决了这一技术难题,确保了"神舟"飞船能够顺利地按计划执行发射任务。

(3)三轴仿真转台研制为"神舟"飞船铺设"轨道"。

"神舟"飞船要想以相当高的精度完成飞行,并在预定地点返回,其控制系统必须经过充分的地面模拟。哈工大承担的"OUT 型三轴仿真实验闭式转台及其所构成的仿真系统"是地面模拟系统中不可或缺的组成部分,与仿真计算机、地球模拟器和太阳模拟器一起构成卫星(飞船)的闭路仿真和测试系统。如果说飞船是列火车,那么该系统就是火车的"铁轨",保证飞船在轨道上精确运行。哈工大人以敢于迎接挑战、敢于拼搏奉献的精神,提前完成了仿真转台研制,得到了高度评价。

(4)故障诊断系统研制为"神舟"飞船配个"医生"。

故障诊断系统是保证飞船在运行过程中及时检测并排除故障、保证航天员安全的不可或缺的系统。哈工大研制的飞船故障诊断系统包括故障检测、诊断、隔离和恢复 4 个过程。飞船上天以后,地面有一个与在轨飞船同步运行的模拟飞船系统。当轨道上的飞船发回的信号出现异常时,地面指挥部通过故障诊断系统进行诊断,找出故障源,并在地面同步运行的"飞船"上进行验证,确认在此故障源下复现所检测的不正常现象,此时才能向轨道上的飞船发送指令,按指定的措施启动飞船上的装置自动排除故障。整个过程无须航天员参与,完全自主运行。

(5)宇航服系统的研制助其和航天员亲密接触。

哈工大独立研制的宇航服关节阻尼力矩机器人测试系统填补了国内空白,达到了国际领先水平。这套"造价较低,安全性较高"的系统,可以在不改变宇航服任何结构的状态下,模拟人类感觉,检测服装各关节的灵活性,然后利用三维图形仿真技术,将整个模型的建立过程及测量过程直观逼真地反映出来,为宇航服的设计加工提供了可靠的参数,使宇航服的灵活性检验一次完成。

(6)太阳帆板堵转研究为"神舟"飞船解难。

太阳帆板是飞船的"发电场"。飞船飞行时,主要借助太阳帆板吸收太阳能为飞船提供电力。但太阳帆板在运行过程中极易出现"偷停"现象(即堵转)。一旦发生堵转,飞船将失去运转的动力,后果不堪设想。哈工大承担了

"神舟"飞船的太阳帆板堵转研究课题,对太阳帆板及其驱动系统的参数进行数月的计算分析,首次揭示了影响"堵转"的主要因素,阐明了"堵转"出现的原因,给消除"堵转"创造了条件,研究成果直接应用于"神舟"系列飞船太阳帆板驱动系统,被专家鉴定为达到国际先进水平。

(7)模拟失重训练水槽的研制造就人工"水中天"。

"地面模拟失重训练水槽"是航天员在地面进行模拟失重训练用的重要设备。航天员在地面进行模拟失重训练后,可以完全掌握在太空失重环境下进出空间站和飞船轨道舱,以及在舱外活动、工作的技能。哈工大承担的该项目突破了大尺寸薄壁筒体的焊接和安装等一系列技术难题,为"神舟"系列飞船完成任务奠定了坚实的基础(图5.6)。

图 5.6　航天员在模拟失重训练水槽中训练

(8)舱外反光镜体的研制让出舱英雄独具慧眼。

反光镜体与弹性腕带配合,可供航天员观察面窗视野之外的物体,对于航天员顺利完成出舱活动具有重要的辅助作用。该项目技术难度很大,材料要求具有轻质、高刚度、反光率高、空间性能好等特殊要求。哈工大攻破了材料的设计制备和后处理、反光镜体的加工、镜面表面处理等关键技术难题,完成了该项目的研制生产任务,获得了用户单位的高度评价。该类镜体材料为世界首次采用,反光率及镜体的尺寸稳定性超过了美、俄的同类产品,达到了世界先进水平。

(9)内高压成形技术让航天服更轻更灵活。

航天员出舱行走,要靠航天服保证其生命安全和运动自如。航天服要求高可靠性、高灵活性和尽可能轻的质量,同时还要能够承受相当大的内、外压力,因此在设计航天服时,对结构整体性和轻量化提出了苛刻的要求。哈工大采用多年潜心研究的内高压成形技术攻克了这些复杂零件的制造难题,保证

了内高压成形件的壁厚要求和尺寸精度,不仅具有零件精度高、重复性好和可靠性高等优点,而且由于节省了后续的焊接工序,降低了零件的制造成本。我国在世界上首次采用内高压成形整体零件,标志着我国在航天服金属结构制造技术方面处于世界领先地位。

(10)CCD光学成像敏感器为"天神牵手"安装"眼睛"。

人类寻找目标的最直观方式就是用眼睛去看,在太空中的"牵手"也需要精确地找到对方才能完成。哈工大与中国航天科技集团合作,给"天宫一号"装上了"眼睛",这就是CCD光学成像敏感器(CCD标识与定位系统)。这套系统的作用就是在目标飞船("天宫一号")和跟踪飞船("神舟八号"等)两个空间飞行器对接口之间近距离至零米范围内自动、实时地完成反杂光干扰和标志识别、三维相对位置及其相对平移速度、三维相对姿态及其姿态角速率的测量,为两个空间飞行器实现在轨交会对接准确导航。哈工大研制的目标标志器具备稳定性高、可靠性强等优势,并能够在强阳光、强辐射等恶劣环境中正常工作。该技术还填补了国内空白,处于世界领先水平。

(11)九自由度运动模拟系统研制为"天神牵手"精准定位。

"天神牵手"要在高速飞行的条件下完成,位置稍有偏差都可能"擦肩而过",甚至"迎面相撞"。因此交会过程中必须实现精准定位,调整好双方的姿态才能顺利完成任务。这就要求在实施对接之前,导航、制导与控制系统应使飞行器的相对位置、相对姿态及相对速度都达到符合要求的技术状态。哈工大研制的九自由度运动模拟系统就是用于模拟交会过程中"神舟"飞船和目标飞行器("天宫一号"等)空间相对运动的地面仿真设备,主要包括目标三轴台、追踪三轴台、三维平动系统三部分,这三个部分联动实现了"牵手"位置的精准定位。该系统突破了机械结构设计、驱动与控制、测量与标定、高速实时通信等多项关键技术,其综合指向精度指标达到国际领先水平。

(12)空间对接机构热真空试验台研制助力"天神牵手"。

"天神牵手"并不容易。太空环境非常恶劣,飞行器以相当于地面7.9 km/s以上的速度高速飞行,高真空、微重力下会出现许多在地面上难以想象的问题。比如在地面环境中轻易不会黏合在一起的金属块,在高真空的太空中会像用黏合剂黏在一起甚至焊在一起那样无法分开,这就是"冷焊现象"。为了让"天神"能够适应这种环境,哈工大与航天研究院所联手研制的空间对接机构热真空试验台,实现了全六自由度模拟及全电动控制,这是我国第一次在真空罐内实现大型对接模拟试验,也是国内首次实现大型地面动态测试设备在真空条件下的试验测试。

(13)飞船训练模拟器视景显示系统把太空环境"搬"到地面。

航天飞行训练模拟器是训练航天员驾驶飞船的重要地面设备之一,而训练模拟视景显示技术则是飞船训练模拟器中的关键技术之一。哈工大采用反射式无限远视景生成机理及像差修复技术成功研制出载人飞船训练模拟器视景显示系统,解决了模拟亮度低、图像畸变等技术难题,能够通过成像装置反射生成无限远的地球纹理图像,供航天员观察到无限远距离、均匀、清晰、高亮度的地球纹理图像,模拟飞行效果达到了国内领先、国际先进水平。

(14)空间生命科学与航天医学研究为航天员健康提供防护。

深空飞行和载人行星际探测过程中面临的复杂空间环境存在多种极端因素,尤其是失重和粒子辐射对空间生命体可导致严重的机能紊乱或不可逆损伤,成为限制深空探测的主要原因,同时也制约着空间防护技术的发展,以及有效防护措施的建立。为抢占空间资源和相关研究的制高点,增强综合国力,建立和发展针对航天员的有效保障和健康防护的策略是空间生命科学亟待解决的问题之一。哈工大科研团队建立了敏感空间环境快速响应生物剂量分子检测技术,为开展深空飞行中航天员的健康和医学保障提供有效的生存安全数据,并进一步探讨和评价了抗氧化剂等药物对模拟辐照和失重环境下的心肌细胞的防护作用,为向航天员健康防护提供有针对性的防护药物奠定了基础。

(15)"天宫二号"空间机械手研制助力在轨维修。

"天宫二号"与"神舟十一号"对接后,航天员与机械手协同完成了拿电动工具拧螺钉、拆除隔热材料、在轨遥操作等在轨维修科学试验。该试验为国际上首次开展,由哈尔滨工业大学、中国航天科技集团公司第五研究院、北京理工大学共同完成,为空间机器人在轨服务积累了宝贵经验。"天宫二号"空间机械手,包含多感知柔性机械臂、五指仿人灵巧手、控制器及其软件、手眼相机、人机交互设备及其软件等重要组成部分。哈工大主要负责机械臂、灵巧手、控制器等的研制工作。人机协同在轨维修技术有着巨大的应用潜能和空间,将为实现我国空间站的高效、安全运营提供重要保障。

(16)联合研制"问天"实验舱小机械臂助力核心舱大机械臂。

哈尔滨工业大学与中国科学院长春光学精密机械与物理研究所联合研制"问天"实验舱小机械臂,通过在"问天"和"梦天"实验舱舱外安装多个目标适配器(集机械、电气、靶标于一体的专用对接装置),实现小机械臂在多个目标适配器之间的蠕动爬行和载荷操作。作为小机械臂的"脚印",目标适配器不仅可以实现小机械臂与"梦天"实验舱的互联互通,还可扩展小机械臂在"梦天"实验舱舱外的工作范围。

此外,相比于核心舱配备的大机械臂,小机械臂更加短小灵活,既可单独使用,又可与大机械臂形成组合机械臂,为完成高难度、多样化任务奠定坚实基础。

(17)第二代主动型标志器成功应用于"梦天"实验舱。

空间站的"梦天"实验舱上安装了由哈工大研制的用于视觉导航的标志灯,该载荷是在2011年"神舟八号"与"天宫一号"交会对接任务中,"CCD光学成像敏感器"系统应用的关键设备标志灯的改进型产品,属于主动型标志器。相比于第一代产品,该标志灯质量仅为原来的1/6,功耗仅为原来的1/3,满足轻质低耗、产品小型化设计要求。此外,该标志灯的匀光性也有了大幅提升,能够实现在轨高精度位置表征,必将在今后的太空探索和应用中发挥重要作用。

(18)空间转位机构地面模拟测试系统助力"问天""梦天"实验舱转位。

空间转位机构是助力"问天"实验舱和"梦天"实验舱在轨转位的重要机构,是保证"天宫"空间站三舱形成"T"字构型组合体的关键核心装备。针对空间站转位机构负载质量大、惯量大、地面模拟摩擦高等难题,哈工大成功研制了可变组合式超大惯量、低摩擦变温场转位机构性能地面模拟测试系统,保障了转位机构在空间站工作的可靠性与稳定性,成功助力"问天"和"梦天"实验舱转位。

(19)空间碎片撞击在轨感知技术保障空间站和航天员安全。

哈工大联合北京空间飞行器总体设计部开发了空间碎片撞击在轨感知技术,研制了在轨感知系统原理样机,并将该技术成功应用于"天和"核心舱、"问天"及"梦天"实验舱的空间碎片撞击监测模块。该技术能够对空间碎片撞击事件进行实时感知、判别定位,为航天员和地面操控人员及时采取应对措施提供重要依据,从而有效保障空间站和航天员的安全。

经过数十年的发展,今天的哈工大已经形成了多学院、多学科相互融合、共同服务航天事业的"大航天"格局。从"神舟一号"到"神舟十一号",从"天宫一号"到"天宫二号",哈工大先后有数百名教师和技术人员持续参与了"神舟""天宫""天和""天舟"等系列航天器的科研工作,数百项技术成果成功应用到载人航天的各个领域。同时,攻克了"天宫一号"和"天宫二号"交会对接运动模拟、CCD光学成像敏感器、空间碎片撞击在轨感知、彩色超声成像系统等20余项世界领先的关键技术,为"天神牵手"保驾护航,其中,研制的我国首台空间在轨维护机械臂圆满完成了国际上首次人机协同在轨维修技术试验。此外,注重与工业部门强强联合,为载人航天工程研制了一大批大型地面模拟设施,圆满完成了航天员失重训练水槽槽体、舱外航天服研制试验舱、太阳模拟器、大型空间环境模拟器、空间环境模拟器、空间站大气净化系统地面测试舱、三轴仿真试验转台、"问天"实验舱小机械臂、"梦天"实验舱上用于视觉导航的主动型标志器等装备的研制和建设任务,其中,所研制的地面空间环境模拟器是亚洲最大空间环境模拟器(容器直径为 17 m,高为 32 m),有力地保障了我国空间站建设的顺利实施,已成为载人航天大型地面非标设备研制基地(图 5.7)。

(a) 交会对接运动模拟系统

(b) CCD光学成像敏感器

(c) 空间对接机构热真空试验台

(d) 对接机构综合试验台运动模拟器

图 5.7　哈工大研制的部分大型地面非标设备

　　中国空间站建设的每一步,哈工大从未缺席。鉴于哈工大及其科研团队、科研工作者为中国载人航天工程的发展作出的突出贡献,被相继授予了"中国载人航天工程协作贡献奖""中国载人航天工程突出贡献集体""中国载人航天工程突出贡献者奖",哈工大成为唯一一所同时获得这 3 项殊荣的高校(图 5.8)。同时也是获得"中国载人航天工程突出贡献集体"的 35 家获奖单

位中的唯一高校。

图5.8　哈工大获"中国载人航天工程突出贡献集体"

5.4　哈工大与嫦娥探月

从我国首次绕月飞行的"嫦娥一号"到世界首次月球背面软着陆巡视探测的"嫦娥四号",再到世界首次月球背面采样返回的"嫦娥六号",哈工大人在这个波澜壮阔的"嫦娥探月"征途中,倾注了智慧和汗水。

在"嫦娥一号""嫦娥二号"任务中,哈工大校友用他们的智慧和胆识为"嫦娥"保驾护航。绕月探测工程总指挥栾恩杰、总设计师孙家栋、领导小组副组长马兴瑞,都是哈工大杰出校友。"嫦娥一号"副总设计师黄江川、副总指挥龙江等一大批技术骨干,也都毕业于哈工大,其中,副总设计师黄江川继续担任"嫦娥二号"卫星的总设计师,他带领"嫦娥队伍"自力更生,攻克了一个又一个技术难关,使"嫦娥一号"卫星成为自主创新的典范,并在之后短短两年时间里,又带领平均年龄只有33岁的卫星试验队,成功把"嫦娥二号"卫星送入了环月轨道。

在"嫦娥三号""嫦娥四号"任务中,哈工大为月球车先后研制了9款样机(图5.9)。

事实上,作为全国最早研制月球车的单位,哈工大早在1999年就开始了对月球车的系统研究。世界著名的天体化学家和地球化学家、中国月球探测工程首席科学家、"国家最高科学技术奖"获得者欧阳自远院士对哈工大在研发月球车上所作出的努力给予了很高的评价,他说:"这个月球车,其中很多

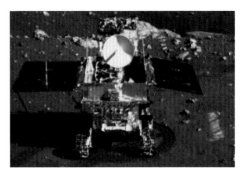

图 5.9　哈工大研制的部分月球车样机

技术理念都是由哈工大提出来的。"目前,哈工大研发的多辆月球车样机是科研人员在美、俄的先进经验基础上做了进一步的改进提高,以及在一些领域自主研发的基础上研制出来的。其中六轮摇臂——转向架式月球车是仿造美国登月时的"索杰纳号"月球车制成的,而两轮并列式月球车是由哈工大自主研制、具有独立知识产权的新型月球车结构。

(1)创建移动系统构型理论,助力月球车悬架设计。

研究团队提出了以多摇臂悬架、多驱动轮为特征的月球车悬架构型综合方法并建立构型图谱库,形成了多自由度变悬架构态、两侧悬架差动连接、载荷自重比大的月球车移动系统设计理论。在此基础上,研究团队先后研制出四轮、六轮、八轮等多种月球车移动系统样机。2006 年与中国空间技术研究院联合研制出国内第一款月球车移动系统工程样机,并通过了沙漠外场试验;2009 年提供了六轮月球车移动系统正样产品研制的基本设计参数。

(2)首创"可升降电梯",助力"玉兔号"月球车平稳落月。

月球车从着陆器转移至月面是开展月面巡视探测的重要环节。针对月面环境和着陆姿态均不确定、机构空间尺度和质量约束苛刻等条件,哈工大研制

团队从 2004 年开始进行多方案论证及原理样机研制,2009 年开始与中国空间技术研究院合作开展转移机构设计,成功研制出独具特色的刚柔混合式杆-索-轮变自由度转移机构,它犹如一个"可升降电梯",实现了"双侧悬梯共牵连平动,触地后各自适应地形"的重要功能。

(3)筛网车轮的率先研制,助力月球车"信步漫游"。

为确保月球车车轮能够在松软崎岖的月面上顺利运行,哈工大研究团队建立了能够反映滑转沉陷、轮刺、载荷等多种物理效应的高精度地面力学模型,提出了车轮结构参数优化设计方法,在国内率先设计并研制出筛网轮等多种构型车轮。在国内首次研制出车轮运动特性多功能测试装置,通过大量试验,揭示了车轮参数和运动状态对牵引性能影响的内在规律,为"玉兔号"月球车车轮的工程设计提供了重要原始数据。

(4)月面机械臂难关的攻克,助力"玉兔号"拥有"手臂"。

如果说车轮是"玉兔号"的"脚",机械臂则是"玉兔号"的"手臂",机械臂可携带探测仪器进行月壤成分探测。哈工大研制团队首次研制出月球车关节式机械臂样机,进行了机械臂及电机、传动装置在极端工况下的生存和地面环境试验,设计了锁紧-释放-停靠复合连接分离技术方案,让"玉兔手臂"收放自如。2013 年 12 月,机械臂随"玉兔号"巡视器抵达月球表面,准确无误地完成了月面展开和探测任务。

(5)突破月球重力模拟技术,真实复现"玉兔号"月面移动。

进行整车月球低重力试验是"嫦娥三号"重大难题之一。哈工大研究团队在国际上首次提出了利用单吊索方式模拟月球车月面轮压的测试方法,突破了高精度摇臂质心转矩校正、快响应恒拉力控制、长距离三维跟踪等关键技术,实现了"玉兔号"月球车低重力模拟测试。此外,研制了可在真空、低温环境下模拟月球重力辅助太阳翼展开的试验装置。综合月面低重力和地形几何与物理特性信息,实现了月球车运动的数值模拟。

(6)永磁无刷电机的自主研制,为机械臂"自由舒展"提供强大动力。

"玉兔号"月球车机械臂的关节电机项目由哈工大电气学院微特电机与控制研究所承担。研究团队合理地平衡了机械臂电机高功率密度和高效率之间的矛盾,力求做到尽量减少每一克质量同时保证其具有高的机械强度与可靠性。自主研制的机械臂关节永磁无刷电机具有体积小、功率密度高的特点,特殊的结构使机械臂关节结构更加合理。同时,电机技术还协助解决了月球车行走平稳等问题。

（7）温度调控系统及车轮形状和材质确定助力月球车正常登月开展工作。

月球车由移动、结构与机构、导航控制、综合电子、电源、热控等 8 个子系统组成，其中月球车温度调控系统是哈工大的一项世界领先的技术。月球表面白昼温度高达150 ℃，黑夜低至−180 ℃，温差超过 300 ℃。对于 300 ℃的温差很多仪器设备都受不了，必须白天给它降温，夜晚给它升温，保持在一定的温度范围之内。为适应极端环境，"玉兔号"热控子系统利用导热流体回路、隔热组件、散热面设计、电加热器、同位素热源，可耐受−180 ～ 150 ℃的极限温度。工作时的舱内温度可以控制在−20 ～ 50 ℃。另外，月球车在月面"行走"风险重重，行走时车轮掀起的月壤细粒会大量扬起，形成月尘，一旦附着很难清除。月尘可能引起月球车很多故障，包括机械结构卡死、密封机构失效、光学系统灵敏度下降、太阳翼遮蔽等。月球车的车轮形状和材质成为一个很重要的解决月尘问题的关键点。月球车的车轮很有特点，它完全不像咱们看见的地面上的车，而是类似一个网状金属轮胎，实际上它是镂空的，哈工大的科研人员通过数千次试验确定了能很好适应月球环境的车轮构型和材质。

另外，"嫦娥三号""嫦娥四号"分别搭载的"玉兔号"和"玉兔二号"月球车所使用的十余台关键电机的研制负责人张艳丽，从哈工大毕业后，入行仅 3 年的她就接到了为月球车设计电机的任务，那时的她才 28 岁，这是每一个从事这份事业的人都梦寐以求的工作，因为赶上了国家大力发展航天事业的好时代，她才幸运地得到了施展自己所学的机会。如今，由她牵头负责的多项技术成果达到国际先进水平。

此外，在"嫦娥四号"先期任务中，随"鹊桥号"中继星一起成功升空且成功进入环月轨道的是由哈工大自主研制的"龙江二号"微卫星，相关内容已在 5.2 节阐述。值得一提的是，学生团队利用搭载的沙特相机拍摄的一张"最美地月合影"的照片登上了世界权威的《科学》杂志（图 5.10），引起了不小的国际轰动。哈工大紫丁香学生微纳卫星团队自 2012 年成立以来，已成功研制和发射了"紫丁香一号""紫丁香二号""阿斯图友谊号"卫星，参与研制了"龙江二号"卫星和"珠海一号"星座。他们"把梦做上天"的事迹得到了人民网、新华网、央视网等主流媒体的争相报道。团队争当推动龙江振兴发展的"助跑者"，部分核心成员选择扎根龙江继续贡献青春和智慧。中国中央电视台也对这群为梦想而生的年轻人如何追逐他们的航天梦进行了系列报道，生动诠释了哈工大的新一代是如何传承践行深厚博大的航天精神和"心有大我、至诚报国"的家国情怀。

在"嫦娥五号""嫦娥六号"任务中，哈工大圆满完成了钻取采样子系统的

图 5.10 "龙江二号"拍摄的"最美地月合影"登上《科学》杂志

研制任务,有力支撑了"嫦娥五号""嫦娥六号"无人月面采样返回工程。为推进解决月球采样探测工程中的基础科学问题,助力我国采样探测工程领域的创新发展,国家航天局探月与航天工程中心于 2024 年 6 月 17 日将 1 330 mg 由"嫦娥五号"带回的月球科研样品首次批复给由哈工大牵头的采样探测工程团队开展科学研究(图 5.11)。此举必将进一步推动哈工大与航天工业部门协同创新,持续助力我国月球探测领域重大工程的创新发展和高水平实施。

(a) 哈工大承接月球样品证书   (b) 哈工大承接月球科研样品

图 5.11 哈工大承接"嫦娥五号"月球科研样品

此外,在"嫦娥六号"先期任务中,随"鹊桥二号"中继星一起升空成功进入环月轨道的"天都二号"微卫星也是由哈工大自主研制完成的,相关内容已在 5.2 节阐述。

综上,探月工程自 2004 年立项以来的 20 年间,哈工大多学科团队一直与航天工业部门协同攻关,全程参与了"绕、落、回"三个阶段的技术研究工作,承担了月尘环境效应模拟器月尘补给系统研制,低重力模拟试验系统研制、试验台系统研制、月球车结构设计与机构研制、月球车移动系统与转移机构研制、机械臂研制、月面钻取采样系统研制等多项重大项目,攻克了数十项关键技术难题,有力支撑了探月工程中"嫦娥"系列任务的顺利实施。

5.5　哈工大与运载火箭

哈工大为"长征五号""长征六号""长征七号"等新一代运载火箭的研制,在动力系统、热防护、减振隔振等方面攻克了 20 余项技术难题,为我国发展空间站、北斗导航、深空探测等提供了有力保障。

2016 年 6 月 25 日,"长征七号"运载火箭在中国文昌航天发射场成功首飞,标志着中国载人航天工程和新一代运载火箭研制取得重大突破。在这一壮举背后,哈工大多项技术成果发挥了重要作用。

(1)实现了新一代液氧煤油大推力发动机的高质量焊接。

采用先进的液氧煤油发动机是新一代运载火箭"长征七号"最大的亮点之一。它是"长征七号"的动力"心脏",其推力室的铜钢高强度焊接是必须攻克的关键技术之一。哈工大研制团队协同中国航天科技集团公司第六研究院开展了高质量焊接技术攻关研究,完成的铜钢电子束焊接技术研究成果应用于"长征七号"。研究人员提出了复合界面强化理论,研发出电子束自熔钎焊技术,解决了铜钢薄壁接头脆性相与组织控制、焊缝成形及接头变形控制等难题,实现了液氧煤油大推力发动机的高质量焊接,使我国对该类发动机特定结构组件的焊接技术跻身国际先进行列。该技术前期已在"长征六号"上得到首次验证,继而在"长征七号"上得到稳定应用。

(2)开发了制造整体结构五通件的全新技术,突破了型号研制的瓶颈。

如果说发动机是火箭的"心脏",那么增压输送系统就是"血管"。五通件是增压输送系统的关键构件,只有采用整体结构,才能满足"长征七号"高可靠性要求。整体结构五通件的形状十分复杂,壁厚均匀性要求苛刻,现有技术无法制造,成为型号研制的瓶颈。哈工大利用多年潜心研究的流体高压成形理论和技术,大胆提出了制造整体结构五通件的全新技术;利用流体介质以柔克刚、如影随形的特点,把简单的平板坯料成形为整体结构五通件。研究团队通过计算机仿真和大量实验,攻克了一系列技术难题,解决了起皱、破裂、橘皮

等缺陷,成功研制了整体结构五通件,并通过"长征七号"火箭的各种测试考核,确保了型号研制进度。火箭总体单位中国运载火箭技术研究院认为,哈工大采用具有自主知识产权的流体高压成形技术,在国际上首次研制出整体结构五通件,大幅提高了增压输送系统的可靠性,在我国运载火箭升级换代过程中起到不可替代的作用。

2016年11月3日,我国"长征"火箭家族中现役推力最大的新型运载火箭"长征五号"在中国文昌航天发射场一飞冲天,实现完美首飞。2019年12月27日,"长征五号"在中国文昌航天发射场再次升空,成功将"实践二十号"卫星送入预定轨道。从首飞成功到再次升空,哈工大多项技术参与其中,功不可没,攻克的主要难题概括如下。

(1)承担助推级120 t液氧煤油发动机涡轮气动设计,大幅提升了涡轮做功能力。

"长征五号"总推力破千t,哈工大承担的"助推级120 t液氧煤油发动机涡轮气动设计"项目起到重要的助推作用。"长征五号"采用了芯一级、芯二级、助推等发动机,共同担负飞行试验各个环节的动力保障任务,提供的总推力达到1 078 t,其中包括8台120 t液氧煤油发动机。研制团队承担了助推级发动机涡轮设计任务,对助推级120 t液氧煤油发动机涡轮进行了气动设计。该设计运用弯叶片技术以及综合优化流型设计方法,设计过程基于哈工大自主研发的涡轮气动设计体系,大幅提升了涡轮的做功能力,解决了涡轮与泵匹配中驱动力欠缺的关键问题。该型发动机前期在"长征六号""长征七号"首飞任务中表现完美。

(2)研制的轻质高效柔性隔热毡复合防护结构,为发动机气瓶组件及气瓶支架提供热防护。

哈工大承担的"发动机气瓶热防护"项目,成功研制出一种轻质高效柔性隔热毡复合防护结构,攻克了"长征五号"二级发动机舱热防护难题。研究团队采用材料优化设计方法,充分发挥纤维材料性能特点,研制出了纤维分布特殊、密度小、隔热性能优异,并具备三维曲面贴合、阻燃及不吸潮等特点的轻质绝热柔性热防护材料,为发动机气瓶组件及气瓶支架提供热防护,能够减少辐射传热和羽流形成的对流传热,防止气瓶壳体升温过高,成功解决了火箭的热防护难题,助力"长征五号"多次成功飞天。该技术获得航天产品准入资质,具备量产能力。

(3)研制出适应复杂力学环境工况下设备隔振的金属橡胶阻尼环。

金属橡胶阻尼环技术是解决航空航天领域高真空、大温差、强辐射等极端工况下阻尼减振等技术难题的专用技术。该技术以金属丝为原材料,不仅具有耐高低温及大过载的优良性能,而且具有橡胶一样的弹性。哈工大研制团队运用该技术制备的可以满足不同工况和不同结构需求的金属橡胶阻尼环具有可设计性的阻尼性能,其组合结构可实现复杂力学环境工况下设备的隔振,部分金属橡胶元件成功替代了重要装备上的进口元器件,并在"嫦娥三号"着陆器,"长征五号"系列运载火箭发射等任务中得到成功应用。

(4)解决氢氧发动机超薄异形管焊接变形难题。

"长征五号"氢氧发动机喷管延伸段由 300 多根变截面薄壁方管螺旋缠绕排布焊接而成,焊缝长度超过 1 700 m。手工焊接存在的焊接质量稳定性差、生产效率低的问题难以保证运载火箭密集发射、高可靠性提出的精细化高效焊接需求。哈工大研究团队开展了近 10 年的技术攻关,基于焊接结构力学理论,提出了密排焊道错位焊接控制变形的方法,有效解决了超薄异形管焊接变形的难题;采用三条纹结构光识别技术,突破了带羊角焊缝识别、大曲率轨迹的跟踪瓶颈;开发出了九轴联动机器人自动化集成技术及装备,实现了过程参数及工艺装备的精密控制。团队先后研制出具有国际先进水平的机器人自动化焊接装备,提供多台设备完成了生产车间的技术升级和改造,实现了氢氧发动机管束式喷管延伸段的自动化生产,生产周期缩短一半以上。

(5)研制的高速重载低温自润滑陶瓷轴承首次应用于液氢涡轮泵。

哈工大研究团队承担了"长征五号"火箭芯级和上面级发动机低温重载涡轮泵用陶瓷轴承的预研和工程样机技术攻关任务,这是国内首次在液氢涡轮泵上采用高速重载低温自润滑陶瓷轴承。

该团队充分发挥前期在陶瓷轴承应用基础方面的研究积累,攻克了陶瓷轴承超低温匹配性设计技术、陶瓷球低损伤高精度制造技术、自润滑保持架材料及其转移膜固体润滑技术、轴承摩擦副匹配性表面强化技术等核心技术和工艺,突破了高速、重载、冲击、超低温、固体润滑轴承的核心技术,大幅度提高了火箭发动机轴承的关键指标,建立了相应的技术规范,为新一代大推力氢氧火箭发动机提供了核心技术支撑,为"长征五号"火箭发动机的预研、方案改进、长程试车和技术定型作出了重要贡献,也为我国更大推力的火箭发动机研制提供了先进技术基础。

(6)火箭整体涂装与标识(logo)方案由哈工大青年教师率队完成。

除了提供强有力的技术支撑,哈工大科研团队还为"长征五号"设计 logo 扮靓妆容。"长征五号"火箭 logo 方案的概念创意源自中国传统文化中的太极图案,整体展现出一个动感的"5"的形象,圆形轮廓象征着品牌和天空的关系,并寓意着"长征五号"系列火箭的圆满成功。在全箭涂装的整体色彩处理上,红色的"长征五号"logo 与国旗相互呼应,在整箭大面积白色基调的基础上建立了以红色为主导的视觉印象,从视觉传达角度强化了中国元素的主导地位,整体的涂装形态和配色传出"和平""大气""理性"等象征当代中国大国形象的视觉语义,使火箭妆容彰显着中国风和国际范。

此外,燃料贮箱作为火箭的主体结构,占火箭结构干重的80%。贮箱的箱底承受内压、轴压、振动和冲击等复杂载荷联合作用,是关系火箭整体可靠性的核心关键构件,被誉为火箭上的"皇冠"。哈工大流体高压成形技术研究团队自2012年以来,提出板材成形失稳起皱流体均匀加载应力场调控理论,发明可控加压板坯流体成形工艺,通过"以柔克刚""如影相随"的方式,让无形的液体听得懂"指令",从根本上解决了薄壁结构整体成形发生起皱的国际难题。2018年,团队研制出大型板材流体高压成形装备,攻克了10余项工艺核心关键技术,首次采用超薄板材直接成形出直径3 m级火箭整体箱底并成功批产,摘下火箭上的这一技术"皇冠",大幅提升了箭体结构承载能力和可靠性,使我国火箭结构制造关键技术实现跨越式发展。2023年10月13日,由哈工大和中国航天科技集团有限公司联合打造的国内首条运载火箭3 m级箱底批量产线实现了第100件充液拉深整体箱底下线,相比国外第一代技术,此次双方自主研制的流体高压成形第二代技术,在高质量、高可靠、低成本方面优势显著。

5.6 哈工大与"中国天眼"工程

射电望远镜用于接收宇宙天体发出的无线电信号,1933年诞生至今,成就了多项诺贝尔物理学奖。望远镜的精度与反射面面积直接相关,阅读宇宙边缘的信息迫切需要巨大口径望远镜。在这一背景下,有着"中国天眼"之称的500 m口径球面射电望远镜(FAST,图5.12)于2011年3月25日在贵州省平塘县的喀斯特洼坑中动工兴建,并于2016年9月25日落成启用,进入调试期。该系统具有三大特点:(1)体型巨大,是由上万根钢索和4 450个反射单元组成的球面索网结构,接收面积相当于30个标准足球场大小,其巨型支承结构是对土木工程技术尤其是空间结构技术的一个重大挑战;(2)反射面要求主动变位,其支承结构实为一个可实时调控的复杂机构系统;(3)工作抛物面满足拟合均方根小于5 mm的超高精度要求。可以说每一个特点都是"拦路虎",给设计团队带来超高难度。理论上说,"天眼"能接收到137亿光年以外的电磁信号,这个距离接近人类目前认知的宇宙边缘。中国这个超级"天眼"之所以能看得这么远,还这么准,有一项全球首创的技术发挥着至关重要的作用,它就是由哈工大研究团队主要承担和完成的主动反射面结构系统。

图 5.12　"中国天眼"

"中国天眼"由中国科学院国家天文台于 1994 年提出建造设想并开展相关工作。从概念到选址再到建成,耗时 22 年。FAST 项目由主动反射面系统、馈源支撑系统、测量与控制系统、接收机与终端、观测基地等几大部分构成。哈工大自 2003 年起全程参与了 FAST 项目结构系统的预研、可行性研究和初步设计,提出的主动反射面柔性索网结构方案使多项关键技术成功应用于FAST 项目,为"中国天眼"的国家立项和落成启用提供了强有力的技术支撑和保障。2005 年 3 月,国际评审委员会一致认为,"强大的 FAST 将为新的科学发现和天体物理学前沿问题的突破提供独一无二的手段"。2007 年,作为国家重大科学工程——FAST 项目正式立项,哈工大作为第一合作单位,负责反射面结构系统设计。

2020 年 1 月 11 日,"中国天眼"通过国家验收,各项指标均达到或优于批复的验收指标,主要性能达到国际领先水平,对促进我国天文学实现重大原创突破具有重要意义,具备开放运行条件,正式成为全球最大单口径且最灵敏的射电望远镜。针对哈工大的相关工作,国家验收委员会给出"FAST 项目创造了主动反射面柔性索网结构"的验收意见。FAST 的正式开放运行,开启了"睁眼看宇宙"的新征程,意味着人类向宇宙未知空域探索的眼力更加深邃、眼界更加开阔。

FAST 自试运行以来,设施运行稳定可靠,其灵敏度为全球第二大单口径射电望远镜的 2.5 倍以上。这是中国建造的射电望远镜第一次在主要性能指标上占据制高点。同时,FAST 在调试阶段获得了一批有价值的科学数据,取得了阶段性科学成果。自 2020 年 1 月对国内开放运行以来,这一具有我国自

主知识产权的重大科研基础设施,运行稳定可靠,截至 2024 年 2 月,已发现 880 余颗脉冲星(包括 60 余颗毫秒脉冲星),并在快速射电暴等研究领域取得重大突破。FAST 已探测到百余颗优质脉冲星,这个数量超过同期欧美多个脉冲星搜索团队发现数量总和的 3 倍以上。此外,FAST 已实现偏振校准,并利用创新方法探测到银河系星际场。FAST 因其突出贡献,成功入选"2021 年度全球十大工程成就"。2023 年 12 月,FAST 探测到低频引力波存在的证据,入选"2023 年度国内十大科技新闻"。

为何要探测脉冲星?

脉冲星是大质量恒星死亡后的"遗骸",能够发射出高度周期性的脉冲,周期在 1.4 ~ 23 s,被称为"毫秒脉冲星"的短周期脉冲星,可以与地球上最好的原子钟相媲美。因而,脉冲星是国际大型射电望远镜观测的主要科学目标之一。"中国天眼"是目前世界上最强最大的脉冲星搜寻利器。

投入运行后,FAST 未来将着力确保装置高效、稳定、可靠运行,加强国内外开放共享。国家天文台研究员、FAST 运行和发展中心首席科学家李菂表示,"未来 3 ~ 5 年,FAST 的高灵敏度将有可能在低频引力波探测、快速射电暴起源、星际分子等前沿方向催生突破"。

鉴于哈工大在 FAST 项目中作出的突出贡献,中国科学院国家天文台于 2010 年报请国际天文联合会批准,将 1996 年 6 月 7 日发现的一颗小行星命名为"哈工大星",并于 2010 年 6 月,在哈工大 90 周年校庆之际,举行了命名仪式。哈工大也因此成为全国为数不多的获小行星命名殊荣的高校(图 5.13)。2021 年 3 月 31 日 0 时起,FAST 向全球天文学家征集观测申请。所有国外申请项目统一参加评审,最终有 14 个国家(不含中国)27 份国际项目获得批准,并于当年 8 月启动科学观测。中国科学院国家天文台有关负责人表示,"中国天眼"向世界全面开放,彰显了中国与国际科学界充分合作的理念。在开放合作中,中国的科学重器将更好地发挥效能,促进重大成果产出,为全人类探索和认识宇宙作出贡献。

图 5.13　哈工大星

5.7　哈工大与"地面空间站"

　　"空间环境地面模拟装置"是国家发展改革委批准立项的"十二五"期间重点规划项目,由哈工大与中国航天科技集团有限公司联合建造,旨在聚焦航天领域重大基础性科学技术问题,构建我国首个空间综合环境与航天器、生命体和等离子体作用科学领域的大型研究基地,形成国际领先水平的空间环境耦合效应试验研究平台。这是我国首个用于模拟太空极端环境的国家重大科技基础设施以及我国航天领域首个"大科学装置",可以综合模拟低温、真空、电磁辐射、微重力等 9 大类空间环境因素。相较于把实验仪器设备搬到太空,该装置既能节省成本、减少安全隐患,又能根据科学问题和工程需要,设置特定的环境因素,不受时空限制进行多次重复验证,从而打造更加安全便捷的实验条件和科研手段,因此也被形象地称为"地面空间站"。项目建设过程中,突破了一系列关键技术,取得了多项标志性成果,为国家重大战略需求作出了

重要贡献。

2024年2月27日,国家发展和改革委员会、工业和信息化部在哈尔滨组织召开"空间环境地面模拟装置"国家重大科技基础设施项目国家验收会。验收委员会一致认为,该项目突破了空间环境模拟及其与物质作用领域的系列关键技术,项目总体建设指标处于国际先进水平,部分关键技术指标处于国际领先水平,装置运行成效突出,科技与社会效益显著,同意项目通过国家验收。

"地面空间站"的建成和投入运行,必将为我国空间科学和航天技术的发展提供强大支撑,为我国实现从航天大国迈向航天强国作出新的更大贡献。

5.8 哈工大先进材料和焊接技术

面向国家航天发展对基础材料的迫切需求,哈工大在金属复合材料、陶瓷复合材料、高分子材料、轻量化复合材料等方向取得了一系列科研成果,多次获得国家奖励。哈工大材料科学与工程学科在国际 ESI 排名中进入全球前1‰行列,达到国际一流水平,成为我国航天先进复合材料的重要研制基地(图5.14)。取得的代表性科研成果主要有:大尺寸蓝宝石晶体生长技术打破国外对我国航天窗口器件的封锁;碳纤维复合材料技术实现了航天装备的轻量化,并成功应用于我国大型运载火箭的燃料储箱;陶瓷复合材料、非烧蚀防热复合材料解决了我国航天器超高温热防护问题,并成功应用于多种型号航天飞行器;金属复合材料实现航天材料的高强度与轻量化,并成功应用于航天员出舱服反光镜以及多种航天结构器件;异种材料焊接技术、高效钎焊技术,以及等离子焊接技术解决了航天器复杂材料、复杂环境焊接的难题,应用于"长征五号"等航天装备的制造。

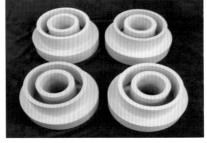

图5.14 哈工大与航天先进材料研制

　　此外,为打破国外对我国航天、国防发展所需的高端装备的封锁,哈工大在超精密加工、轻量化制造、先进焊接与连接等领域的研究突破了大量技术瓶颈,成功研制了一批高端装备,为我国航天、国防先进装备的发展提供了坚实保障。内高压成形技术解决了航天零部件轻量化的问题,并成功应用于"长征二号 F"运载火箭、"神舟"系列飞船等;激光自动化焊接技术提高了航天装备制造精度和生产效率,成功应用于"长征五号""长征七号"系列运载火箭发动机喷管焊接等领域。

5.9　哈工大星地激光通信技术

　　卫星激光通信,就是用"激光光束"把卫星与卫星、卫星与地面连接起来,通过激光进行高速信息传输,具有通信容量大、传输距离远、保密性好等优点,是建设空间信息高速公路不可替代的手段,也是当前国际信息领域的前沿科学技术。尤其是高轨星地激光通信技术,需要在卫星与地面站间实现高精度捕获,并有效克服卫星运动、平台抖动、复杂空间环境等因素影响,保持激光光束的持续高精度稳定对准,技术难度极大,是一个名副其实的光束"针尖对麦芒"般的高精度捕获难题,是当前各国竞相开发的热点研究课题。

　　哈工大卫星激光通信团队用 30 余载的执着攻坚和自主创新,攻克了让卫星快速实时传回海量信息这一世界难题,成功实现了光束信号的快速锁定与稳定跟踪,为有效突破现代卫星技术发展中的数据传输瓶颈作出了重要贡献。

　　2011 年 10 月 25 日,哈工大研制的卫星激光通信终端搭载"海洋二号"卫星成功进行了我国首次星地激光通信试验,地面终端成功捕获到星上终端发出的光信号,"海洋二号"卫星与地面站之间的星地双向激光通信实现了"对得准、捕得快、跟得稳、通得好",这一研究成果取得 3 项国际第一,由航天学院完成的项目"星地激光链路试验",在国际上第一次成功进行了双向多种数据率在轨激光通信,奠定了我国空间激光高速实时动态网基础,使我国摆脱了空间信息传输面临的数据下不来、反映不及时的困境,对我国空间战略的发展具有重大意义,成功入选 2013 年度"中国高等学校十大科技进展"。另外,研制团队也因在该领域作出的突出贡献分别荣获 2013 年国防科技奖励自设奖以来的首个"国防技术发明奖"特等奖以及 2014 年"国家技术发明奖"一等奖(图 5.15)。

　　2017 年 4 月 12 日,团队研制的激光通信终端搭载"实践十三号"卫星平台成功发射,并在近 4 万 km 远处与地面站之间进行了中国首次在地球同步

激光通信星上终端

图 5.15　哈工大卫星激光通信团队

轨道卫星上对地高速激光通信试验任务。2018 年 1 月 23 日,从国家国防科技工业局、国家航天局获悉,我国新一代高轨技术试验卫星"实践十三号"搭载的激光通信终端,成功进行了国际首次高轨卫星对地高速激光双向通信试验。团队取得了多项技术突破,攻克了多项国际难题,且传输速率高、通信质量好,最高传输速率达 5 Gbps/s(传统的卫星微波通信方式仅能达到兆的数量级),是当时国际上高轨道卫星激光通信的最高传输数据率,性能和技术指标均达到国际领先水平。该项目成功入选 2017 年度"中国高等学校十大科技进展"。

　　通过空间激光通信,可以实现对语言、文字、数据、图像等信息的高速传输,在理论上,可同时传送 1 000 万路电视节目和 100 亿路电话。由于激光的保密性强,在多领域展开大量运用,这一成功意味着建立了一条上通天下对地的双向信息高速公路,使我国的信息技术实现了"万里眼、顺风耳",标志着我国在空间高速信息传输这一航天技术尖端领域走在了国际前列,是卫星通信领域的又一里程碑,为后续天地一体化信息网络国家重大科技工程的实施奠定了坚实的基础。

　　卫星激光通信实现创新跨越发展,是我国航天科技自主创新的典范。哈工大项目团队坚持自主创新,研制了 5 代适应不同轨道卫星的终端产品,实现了卫星激光通信终端从无到有、从大到小、从重到轻、从低轨到高轨、从高速到更高速的重大跨越,构建了高轨、低轨和地面的激光通信试验体系,为超大容量高分辨率对地观测数据中继和传输提供了技术支撑。目前,哈工大正在开展北斗导航的卫星激光通信应用研究,建立对空间飞行器轨迹测量与数据传输、中继,地面站与飞行器之间信息传输,以及时间频率传递的一体化系统。

对于卫星激光通信团队而言,尽管其科研水平已经达到了世界领先高度,但这仅仅是序曲。被评为"龙江十大巾帼楷模"的谭立英教授曾说:"卫星激光通信技术在世界上是一个研究热点,从 20 世纪 60、70、80 年代起,美国、欧洲、日本就已先后启动研究,而这时我国在这一领域尚属空白。在黑龙江乃至全国,我们是第一个吃螃蟹的人。我始终有一种使命感和紧迫感,现在无论是周六周日还是晚上,除了吃饭和睡觉就是工作,可以说是争分夺秒,每时每刻都要想问题、解决问题,想让我们国家早点用上成熟的卫星激光通信技术,让国家变得更强大……下一步的任务更艰巨,我们的目标是在太空围着地球建一个无线光网络,实现全球实时高速通信,让我们国家整个信息传输能力处于世界领先地位。这就是我的梦想,我愿为实现这一梦想而不懈奋斗,无怨无悔!"

5.10　哈工大空间电推进技术

2016 年 11 月 3 日,由哈工大和中国空间技术研究院联合研制的我国新一代磁聚焦型霍尔电推力器 HEP-100MF 在"实践十七号"卫星上进行了飞行验证。11 月 22 日,推力器在地球同步轨道点火成功,标志着磁聚焦型霍尔电推力器在国际上首次实现空间应用,且技术指标达到国际领先水平,为我国新一代长寿命航天平台提供了具有自主知识产权的新型电推进技术,是国际电推进技术发展史上的一个重要里程碑。哈工大负责的项目"高效率高比冲磁聚焦霍尔推进技术"荣获 2016 年度"中国高等学校十大科技进展"。

研究团队针对传统霍尔推力器喷流发散角大,束流对壁面的轰击降低推力器的寿命、比冲和效率等问题,开展了等离子体流动控制和磁聚焦方法研究,先后突破了霍尔推力器的宽范围磁聚焦技术、热电磁耦合设计技术、低频振荡控制技术、低功耗高可靠空心阴极、耐溅射氮化硼特种陶瓷材料等关键技术,实现了航天飞行样机的小羽流发散角高性能可靠稳定放电,大幅降低了推力器燃料消耗和羽流对航天器的影响,可广泛应用于空间站、深空探测、高低轨地球卫星轨道控制等重要领域(图 5.16)。

图 5.16　空间电推进技术研究团队与研制样品

5.11　哈工大空间机械臂技术

　　哈工大作为空间机械臂分系统总体单位,十余年来从基础研究到关键技术攻关再到工程应用,在空间机械臂的设计、制造、装配、集成、测试与试验等环节取得重大进展:发明了具有冗余容错,集机、电、热、控于一体的模块化关节,并在此基础上提出了可折叠机械臂构型,实现了最小空间的发射锁紧配置;发明了位姿大容差、结构紧固连、释放微干扰的轮廓渐进收拢式手爪,攻克了空间目标的分离和捕获技术瓶颈;建立了柔性关节的空间机械臂动力学模型,有效抑制了机械臂末端残余抖动,实现了机械臂的精准定位;提出了动基座下动目标的相对运动预测方法,实现了浮动基座情形下大时延的运动目标自主视觉伺服跟踪;提出了重力环境下物理与半物理相融合的方法,建立了机械臂模拟空间微重力环境的三维空间运动综合平台,攻克了机械臂地面测试的技术难题,最终完成了具有六维空间精确定位和手爪精细操作能力的空间机械臂的研制,这是航天器在轨维护的核心装备,安装在航天器外侧,能够适应恶劣的工作环境,其技术水平国内首创、国际先进;此外,在轨试验结果达到预期,各项指标满足要求,定位精度国际领先。该成果填补了我国在该领域的空白,为空间机械臂在我国空间站建设(见 5.3 节)、行星探测等领域的应用奠定了坚实基础。研究团队主持的"空间机械臂技术"成功入选 2013 年度"中国高等学校十大科技进展"(图 5.17)。研制成果成功应用于"天宫"空间站及"嫦娥"系列月球探测器中。

　　哈工大空间机械臂的成功试验,对中国航天空间应用技术的发展意义重大,将成为我国空间机器人在未来航天活动中的探路者,为我国空间机器人试验和应用铺平道路。

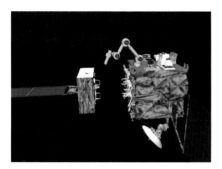

图 5.17　空间机械臂示意图

5.12　哈工大航天杰出校友

1970 年,我国第一颗人造卫星"东方红一号"的成功发射,是中国航天史上的一座丰碑,凝结着航天人的智慧和汗水。它的技术总负责人就是中国科学院院士、哈工大杰出校友孙家栋。同时,作为发射手按下发射按钮把"东方红一号"送上太空的,也是哈工大杰出校友、中国载人航天工程原副总指挥胡世祥将军。

从"东方红一号"首次遨游太空,到"嫦娥三号"登陆月球,再到"天问一号"登陆火星,一大批哈工大杰出校友或担任总师、总指挥,或成为各系统、各岗位的中坚和骨干。哈工大自 1920 年办学以来,为我国的航天国防领域输送了近万名优秀人才,历经岁月流转、春华秋实,他们为母校写下几许骄傲与辉煌。这些杰出校友包括:"共和国勋章"获得者、中国航天"大总师"孙家栋,中国探月工程首任总指挥、国家航天局原局长栾恩杰,"神舟五号"载人航天工程副总指挥胡世祥,"神舟六号""神舟七号"飞船系统总设计师张柏楠和总指挥尚志,"神舟十二号""神舟十三号"飞船系统总设计师贾世锦,"天宫二号"总设计师朱枞鹏,"长征二号 F"火箭总设计师刘竹生,"长征七号"火箭总设计师范瑞祥,探月工程副总指挥胡亚枫,探月工程四期总设计师于登云,探月工程二期、三期副总设计师裴照宇,"嫦娥一号"卫星副总指挥龙江,"嫦娥二号"卫星总设计师黄江川,"嫦娥五号"总体主任设计师黄昊、任德鹏,地面空间环境模拟器工程总设计师黄本诚,"三垂一远"发射模式的提出者李元正,等等。

此外,在商业航天方面,中科宇航副总裁、"力箭一号"商业火箭总设计师史晓宁,东方空间公司联合创始人、联席 CEO/CTO、"引力一号"总设计师兼

总指挥布向伟,东方空间公司软件技术总监、"引力一号"软件副总设计师赵也倪,银河航天创始人、董事长兼 CEO 徐鸣,时空道宇创始人、CEO 兼首席系统工程专家王洋等都是哈工大杰出校友。

5.13　本章小结

　　经过几代航天人的接续奋斗,我国航天事业创造了以"两弹一星"、载人航天、月球探测为代表的辉煌成就,走出了一条自力更生、自主创新的发展道路,积淀了深厚博大的航天精神。在浩瀚深邃的宇宙中,我们看到了中华儿女生生不息的探索足迹,也看到了哈工大人执着不息的探索历程;我们看到了中华民族精神的继承和弘扬,也看到了哈工大精神的传承与发扬。天高地迥,觉宇宙之无穷。哈工大人对浩瀚宇宙的探索勇往直前,已经成为中国航天事业发展的脊梁。

　　在中国航天发展的大舞台上,哈工大一直紧密围绕"面向国家重大战略需求,面向世界科技前沿,面向国民经济主战场",保持国防航天工程特色,主动融入国家发展建设的战略布局中,为祖国航天事业的发展默默奉献着。展望未来,哈工大将继续坚持瞄准国际科技前沿,深化改革,在实现航天梦、强国梦的征途上,在决胜创建"中国特色、世界一流、哈工大规格"的百年强校之路上,不断塑造一代又一代风流人物,谱写一页又一页精彩华章!

　　历尽天华成此景。回顾哈工大的发展历史,无论过去、现在还是未来,哈工大始终与中国航天事业同频共振、始终与中国航天精神一脉相承、始终与中国航天协同创新。在助力航天强国的征途中,哈工大人的脚步从未停歇,定能为我国空间技术由"并跑"实现"领跑"、由空间大国建设成为空间强国贡献更大力量。

参考文献

［1］吴伟仁,张正峰,张哲,等.星耀中国:我们的嫦娥探月卫星［M］.北京:人民邮电出版社,2023.

［2］贾阳.月球车与火星车［M］.中国宇航出版社,2021.

［3］吴季.走进深空［M］.杭州:浙江教育出版社,2022.

［4］陈占胜.仰望星空:航天基础知识问答［M］.北京:中国宇航出版社,3版,2024.

［5］中国航天博物馆.大国航天.载人·火箭［M］.北京:中信出版社,2024.

［6］中国航天博物馆.大国航天.卫星·探月［M］.北京:中信出版社,2024.

［7］钱航,何巍,马熙玲.出发去火星［M］.北京:朝华出版社,2021.

［8］李德范.关于火星的一切:人类3000年火星探索与想象全记录［M］.北京:北京联合出版公司,2021.

［9］许永建,郭晓华,陈小群,等.中国航天:伟大的跨越式发展［M］.北京:中国宇航出版社,2版,2021.

［10］李传江,吕跃勇.启梦航天［M］.哈尔滨:哈尔滨工业大学出版社,2021.

［11］庞之浩.解密空间探测:热门空间探测问题的答案清单［M］.北京:电子工业出版社,2023.

［12］刘天雄.导航中国:北斗导航知识问答［M］.北京:中国宇航出版社,2022.

［13］陶家渠.为中国航天奋斗［M］.北京:中国宇航出版社,2022.

［14］颜翔.看见又看不见的太空［M］.北京:北京大学出版社,2022.

［15］刘豪.火星探秘［M］.北京:人民邮电出版社,2021.

［16］方向明.旗帜:航天"三大精神"学习读本［M］.北京:中国宇航出版社,2020.

［17］北京航天飞行控制中心.月背征途:中国探月国家队记录人类首次登陆月球背面全过程［M］.北京:北京科学技术出版社,2021.

［18］魏晓凡.登陆火星:红色行星的极客进程［M］.北京:电子工业出版社,2021.

［19］郑永春,刘晗.火星全书［M］.北京:北京联合出版公司,2019.

［20］刘纪原.中国航天事业发展的哲学思想［M］.北京:北京大学出版社,3

版,2013.

[21] 廖小刚,王岩松.2020年国外载人航天发展综述[J].载人航天,2021,27(01):127-134.

[22] 廖小刚,王岩松.2021年国外载人航天发展初步分析[J].载人航天,2022,28(01):113-120.

[23] 冯继航,黄帅,李云飞,等.2020中美阿火星探测任务分析[J].飞控与探测,2022,5(02):14-23.

[24] 宋国梁.2021年国外载人航天发展综述[J].国际太空,2022(02):15-19.

[25] 严南舟.2022深空探测与探月:多项任务蓄势待发[J].太空探索,2022(03):41-45.

[26] 何慧东,张蕊,苑艺,等.世界载人航天60年发展成就及未来展望[J].国际太空,2021(04):4-10.

[27] 王翔,王为.天宫空间站关键技术特点综述[J].中国科学:技术科学,2021,51(11):1287-1298.

[28] 王翔,王为.我国天宫空间站研制及建造进展[J].科学通报,2022,67(34):4017-4028.

[29] 张智,徐洪平,邓新宇,等.新一代载人登月运载火箭总体方案和关键技术[J].载人航天,2022,28(04):427-432.

[30] 裴照宇,刘继忠,王倩,等.月球探测进展与国际月球科研站[J].科学通报,2020,65(24):2577-2586.

[31] 张卫东,杨㛑,杨帆,等.长征六号甲运载火箭及其技术特点[J].国际太空,2022(06):8-10.

[32] 徐利杰,范瑞祥,王旭.长征七号甲运载火箭总体方案及发展展望[J].导弹与航天运载技术,2022(02):1-4.

[33] 李东,李平岐.长征五号火箭技术突破与中国运载火箭未来发展[J].航空学报,2022,43(10):168-179.

[34] 张扬眉.2020年国外深空探测领域发展综述[J].国际太空,2021(02):31-35.

[35] 郑永春.火星探测极简史[J].科学,2021,73(04):6-11+4.

[36] 郑永春.火星,中国来了![J].现代物理知识,2020,32(06):20-25.

[37] 庞之浩,高开源.2020年世界火星探测概览[J].国际太空,2020(08):23-28.

[38] 庞之浩.嫦娥六号任务及我国未来探月前景[J].科学,2024,76(04):16-

22+2+69.

[39] 李志洪,彭小波,谢红军,等.可重复使用商业运载火箭的发展与展望[J].中国航天,2022(07):27-33.

[40] 吴季.深空探测的现状、展望与建议[J].科技导报,2021,39(03):80-87.

[41] 刘哲,张柏楠,张宁,等.运载火箭可重复使用总体技术研究[J].航天系统与技术,2022(10):36-41.

[42] 黄志澄.载人航天60年:过去与未来[J].太空探索,2021(04):37-43.

[43] 国家航天局.弘扬探月精神,再谱揽月新篇[J].国防科技工业,2021(12):14-17.

[44] 张绿云,杨开.美国NASA阿尔忒弥斯载人探月任务规划与进展[J].国际太空,2022(12):17-22.

[45] 彭小波,何光辉,季海波,等.国内商业航天对航班化重复使用运载火箭的探索实践[J].宇航总体技术,2024,8(04):23-30.

[46] 刘怀伟,陈静然.我国商业航天发展趋势及建议[J].科技中国,2024(07):39-42.

[47] 张宁,康丽艳,王坤.我国商业航天产业发展的思考与建议[J].中国航天,2024(06):27-32.

[48] 龚燃,武珺,王韵涵.国外商业航天发展现状与趋势[J].卫星应用,2024(05):49-55.

[49] 周梦琳,马雪梅,王海南,等.关于发展中国特色商业航天的思考[J].中国航天,2023(09):61-65.

[50] 谢涛,余东峰,李云鹏,等.星链与星舰启示和我国商业航天探索[J].卫星应用,2023(05):45-50.

[51] 赵鹏.2021年中国商业航天发展回顾[J].卫星应用,2022(02):22-25.

[52] 包为民.可重复使用运载火箭技术发展综述[J].航空学报,2023,44(23):8-33+3.

[53] 杨毅强.可重复使用运载火箭技术研究[J].中国航天,2022(11):8.

[54] 杨开,曲晶.2023年国外重复使用运载火箭发展综述[J].国际太空,2024(04):34-39.

[55] 郭海军.载人航天精神:逐梦太空的不竭动力[J].党建,2024(02):37-39.

[56] 吴燕生.赓续传承航天精神,加快建设航天强国[J].红旗文稿,2023(15):4-8+1.

[57] 中国航天科工集团有限公司.新时代航天精神的内涵与实践研究[J].

思想政治工作研究,2023(08):28-29.

[58] 张建航,崔孝彬.新时代航天精神:生成逻辑、核心内涵与弘扬路径[J].南京航空航天大学学报,2023,25(02):83-88.

[59] 钟紫萱,吴德海,钟妍,等.北斗卫星导航系统现状与发展前景[J].现代矿业,2022,38(05):43-46+54.

[60] 刘旭光,钱志升,周继航,等."星链"卫星系统及国内卫星互联网星座发展思考[J].通信技术,2022,55(02):197-204.

[61] 张梓巍,白玉星,李晨曦.全球导航卫星系统的发展综述[J].科技与创新,2023(09):150-152.

[62] 宫山.北斗卫星导航系统和全球卫星通信系统[J].中国船检,2022(10):54-58.

[63] 刘毅,姚璐,王靖,等.中国碳卫星数据的应用现状[J].卫星应用,2022(02):46-50.

[64] 王晶金,李成智.北斗卫星导航系统发展与创新[J].自然科学史研究,2023,42(03):365-376.

[65] 王晶金,李成智.中国北斗卫星导航系统的建设历程[J].科学,2024,76(01):35-39+69.

[66] 王晶金,李成智.中国嫦娥探月工程的实践历程与创新初探[J].工程研究—跨学科视野中的工程,2024,16(03):364-374.

[67] 谢军,郑晋军,张弓,等.卫星导航系统发展现状与未来趋势[J].前瞻科技,2022,1(01):94-111.

[68] 李锋,韩燕妮,马晓玲,等.我国低轨卫星互联网发展的问题与对策建议[J].全球化,2022(06):77-84+134.

[69] 陈谷仓.北斗卫星导航系统建设与发展[J].卫星应用,2023(06):8-11.

[70] 刘洁,于洋.商业遥感卫星及应用发展态势[J].中国航天,2022(08):24-30.

[71] 刘维德,张曼倩,曲向芳,等.2023年中国卫星应用若干重大进展[J].卫星应用,2024(01):6-14.

[72] 李德仁,王珈樱,王密.我国商业遥感卫星系统发展建议[J].卫星应用,2024(05):6-10.

[73] 陶滢,蒋文婷,高翾,等.卫星互联网现状与发展展望[J].国际太空,2024(05):57-63.

[74] 徐崇斌,左欣,李媛媛,等.我国气象卫星的应用研究概述[J].中国航天,2022(08):9-16.

[75] 崔少伟,张晓磊,张宜坤.国内外商业遥感卫星行业发展概述[J].卫星应用,2024(05):33-38.

[76] 何巍,牟宇,朱海洋,等.下一代主力运载火箭发展思考[J].宇航总体技术,2023,7(02):1-12.

[77] 张柏楠.发展载人航天,建设航天强国[J].航天器工程,2022,31(06):1-6.

[78] 宋国梁.2023年国外载人航天发展综述[J].国际太空,2024(03):4-10.

[79] 张鹏,代巍,白一帆,等.载人月球探测科学研究发展概述与趋势分析[J].同济大学学报(自然科学版),2024,52(08):1188-1198.

[80] 范唯唯,杨帆,等.俄罗斯"月球25"任务详解及未来月球探测任务展望[J].中国航天,2023(06):9-16.

[81] 于恬悦,张雅声,陶雪峰.月球探测中继通信系统发展综述与展望[J].中国航天,2024(03):48-53.

[82] 余后满,饶炜,张益源,等."嫦娥七号"探测器任务综述[J].深空探测学报,2023,10(06):567-576.

[83] 张扬眉.2023年国外深空探测领域发展综述[J].国际太空,2024(03):11-15.

[84] 张扬眉.韩国首次月球探测任务分析[J].国际太空,2023(03):63-67.

[85] 张鼎,郭强.日本"月球探测智能着陆器"任务详解及启示[J].中国航天,2024(04):53-60.

[86] 张玉花,朱新波,谢攀,等.火星环绕探测发展现状与趋势[J].深空探测学报,2023,10(01):3-10.

[87] 朱庆华,王卫华,刘付成,等."天问一号"火星探测环绕器导航制导与控制技术[J].深空探测学报,2023,10(01):11-18.

[88] 章洪涛,田泽明,韩泉东,等.火星探测器推进系统发展与展望[J].中国航天,2023(11):6-14.

[89] 贾阳.人类为什么探索火星[J].国际太空,2022(07):46-52.

[90] 潘永信.为什么要探索火星[J].科学中国人,2024(02):32-33.

[91] 葛平,康焱,张天馨,等.2023年深空探测进展与展望[J].中国航天,2024(02):7-15.

[92] 葛平,张天馨,康晓晰,等.2022年深空探测进展与展望[J].中国航天,2023(02):9-18.

[93] 葛平,张天馨,康焱.2021年深空探测进展与展望[J].中国航天,2022(02):9-19.

［94］于登云，马继楠.中国深空探测进展与展望［J］.前瞻科技，2022，1（01）：17-27.

［95］林仁红，丁洁，林志伟，等.2022年全球深空探测领域发展综述［J］.国际太空，2023（03）：26-30.

［96］王帅.2021年全球深空探测领域发展综述［J］.国际太空，2022（02）：20-24.

［97］张众，武迪，宝音贺西.深空探测任务进展与展望［J］.上海航天，2024，41（05）：52-68.

［98］WU YANHUA.China's Deep Space Exploration［J］.Aerospace China，2023，24（01）：3-9.

［99］ZHANG JINRUI，CAI YIFAN，XUE CHENBAO，et al.LEO Mega Constellations：Review of Development，Impact，Surveillance，and Governance［J］.Space：Science & Technology，2022：9865174.

［100］王永生，赵东明."国际空间站"2024［J］.国际太空，2019（8）：26-27.

［101］胡冬生，刘楠，张雨佳."猎鹰重型"火箭连续成功发射影响分析［J］.国际太空，2019（11）：44-49.

［102］吴爽，王霄.2017年国外载人航天发展综述［J］.国际太空，2018（02）：9-14.

［103］范全林，王琴，白青江.2018年深空探测热点回眸［J］.科技导报，2019，37（1）：52-64.

［104］NASA宣布将带游客前往国际空间站［J］.中国总会计师，2019（6）：173.

［105］李宇飞.嫦娥四号之后，"探月大戏"还在继续……［N］.中国航天报，2019-01-26（001）.

［106］万卫星，魏勇，郭正堂，等.从深空探测大国迈向行星科学强国［J］.中国科学院院刊，2019，34（7）：748-755.

［107］胡定坤.国际合作谱写深空探测未来［N］.科技日报，2019-04-22（001）.

［108］邓新宇，秦曈，郭金刚.国内外载人运载火箭发展综述［J］.国际太空，2019（10）：32-38.

［109］张颖一，张伟.国外载人深空探测现状及发展趋势分析［J］.中国航天，2019（11）：54-59.

［110］杨于泽.火星探测：从仰望星空到抵达星空［N］.长江日报，2019-07-10（011）.

［111］于登云，孙泽洲，孟林智，等.火星探测发展历程与未来展望［J］.深空探

测学报,2016,3(2)：108-113.

[112]耿言,周继时,李莎,等.我国首次火星探测任务[J].深空探测学报,
2018,5(5)：399-405.

[113]程亦之.火星探测的现在和未来——各国争相奋进登陆[J].中国航天,
2019(8)：33-37.

[114]张曼倩.节节突破的中国深空探测[J].国际太空,2019(9)：32-36.

[115]景海鹏,辛景民,胡伟,等.空间站：迈向太空的人类探索[J].自动化学
报,2019,45(10)：1799-1812.

[116]王琴,邹永廖,范全林.美国公布未来6年深空发射计划,加快月球轨道
空间站建设[J].空间科学学报,2018,38(6)：844.

[117]庞之浩.人类为什么要探月[N].中国国防报,2019-01-08(4).

[118]张立华,吴伟仁.月球中继通信卫星系统发展综述与展望[J].深空探测
学报,2018,5(6)：497-505,568.

[119]庞之浩,贺勋.日新月异的中国运载火箭[J].国际太空,2019(9)：
12-18.

[120]程亦之.商业航天推进人类深空探测发展[J].军民两用技术与产品,
2019(12)：26-31.

[121]龙乐豪,王国庆,吴胜宝,等.我国重复使用航天运输系统发展现状及展
望[J].国际太空,2019(9)：4-10.

[122]肖建军,齐晓君.中国载人航天工程步入空间站时代[J].国际太空,
2018(10)：33-37.

[123]龚钻尔.NASA的六架航天飞机(上)[J].军民两用技术与产品,2014
(3)：49,51-52.

[124]龚钻尔.NASA的六架航天飞机(下)[J].军民两用技术与产品,2014
(9)：51-52.

[125]杨诗瑞.到月球去,洛·马公司获建6艘"猎户座"合同[N].中国航天报,
2019-10-12(2).

[126]张卫,王宇宁,李勋.空天飞机发展及其对策分析[J].国防科技,2014,
35(6)：68-70.

[127]龚钻尔.航天简史[M].天津：天津科学技术出版社,2012.

[128]刘家騑,李晓敏,郭桂萍.航天技术概论[M].2版.北京：北京航空航天
大学出版社,2018.

[129]郑晓虹,余英.航天概论[M].北京：人民邮电出版社,2013.

[130]陈雄.以新时代的航天精神建设航天强国[J].红旗文稿,2018(10)：

37-39.

[131]谭智俊.载人航天精神的由来与发展[N].人民政协报,2017-03-16(9).

[132]吴伟仁.发扬探月精神,建设航天强国[N].人民政协报,2019-03-11
(22).

[133]范唯唯,杨帆,韩淋,等.俄罗斯未来月球探索与开发计划解析[J].科技
导报,2019,37(16):6-11.

[134]苑艺,何慧东.俄罗斯载人月球探测计划最新进展[J].国际太空,2019
(8):12-17.

[135]袁勇,赵晨,胡震宇.月球基地建设方案设想[J].深空探测学报,2018,5
(4):374-381.

[136]张田.飞向月球:NASA月球探索战略计划[J].国际太空,2019(11):
8-13.

[137]肖沐辰.韩国再次推迟月球探测器发射计划[N].中国航天报,2020-02-
01(2).

[138]李意,何慧东.美国2024年前载人重返月球情况分析[J].国际太空,
2019(8):18-25.

[139]欧阳.中国航天60周年(二)——人造卫星当空舞[J].国际太空,2016
(9):17-26.

[140]陈萱,李云.世界航天科技发展现状与趋势[J].中国航天,2009(11):
28-30.

[141]王帅,卢波.世界深空探测发展态势及展望[J].国际太空,2015(9):
43-49.

[142]范全林,时蓬,李自杰,等.2019年深空探测热点回眸[J].科技导报,
2020,38(1):47-64.

[143]何庆芝.航空航天概论[M].北京:航空航天大学出版社,1997.

[144]郑晓红,余英.航天概论[M].北京:人民邮电出版社,2013.

[145]刘家騑,李晓敏,郭桂萍.航天技术概论[M].2版.北京:北京航空航天
大学出版社,2018.

[146]徐矛,康建勇.航天科技基础[M].北京:国防工业出版社,2008.

[147]郝岩.深空测控网[M].北京:国防工业出版社,2004.

[148]王赤,张贤国,徐欣锋,等.中国月球及深空空间环境探测[J].深空探测
学报,2019,6(2):105-118.

[149]张荣桥,黄江川,赫荣伟,等.小行星探测发展综述[J].深空探测学报,
2019,6(5):417-423,455.

［150］李春来,刘建军,严韦,等.小行星探测科学目标进展与展望［J］.深空探测学报,2019,6(05)：424-436.

［151］巴德斯库.探秘小行星［M］周必磊,等,译.国防工业出版社,2016.

［152］孙泽洲.深空探测技术［M］.北京：北京理工大学出版社,2018.

［153］侯建文.深空探测——火星探测［M］.北京：国防工业出版社,2016.

［154］罗伯特·祖布林,理查德·瓦格纳.赶往火星(原著修订版)［M］.阳曦,徐蕴芸译.北京：科学出版社,2018.

［155］侯建文.深空探测——小天体探测［M］.北京：国防工业出版社,2016.

［156］高耀南,王永富.宇航概论［M］.北京：北京理工大学出版社,2018.

［157］杨宏.载人航天器技术［M］.北京：北京理工大学出版社,2018.

［158］欧阳自远,邹永廖.火星科学概论［M］.上海：上海科技教育出版社,2017.

［159］代振莹.2020年宇航任务凸显"重、高、新"［N］.中国航天报,2020-01-22(1).

［160］贲勋.火星直升机:填补行星中位探测空白［N］.中国航天报,2019-09-07(3).

［161］LI CHUNLAI,WANG CHI,WEI YONG,et al. China's present and future lunar exploration program［J］. Science (New York, N. Y.),2019,365 (64-50):238-239.

［162］YE PEIJIAN,SUN ZEZHOU,ZHANG HE,et al. An overview of the mission and technical characteristics of Change'4 Lunar Probe［J］. Science China Technological Sciences,2017,60(5)：658-667.